传感器原理及应用技术

主 编 刘 暐 李国芹

副主编 张丽娟 李 岩 吕胜宾

北京理工大学出版社
BEIJING INSTITUTE OF TECHNOLOGY PRESS

内容简介

全书共分9章。以传感器的用途、原理和使用为主线，第1章介绍了传感器和检测技术的基础知识，第2~8章分别介绍了力传感器、温度传感器、位移传感器、转速传感器、位置传感器、流量传感器、液位传感器和图像传感器的原理、结构、应用与设计制作，第9章介绍了针对传感器的一些抗干扰措施。

本书遵循理论与实践相结合的原则，由浅入深、循序渐进地介绍了传感器的基本理论和传感器的应用，以融合、贯通和巩固知识。

本书可作为应用型本科院校机械制造与自动化、机械电子工程、电气工程及其自动化、测控技术与仪器、电子信息工程等专业的教材，也可作为相关领域工程技术人员的参考用书。

图书在版编目（CIP）数据

传感器原理及应用技术 / 刘暐，李国芹主编. --北京：北京理工大学出版社，2019.7（2024.1重印）

ISBN 978-7-5682-7218-6

Ⅰ.①传…　Ⅱ.①刘…　②李…　Ⅲ.①传感器-高等学校-教材　Ⅳ.①TP212

中国版本图书馆CIP数据核字（2019）第138551号

责任编辑：陈莉华　　**文案编辑**：陈莉华
责任校对：周瑞红　　**责任印制**：李志强

出版发行 / 北京理工大学出版社有限责任公司
社　　址 / 北京市丰台区四合庄路6号
邮　　编 / 100070
电　　话 /（010）68914026（教材售后服务热线）
（010）68944437（课件资源服务热线）
网　　址 / http://www.bitpress.com.cn

版 印 次 / 2024年1月第1版第3次印刷
印　　刷 / 涿州市新华印刷有限公司
开　　本 / 787 mm×1092 mm　1/16
印　　张 / 13.25
字　　数 / 313千字
定　　价 / 38.00元

前　言

随着当今信息社会中电子计算机、机器人、自动控制技术、单片机嵌入系统的迅速发展和物联网相关产业的繁荣，传感器作为系统中重要的组成部分——“感觉器官”，能够用于各种各样的信息检测并转换为系统能进行处理的信息，并不断地拓展应用领域。传感器在现代科学技术领域中占有极其重要的地位，了解、掌握传感器的原理和应用技术成了许多专业工程技术人员的必需技能。

本书主要讲述传感器的基本原理、结构、性能和应用技术。在编写过程中，遵循理论与实践相结合的原则，由浅入深、循序渐进地介绍了传感器的基本理论和传感器的应用，以融合、贯通和巩固知识。充分结合传感器的工程应用来讨论传感器的共性技术以及传感器的选择与使用方法，培养读者的实践应用能力，将理论和实践融为一体，力求通俗易懂。书中附加了一些传感器实物照片资源，以增强主观性，加深学生印象。

本书第 1 ~ 6 章由李国芹编写，第 7 章由李岩编写，第 8 章由张丽娟编写，第 9 章由吕胜宾编写。全书由李国芹统稿，刘暐审稿。本书在编写过程中得到了河北水利电力学院王璐、梁杰老师的大力支持与帮助，并提出宝贵意见，在此表示衷心感谢。

本书的编者们在河北省教改实践项目“校企融合式应用型高校分级培养模式的创新与探索（2016GJJG209）基金”的支持下编写了《传感器原理及应用技术》。

本书可作为应用型本科院校机械制造与自动化、机械电子工程、电气工程及其自动化、测控技术与仪器、电子信息工程等专业的教材，也可作为相关领域工程技术人员的参考用书。

由于编者学识水平和实践经验有限，加上时间仓促，书中的疏漏及错误之处在所难免，恳请广大师生、读者批评指正。

编　者

目　录

第1章

传感器与测量基本知识

1.1 传感器的基本知识

过去，人类为了从外界获取信息，必须依靠眼、耳、鼻、皮肤来感觉外界颜色、声音、气味、温度的变化。随着新技术革命的到来，人类进入信息时代，在利用信息的过程中要获取准确可靠的信息，并做出迅速准确的反应，光靠人类的感官是很难实现的，于是科学家研制出了大量的传感器来帮助人们获取信息。

传感器是人类五官的延伸，又称为电五官。模仿人的感觉器官来获取信息的“五官”传感器与人体的某个具体感官相对应：光敏传感器对应人的视觉器官，气敏传感器对应人的嗅觉器官，声敏传感器对应人的听觉器官，化学传感器对应人的味觉器官，压敏、温敏、流体传感器对应人的触觉器官，传感器像人一样具有敏感的感觉功能。五官获取的信息通过人的感觉细胞将非电量（光、声音、温度、湿度、压力、质量、气味等）变成电脉冲（电量、电压、电流、电阻、电容、电感等），电脉冲通过神经将其送至大脑，从而让人感知到信息。传感器正是利用这个原理来模仿人的各种感官，从而拓宽人的感觉器官的能力。与人的五官相比，传感器就是电子产品，而人在感知事物时是带有思维和感情的，这一点是电子产品无法比拟的。尽管随着人类科学技术的发展，传感器模仿人类的功能越来越强，但在很多性能上仍然远远不如人的感觉器官，始终存在动作死板、反应机械化等缺陷。

国家标准 GB/T 7665—2005 对传感器下的定义是：“能感受规定的被测量并按照一定的规律将其转换成可用信号的器件或装置，通常由敏感元件和转换元件组成。”传感器是一种检测装置，能感受被测量的信息，并能将检测感受到的信息按一定规律转换成电信号或其他所需形式的信息输出，以满足信息的传输、处理、存储、显示、记录和控制等要求。它是实现自动检测和自动控制的重要技术。

传感器定义的具体内容有：

1）传感器是测量装置，能完成检测任务；

2）传感器的输入量是某一种被测量，可能是物理量，也可能是化学量或生物量等；

3）传感器的输出量是某种物理量，应便于传输、转换、处理、显示等，可以是电量，也可以是气压、光强等物理量，但主要是电量；

4）传感器的输出与输入之间有确定的对应关系，且能达到一定的精度。

1.1.1 传感器的组成

传感器一般由敏感元件、转换元件、基本转换电路三部分组成，如图1－1所示。

图1－1 传感器的组成

1. 敏感元件

敏感元件是指传感器能直接感受被测量的部分，并输出与被测量是确定关系的某一物理量的元件。

2. 转换元件

转换元件是指传感器中能将敏感元件的输出转换成适于传输和测量的电信号元件。有时敏感元件和转换元件的功能是由一个元件（敏感元件）实现的。

3. 基本转换电路

基本转换电路是将敏感元件或转换元件输出的电信号放大、转换或调理成易于传输、处理、记录和显示的形式。转换元件的输出信号一般很弱，信号的形式多样，如电压、电流、频率、脉冲等。输出信号的形式由传感器原理确定，常见的信号调节与转换电路有放大器、电桥、振荡器、电荷放大器等，它们分别与相应的传感器配合。

1.1.2 传感器的应用

传感器已经应用到整个社会生活的各个方面，在我们的生活、生产和科研方面都有着非常广泛的用途，如家用电器、工业生产、宇宙开发、海洋探测、环境保护、资源调查、医学诊断、生物工程和文物保护等领域。从茫茫的太空到浩瀚的海洋，以至各种复杂的工程系统，几乎每一个现代化项目都离不开各种各样的传感器。

1. 传感器在生活中的应用

传感器在日常生活中无处不在，它正在改变着人们的生活方式，给人们的生活带来方便、安全和快捷。

比如，夏天使用空调时，它为什么会让房间保持在一个设定的温度下呢？空调中有一个用热敏电阻制成的感应头，当周围空气的温度发生变化时，热敏电阻的阻值随之改变，并通过电路转换为电流信号，控制压缩机的工作，因此，夏天可以使用空调使室内温度保持在设定的温度以下。

又如，烟雾报警器利用烟敏电阻测量烟雾浓度，当烟雾达到一定浓度即引起报警系统工作，从而达到报警的目的。还有光敏路灯、声控路灯等，也是利用传感器来自动控制开关的通断的。

在生活中用到传感器的地方还很多，如手机触摸屏、数码相机、鼠标、电子天平、话筒、电子温度计、自动洗衣机、红外线报警器、水位报警器、温度报警器、湿度报警器和光学报警器，以及自动门利用人体的红外微波来开关门等。

2. 传感器在生产中的应用

在工业自动化生产中，随着现代技术的发展，对安全生产的要求越来越高，对在生产过程中各种量的检测和控制的自动化水平也越来越强，传感器在钢铁、造纸、石化、医药、食品等企业中得到了广泛的应用，如压差传感器在医药方面的应用、光纤传感器在智能复合材料和热加工生产中的应用、红外传感器在皮带运输机安全警示系统中的应用、电涡流传感器在印刷品厚度检测中的应用、距离传感器在判断车辆运动速度方面的应用等。

在现代工业生产尤其是自动化生产过程中，要用各种传感器来监视和控制生产过程中的各个参数，使设备在正常状态或最佳状态下工作，并使产品达到最好的质量。如果没有众多的优良的传感器，现代化生产也就失去了基础。

3. 传感器在基础学科研究中的应用

在基础学科研究领域，传感器具有更加突出的地位。随着现代科学技术的发展，传感器在许多新领域中得到了广泛应用。例如，传感器既可用于观察上千光年的茫茫宇宙，又可用于观察小到 10^{-10} m 的粒子世界；长到数十亿年的天体演变，短到 10 ~ 24 ms的瞬间反应。此外，还出现了对深化物质认识、开拓新能源、新材料等具有重要作用的各种尖端技术研究，如超高温、超低温、超高压、超高真空、超强磁场、超弱磁场等。显然，要获取大量人类感官无法直接获取的信息，没有相应的传感器是不可能实现的。许多基础科学研究的障碍，首先就在于对象信息的获取存在困难，而一些新机理和高灵敏度的检测传感器的出现，往往会使该领域内的科学研究有所突破。传感器的发展是开发边缘学科的基础。

4. 智能传感器的应用

智能传感器已广泛应用于航天、航空、国防、科技和工农业生产等各个领域。例如，它在机器人领域中有着广阔的应用前景，智能传感器使机器人具有人类的五官和大脑功能，可以感知各种现象，完成各种动作。

在工业生产中，利用传统的传感器无法对某些产品质量指标（如黏度、硬度、表面光洁度、成分、颜色及味道等）进行快速而直接的测量并实现在线控制，而利用智能传感器可直接测量与产品质量指标有函数关系的生产过程中的某些量，如温度、压力、流量等。例如，Cygnus 公司生产了一种“葡萄糖手表”，其外观和普通手表一样，戴上它就能完成无疼、无血、连续的血糖测试。“葡萄糖手表”上有一块涂着试剂的垫子，当垫子与皮肤接触时，葡萄糖分子被吸附到垫子上，并与试剂发生电化学反应，产生电流。传感器测量该电流，经处理器计算出与该电流对应的血糖浓度，并以数字量显示。

在机器人技术领域，作为第三次产业革命的典型代表——智能机器人，将大量使用视觉、触觉、听觉、嗅觉以及各种内脏传感器。一些机器人专家认为，“智能机器人系统应该是一个传感器系统的集成而不是机构的集成”。

5. 传感器在其他领域的应用

在航空、航天技术领域，传感器应用范围非常广，仅阿波罗 10 号飞船就使用了大量传感器对 3 295 个测量参数进行监测，可以说整个飞船就是高性能传感器的集合体。

在兵器领域，国外新设计的引线除具有引爆炸药的功能外，还采用传感器分别监测环境和目标信息，从而更好地解决安全性和可靠性问题。各国研制的重要新型精确打击武器——目标敏感弹，都是以传感器为技术核心的。

在交通领域，为了研究飞机的强度，要在机身和机翼贴上几百片应变片，在试飞时还要利用传感器测量发动机的参数和机上有关部位的各种参数。一辆现代化汽车装备的传感器有30多种，用以检测车速、方位、转矩、振动、油压、油量、温度等。美国为实现汽车电子化，正准备在一辆汽车上安装90多种传感器。

生物传感器的发展将引起临床检测领域的革命，简化复杂的医学生化检测过程，进而走出实验室，走进普通病人家中，使普通病人也能熟练掌握和操作这些仪器，随时了解自己的病情，为治疗和康复创造有利条件。

总之，传感器在以计算机为基础的测控系统中、在加强国防建设与促进科技发展中、在改造传统产业实现自动化检测和发展新兴产业中，发挥着举足轻重的作用。

1.1.3 传感器的分类

传感器的分类方法很多，可以按被测量、工作原理、敏感材料、传感器输出量的性质、应用场合、使用目的、敏感元件和能量转换原理进行分类。

1. 按被测量分类

传感器按被测量可分为力学传感器、光学传感器、磁学传感器、几何学传感器、运动学传感器、流速与流量传感器、液面传感器、热学传感器、化学传感器、生物传感器等。这种分类有利于选择和使用传感器。

2. 按工作原理分类

传感器按工作原理可分为电阻式传感器、电容式传感器、电感式传感器、光电式传感器、光栅式传感器、热电式传感器、压电式传感器、红外传感器、光纤传感器、超声波传感器、激光传感器等。这种分类方便阐述传感器的工作原理，有利于研究和设计传感器。

3. 按敏感材料分类

传感器按敏感材料可分为半导体传感器、陶瓷传感器、石英传感器、光导纤维传感器、金属传感器、有机材料传感器、高分子材料传感器等。采用这种分类法可将传感器分出很多种类。

4. 按传感器输出量的性质分类

传感器按输出量的性质可分为模拟传感器、数字传感器。模拟传感器输出模拟信号，数字传感器输出数字信号。数字传感器便于与计算机联用，抗干扰性能强，如脉冲盘式角度数字传感器、光栅传感器等。传感器数字化是未来的发展趋势。

5. 按应用场合分类

传感器按应用场合可分为工业用传感器、农用传感器、军用传感器、医用传感器、科研用传感器、环保用传感器和家电用传感器等，按具体使用场合还可分为汽车用传感器、船舰用传感器、飞机用传感器、宇宙飞船用传感器和防灾用传感器等。

6. 按使用目的分类

传感器按使用目的可分为计测用传感器、监视用传感器、位查用传感器、诊断用传感器、控制用传感器和分析用传感器等。

7. 按敏感元件分类

传感器按敏感元件可分为基于力、热、光、电、磁和声等物理效应的物理类传感器，基于化学反应原理的化学类传感器和基于酶、抗体、激素等分子识别功能的生物类传感器。

通常据其基本感知功能可分为热敏元件、光敏元件、气敏元件、力敏元件、磁敏元件、湿敏元件、声敏元件、放射线敏感元件、色敏元件和味敏元件十大类。

8. 按能量转换原理分类

传感器按能量转换原理可分为有源传感器和无源传感器。有源传感器将非电量转换为电量，如电动势式传感器和电荷式传感器等；无源程序传感器不起能量转换作用，只是将被测非电量转换为电参数的量，如电阻式、电感式及电容式传感器等。

1.1.4　传感器的主要特性及性能指标

在检测控制系统和科学实验中，需要对各种参数进行检测和控制，而要达到比较优良的控制性能，则要求传感器能够感知被测量的变化并且不失真地将其转换为相应的电量，这种要求主要取决于传感器的基本特性，即输出与输入之间的关系特性。传感器的基本特性主要分为静态特性和动态特性。

1. 传感器的静态特性

传感器的静态特性是指传感器的输出量与输入量之间的相互关系。因为此时的输入量和输出量都和时间无关，所以它们之间的关系，即传感器的静态特性可用一个不含时间变量的代数方程，或以输入量作横坐标，把与其对应的输出量作纵坐标而画出的特性曲线来描述。表征传感器静态特性的主要参数有线性度、灵敏度、分辨力、迟滞、重复性、测量范围、量程、漂移和阈值等。

(1) 线性度

线性度是指传感器输出量与输入量之间的实际关系曲线偏离拟合直线的程度，如图1-2所示。线性度的定义为：在全量程范围内实际特性曲线与拟合直线之间的最大偏差值 ΔL_{max} 与满量程输出值 y_{FS} 之比，用 γ_L 表示。三者的关系如式（1-1）所示：

$$\gamma_L = \pm \frac{\Delta L_{max}}{y_{FS}} \times 100\% \qquad (1-1)$$

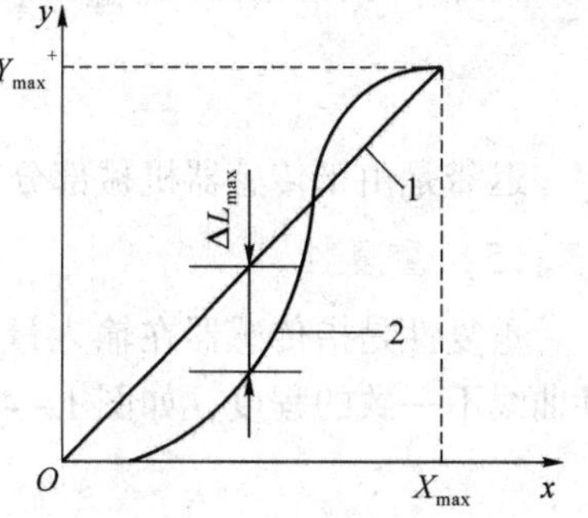

图1-2　传感器的线性度

1—拟合直线；2—实际特性曲线

通常情况下，传感器的实际静态特性输出是一条曲线。在实际工作中，为使仪表具有均匀刻度的读数，常用一条拟合直线近似地代表实际的特性曲线，线性度（非线性误差）就是描述这个近似程度的一个性能指标。拟合直线的选取有多种方法，例如，将零输入和满量程输出点相连的理论直线作为拟合直线，将与特性曲线上各点偏差的平方和为最小的理论直线作为拟合直线，此拟合直线称为最小二乘法拟合直线。

(2) 灵敏度

灵敏度是传感器静态特性的一个重要指标，其定义为：输出量的增量与引起该增量的相应输入量增量之比，即在稳态工作情况下输出量变化 Δy 对输入量变化 Δx 的比值。灵敏度用 S 表示，是输出与输入特性曲线的斜率，其关系如式（1-2）所示：

$$S=\frac{\text{输出量的变化量}}{\text{输入量的变化量}}=\frac{\Delta y}{\Delta x}=\frac{\mathrm{d}y}{\mathrm{d}x} \tag{1-2}$$

如果传感器的输出和输入之间呈线性关系，则灵敏度 S 是一个常数，否则，它将随输入量的变化而变化。灵敏度的量纲是输出量和输入量的量纲之比。例如，某位移传感器在位移变化 1 mm 时，输出电压变化 200 mV，则其灵敏度应表示为200 mV/mm。当传感器的输出量和输入量的量纲相同时，灵敏度可理解为放大倍数。提高灵敏度可得到较高的测量精度，但灵敏度越高，测量范围越窄，稳定性也往往越差。

(3) 分辨力

分辨力是指传感器可能感受到的被测量最小变化的能力，如果输入量从某一非零值缓慢地变化，当输入变化值未超过某一数值时，传感器的输出不会发生变化，即传感器对此输入量的变化是分辨不出来的，只有当输入量的变化超过分辨力时，其输出才会发生变化。

通常传感器在满量程范围内各点的分辨力并不相同，因此，常常使用满量程中能使输出量产生阶跃变化的输入量中的最大变化值作为衡量分辨力的指标。上述指标若用满量程的百分比表示，则称为分辨率。

(4) 迟滞

传感器在输入量由小到大（正行程）及输入量由大到小（反行程）变化期间其输入、输出特性曲线不重合的现象称为迟滞，如图 1－3 所示。对于同一大小的输入信号，传感器的正反行程输出信号大小不相等，这个差值称为迟滞差值。迟滞差值通常用这两条曲线之间的最大差值 $\Delta H_{\max}$ 与满量程输出 Y_{FS} 的百分比表示，如式（1－3）所示：

$$\gamma_{H}=\pm\frac{\Delta H_{\max}}{Y_{FS}}\times 100\% \tag{1-3}$$

迟滞是由于传感器机械部分存在摩擦、间隙、松动、积尘等原因造成的。

(5) 重复性

重复性是指传感器在输入量按同一方向、全量程连续地发生多次变化时，所得特性曲线不一致的程度，如图 1－4 所示。

$$\gamma_{R}=\pm\frac{\Delta R_{\max}}{Y_{FS}}\times 100\%$$

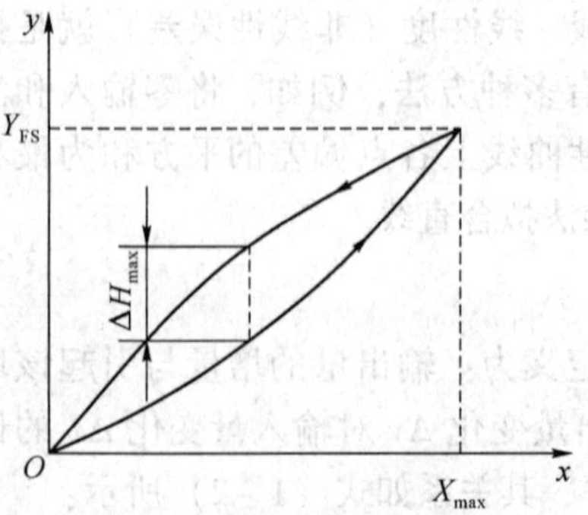

图 1－3　传感器的迟滞特性

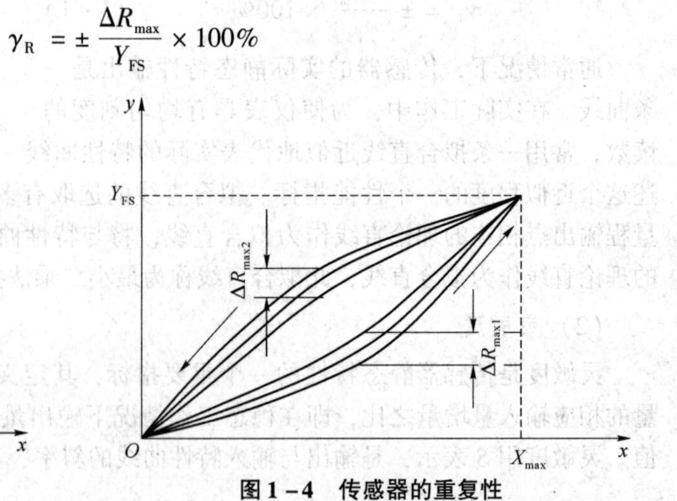

图 1－4　传感器的重复性

(6) 测量范围

在允许误差范围内传感器所能测得的最小输入量与最大输入量之间的范围称为传感器的测量范围。

(7) 量程

量程是测量范围上限值和下限值的代数差。

(8) 漂移

在输入量不变的情况下，传感器输出量随着时间变化的现象称为漂移。产生漂移有两个方面的原因：一是传感器自身的结构参数；二是周围环境，如温度、湿度等。

(9) 阈值

当传感器的输入从零值开始缓慢增加时，在达到某一值后输出发生可观测的变化，这个输入值称为传感器的阈值电压。

(10) 精度

传感器的精度是指测量结果的可靠程度，是测量中各类误差的综合反映。测量误差越小，传感器的精度越高。传感器的精度用其量程范围内的最大基本误差与满量程输出之比的百分数表示，其基本误差是传感器在规定的正常工作条件下所具有的测量误差，由系统误差和随机误差两部分组成。

(11) 稳定性

稳定性表示传感器在较长的时间内保持其性能参数的能力。在理想的情况下，传感器的特性参数都不随时间变化。但实际上，随着时间的推移，大多数传感器的特性会发生改变。这是因为敏感元件或构成传感器的部件，其特性会随时间发生变化，从而影响传感器的稳定性。

稳定性一般以室温条件下经过规定时间间隔后，传感器的输出与起始标定时的输出之间的差值来表示，该差值称为稳定性误差。稳定性误差可用相对误差表示，也可用绝对误差表示。

2. 传感器的动态特性

传感器的动态特性指传感器测量动态信号时，输出对输入的响应特性。传感器测量静态信号时，由于被测量不随时间变化，测量和记录的过程不受时间限制，但是实际检测中的大多数被测量信号是随时间变化的动态信号，传感器的输出不仅要能精确地显示被测量的大小，还要显示被测量随时间变化的规律。传感器测量动态信号的能力用动态特性来表示。

动态特性与静态特性的主要区别是：动态特性中输出量与输入量的关系不是一个定值，而是时间的函数，它随输入信号的频率而改变。动态特性好的传感器，其输出随时间的变化规律将再现输入量随时间的变化规律，即它们具有同一个时间函数。但是，除了理想情况外，实际传感器的输出信号与输入信号不会具有相同的时间函数，由此将引起动态误差。

传感器的动态特性与其输入信号的变化形式密切相关，在研究传感器动态特性时，通常是根据不同输入信号的变化规律来考察传感器响应的，实际传感器输入信号随时间变化的形式可能是多种多样的。在实际工作中，传感器的动态特性常用它对某些标准输入信号的响应来表示。这是因为传感器对标准输入信号的响应容易用实验方法求得，并且它对标准输入信号的响应与其对任意输入信号的响应之间存在一定的关系，往往知道了前者就能推定后者。最常用的标准输入信号有阶跃信号和正弦信号，这两种信号在物理上较容易实现，也便于求解。

1）对于阶跃输入信号，传感器的响应称为阶跃响应或瞬态响应，它是指传感器在瞬变的非周期信号作用下的响应特性。瞬态响应对传感器来说是一种最严峻的状态，如果传感器能复现阶跃信号，就能很容易地复现其他种类的输入信号，其动态性能指标必定会令人满意。

2）对于正弦输入信号，传感器的响应称为频率响应或稳态响应，它是指传感器在振幅稳定不变的正弦信号作用下的响应特性。稳态响应的重要性在于工程上所遇到的各种非电信号的变化曲线都可以展开成傅里叶（Fourier）级数或进行傅里叶变换，即可以用一系列正弦曲线的叠加来表示原曲线。因此，知道传感器对正弦信号的响应特性即可判断它对各种复杂变化曲线的响应。

为便于分析传感器的动态特性，必须建立动态数学模型。建立动态数学模型的方法有多种，如微分方程、传递函数、频率响应函数、差分方程、状态方程、脉冲响应函数等。建立微分方程是对传感器动态特性进行数学描述的基本方法。在忽略一些影响不大的非线性和随机变化的复杂因素后，可将传感器作为线性定常系统来考虑，因而其动态数学模型可用线性常系数微分方程来表示。能用一阶和二阶线性微分方程来描述的传感器分别称为一阶和二阶传感器，虽然传感器的种类和形式很多，但它们一般可以简化为一阶或二阶环节的传感器（高阶可以分解成若干个低阶环节），因此一阶传感器和二阶传感器是最基本的传感器。

1.1.5 传感器技术的发展历程与发展趋势

1. 传感器技术的发展历程

传感器技术历经多年的发展，大体可分为 3 代。

(1) 第 1 代传感器

第 1 代传感器是结构型传感器，它利用结构参量变化来感受和转化信号。例如，电阻应变式传感器是利用金属材料发生弹性形变时电阻的变化来转化电信号的。

(2) 第 2 代传感器

第 2 代传感器是 20 世纪 70 年代发展起来的固体型传感器，这种传感器由半导体、电介质、磁性材料等固体元件构成，是利用材料某些特性制成的。例如，利用热电效应、霍尔效应和光敏效应分别制成热电偶传感器、霍尔传感器和光敏传感器等。20 世纪 70 年代后期，随着集成技术、分子合成技术、微电子技术及计算机技术的发展，出现了集成传感器。集成传感器包括两种类型：传感器本身的集成化和传感器与后续电路的集成化，例如，电荷耦合器件（CCD）、集成温度传感器 AD590、集成霍尔传感器 UGN3501 等。

集成传感器具有成本低、可靠性高、性能好、接口灵活等特点，发展非常迅速，现已占传感器市场的 2/3 左右，正向着低价格、多功能和系列化方向发展。

（3）第 3 代传感器

第 3 代传感器是 20 世纪 80 年代发展起来的智能型传感器。智能型传感器对外界信息具有一定检测、自诊断、数据处理以及自适应的能力，是微型计算机技术与检测技术相结合的产物。20 世纪 80 年代智能化测量主要以微处理器为核心，把传感器信号调节电路、微计算机、存储器及接口集成到一块芯片上，使传感器具有一定的智能。20 世纪 90 年代，智能化测量技术有了进一步的提高，在传感器一级水平实现智能化，使其具有自诊断功能、记忆功能、多参量测量功能及联网通信功能等。

2. 传感器的发展趋势

传感器是无人驾驶的基础硬件，是感知环境的载体，ADAS 技术、智能汽车发展将带动传感器市场快速增长。据美国波士顿咨询测算，无人驾驶汽车创造的市场价值将达到420 亿美元，在 2035 年前，全球将有 1 800 万辆汽车拥有部分无人驾驶功能，1 200 万 辆汽车成为完全无人驾驶汽车，而中国将拥有最大的智能汽车市场。

随着市场发展状况的变化，传感器的发展也出现了新趋势。目前，传感器的发展主要有以下六大趋势。

（1）微型化

以智能手机为例，目前手机除了性能要求外，还有外观要求，将手机做得更薄，这就要求使用的传感器具有体积小和功耗低的特征。利用微电子学将传感器和微处理器结合在一起、实现各种功能的单片智能传感器，仍然是智能传感器的主要发展方向之一。例如，利用三维集成（3DIC）及异质结技术研制高智能传感器“人工脑”是科学家近期的奋斗目标。日本正在用 3DIC 技术研制视觉传感器。

（2）组合传感器

目前手机内部（这里指手机主板）空间有限，每个传感器作为一个模块嵌入会降低手机内部的空间利用率，如何将 5 ~ 10 种传感器，甚至更多的传感器集成为一个组合传感器，成为传感器厂商及设备厂商需要考虑的问题。

（3）无线传输

NB - IoT 是一种优秀的无线传输技术，在工业物联网、物流等领域得到应用，将会为相关行业发展带来很大的帮助。物联网终端的规模和数量都很大，预计到 2025 年，将会有 750 亿个物联网设备投入使用，其中工业、物流、健康、医疗将是热门应用领域，有望达到千亿美元的规模，这也将进一步带动未来传感器行业的发展。

（4）利用生物工艺研制传感器的功能材料

以生物技术为基础研制分子生物传感器是一门新兴学科，是一种超前技术，在敏感原理、材料及工艺等方面都属于高层次研究，将促使传感器技术实现一次新飞跃。

（5）超导及超导传感器

超导及超导传感器是当今全世界范围内科学家研究的重要课题之一。

当温度接近绝对零度时，超导传感器的电阻几乎为零，在其上施加电流时，电流将会无限制地流动下去。研究发现，在超导体中，电子可以穿过极薄的绝缘层，这个现象称为超导隧道效应。超导体中存在正常电子和超导电子对两种电子。因此，超导效应有电子隧道效应和电子对隧道效应两种。利用具有这些效应的超导体可制作高速开关、电磁波探测装置、超导量子干涉器件（SCQID，Super Conduction Quantum Interecs Devices）等。

（6）完善智能器件原理和智能材料的设计方法

完善智能器件原理和智能材料的设计方法，也将是今后几十年极其重要的课题。

为了减轻人类繁重的脑力劳动，实现智能化、自动化，不但要求电子元器件能充分利用材料的固有特性对周围的环境进行检测，而且要兼有信号处理和动作反应的相关功能，因此必须研究将信息注入材料的主要方式和有效途径，功能效应和信息流在人工智能材料内部的转换机制，原子或分子对组成、结构和性能的关系，进而研制出“人工原子”，开发出“以分子为单位的复制技术”，在“三维空间超晶格结构和K空间”中进行类似于“遗传基因”控制方法的研究，不断探索新型的人工智能材料和传感器件。

要注目世界科学前沿，赶超世界先进水平，就要研究以各种类型的记忆材料和相关智能技术为基础的初级智能器材，如智能探测器和控制器、智能红外摄像仪、智能天线、太阳能收集器、智能自动调光窗口等，并研究智能材料（如功能金属、功能陶瓷、功能聚合物、功能玻璃和功能复合材料）在智能技术和智能传感器中的应用途径，从而达到发展高级智能器件、纳米级微型机器人和人工脑等系统的目的，使我国的人工智能技术和智能传感器技术达到甚至超过世界先进水平。

1.2 测量与测量误差的基本知识

测量是借助专用技术和专门的仪器设备，通过实验和计算等方法，对被测对象某个量的大小和符号进行信息采集、数值取得的过程。

1.2.1 测量的方法

测量从不同的角度出发有不同的分类方法，常见的种类有直接测量、间接测量和联立测量。

1. 直接测量

直接测量是指借助于测量仪器等设备直接获得测量结果的测量方法，仪表的读数不需要经过任何运算处理，如用电压表测量电压、用磁电式电流表测量电路的支路电流、用弹簧管式压力表测量流体压力等。直接测量的测量过程简单而迅速，但测量精度不高，是工程上广泛采用的方法。

2. 间接测量

间接测量是指对几个与被测量有确定函数关系的物理量进行直接测量，然后通过公式计算或查表等求出被测量的测量方法。伏安法测量电阻 R 的方法即属于间接测量法，它先测出流过电阻的电流 I 及电阻两端的电压 V，再利用公式 $R=\frac{V}{I}$ 来计算电阻 R。

间接测量方法步骤较多、花费时间较长，但是有时可以得到较高的测量精度，多用于科学实验中的实验室测量，工程测量中也有所应用。

3. 联立测量

联立测量也称组合测量。在使用仪表进行测量时，若被测物理量必须经过求解联立方程组才能得到最后结果，则称这样的测量为联立测量。在进行联立测量时，一般需要改变测试条件才能获得一组联立方程所需要的数据。

联立测量方法的操作手续很复杂，花费时间很长，是一种特殊的精密测量方法，适用于科学实验或特殊场合。

例如，测量在任意环境温度 t 时某电阻的阻值 R_t，已知任意温度下电阻阻值的计算公式为

$$R_t = R_{20} + \alpha(t-20) + \beta(t-20)/2 \tag{1-4}$$

式中：R_t、R_{20}——环境温度为 t、20 ℃时的电阻值；

α、β——电阻温度系数。

α、β 与 R_{20} 均为不受温度影响的未知量。

显然，可以利用直接测量或间接测量的方法测出某温度下电阻的阻值，而以直接测量或间接测量法测出任意温度下电阻的阻值是不现实的。如果改变测试温度，分别测出 3 种不同测试温度下的电阻值，代入式（1-4），求解由此得到的联立方程组，得出未知量 α、β、R_{20} 后，代入上式即可得出任意温度下的电阻 R_t。

测量方法对测量工作是十分重要的，它关系到测量任务能否完成。因此，要针对测量任务的具体情况，找出切实可行的测量方法，然后根据测量方法选择合适的测量工具，组成测量系统，进行实际测量。反之，如果测量方法不合适，即使选择的测量工具（有关仪器、仪表、设备等）很高级，也不会得出准确的测量结果。

1.2.2　测量的误差

测量的目的是得到被测量的真实值。真实值是指某被测量在一定条件下其本身客观存在的实际值。由于实验方法和实验设备的不完善、传感器本身性能不优良、测量方法不完善、周围环境的影响及人们认识能力有限等，测量和实验所得的数据和被测量的真实值间不可避免地存在着差异，从而造成被测参数的测量值与真实值不一致，在数值上即表现为误差。测量值与真实值之间的差值称为测量误差。

1. 误差的表示方法

（1）绝对误差

绝对误差是指测量值（也叫示值或标称）与被测参数真实值之间的差值，即

$$\Delta = X - L \tag{1-5}$$

式中：Δ——绝对误差；

L——被测参数的真实值；

X——测量值。

绝对误差表示测量值偏离真实值的程度，但不能表示测量的准确程度。例如，在测量温度时，绝对误差为 1 ℃，对体温测量来说是不精确的，但对测量钢水温度来说却是极精确的测量结果。因此采用绝对误差表示测量误差不能很好地说明测量的精确度。

（2）相对误差

相对误差一般用于说明测量精度的高低，分为实际相对误差、示值相对误差和引用相对误差。

1）实际相对误差 δ 用绝对误差与真实值的百分比表示，即

$$\delta = \frac{\Delta}{L} \times 100\% \tag{1-6}$$

2）示值相对误差 δ_x 又叫标称相对误差，用绝对误差与测量值的百分比表示，即

$$\delta_x = \frac{\Delta}{X} \times 100\% \tag{1-7}$$

由于被测量的真实值无法得知，一般工程的实际测量中，用测量值代替真实值进行计算，用标称相对误差表示测量的准确度比较方便。

3）引用相对误差 γ 又叫满度相对误差，用绝对误差与测量仪器（仪表）满度值的百分比表示，即

$$\gamma = \frac{\Delta}{Y_{FS}} \times 100\% \tag{1-8}$$

2. 仪表的准确度等级

最大的引用误差常被用来确定仪表的准确度等级 S，即

$$S = \frac{|\Delta_{max}|}{Y_{FS}} \times 100 \tag{1-9}$$

仪表的准确度等级习惯上称为精度等级，仪表的精度等级规定了一系列的标准值，我国的工业仪表有 7 个级别，如表 1-1 所示。可从仪表面板标志上判断仪表的等级，精度越高，准确度等级越小，误差越小，价格越高。

表 1-1　仪表的准确度等级和基本误差

准确度等级	0.1	0.2	0.5	1.0	1.5	2.5	5.0
引用相对误差/%	±0.1	±0.1	±0.1	±0.1	±0.1	±0.1	±0.1

【例 1-1】 一台测温仪表的测量范围为 -200 ~ +800 ℃，准确度等级为 0.5。用它测量 500 ℃的温度，求仪表引起的绝对误差和相对误差。

解：由 $S = \frac{|\Delta_{max}|}{Y_{FS}} \times 100$ 可得仪表引起的绝对误差为

$$\Delta_{max} = \pm \frac{Y_{FS} \times S}{100} = \pm \frac{[800-(-200)] \times 0.5}{100} = \pm 5(℃)$$

由 $\delta_x = \frac{\Delta}{X} \times 100\%$ 可得仪表引起的相对误差为

$$\delta_x = \frac{\pm 5}{500} \times 100\% = \pm 1\%$$

巩固与练习

1. 简述传感器及其组成。
2. 简述误差、相对误差和引用误差。

3. 简述传感器的静态特性性能指标并说明什么是线性度。

4. 简述传感器在生产、生活中的应用。

5. 用测量范围为－50～＋150 kPa的压力传感器测量140 kPa的压力时，传感器的测量示值为＋142 kPa，求该示值的绝对误差、相对误差和引用误差。

6. 已知待测电压约为80 V。现有2只电压表，一只准确度等级为0.5，测量范围为0～300 V；另一只准确度等级为1.0，测量范围为0～100 V。请选择合适的电压表进行测量并简述选择理由。

7. 3台测温仪表的量程均为0～800 ℃，准确度等级分别为2.5、2.0和1.5，现要测量500 ℃的温度，要求相对误差不超过2.5%，请选择合适的仪表并简述理由。

第 2 章

力传感器

力是一种非电物理量，无法用电工仪表直接测量，必须借助其他装置将力这一非电物理量转化成电量进行测量，实现这一功能的装置就是力传感器。力的测量方法有多种，依据力—电变换原理，有电阻式（电位器式、电阻应变式）、电感式（自感式、互感式、两流式）、电容式、压电式、压磁式等，这些传感器需借助弹性敏感元件或其他敏感元件将力转换为电量，从而间接地测量出力的大小。力传感器能检测张力、拉力、压力、重量、扭矩内应力和应变等力学量。

常见的力传感器

2.1 电阻应变式传感器

电阻应变式传感器是一种利用电阻应变片将应变转换为电阻值变化的传感器。电阻应变式传感器由电阻应变片、弹性敏感元件、补偿电阻和外壳组成，可根据具体测量要求设计成多种结构形式。测试时，应变片被牢固地粘贴在被测试件的表面，随着试件受力变形，应变片的敏感栅也获得同样的变形，从而使其电阻值也随之发生变化，而此电阻的变化是与试件应变成比例的，再通过一定的测量线路把这种电阻变化转换为电压或电流的变化，用显示仪表显示并记录下来，即可测量力、压力、扭矩、位移、加速度和温度等多种物理量。

电阻应变式传感器在工业生产和日常生活中常用来测量重量、压力和拉力。

2.1.1 电阻应变片

电阻应变片是一种将被测件上的应变变化转化为电阻变化，并通过测量电路转化为电信号输出的敏感器件。电阻应变片应用最多的是金属电阻应变片和半导体应变片两种。金属电阻应变片吸贴在基体材料上的应变电阻随机械形变而产生阻值变化的现象，称为电阻应变效应；半导体应变片受到应力作用时，电阻率随之发生变化的现象称为压阻效应。

1. 金属电阻应变片

金属电阻丝在未受力时，其原始电阻值可表示为

$$R = \frac{\rho l}{A} \tag{2-1}$$

式中：ρ——金属导体的电导率；

A——导体的截面积；

l——导体的长度。

当金属电阻丝受外力作用时，其电阻会随着长度、电导率和截面积的变化而发生变化。当金属电阻丝受外力作用而伸长时，其长度增加而截面积减小，电阻值便会增大；当金属丝受外力作用而压缩时，其长度减小而截面积增加，电阻值则会减小。只要测出与电阻相关的电量变化（常是测量电阻两端的电压），即可获得应变金属丝的应变情况。

实验证明，金属电阻应变片的电阻应变为

$$\frac{\Delta R}{R} = (1 + 2\mu)\varepsilon = K\varepsilon \tag{2-2}$$

式中：$\frac{\Delta R}{R}$——电阻应变片的电阻应变；

K——电阻应变片的灵敏度（金属应变片的灵敏度大约为2）；

ε——被测试件在应变片中的应变；

μ——泊松比。

金属电阻应变片分为丝式、箔式和薄膜式。金属丝式电阻应变片的结构如图2-1所示。

1）金属丝式电阻应变片的基底有纸基和胶基两种，敏感栅粘贴在基底上，上面覆盖保护层。应变片的纵向尺寸为工作长度，反映被测应变；其横向应变将造成测量误差。如图2-2（a）所示为圆角丝栅，其横向应变会引起较大的测量误差，但耐疲劳性好，一般用于动态测量；如图2-2（b）所示为直角丝栅，其精度高，横向应变小，但耐疲劳性差，适用于静态测量。

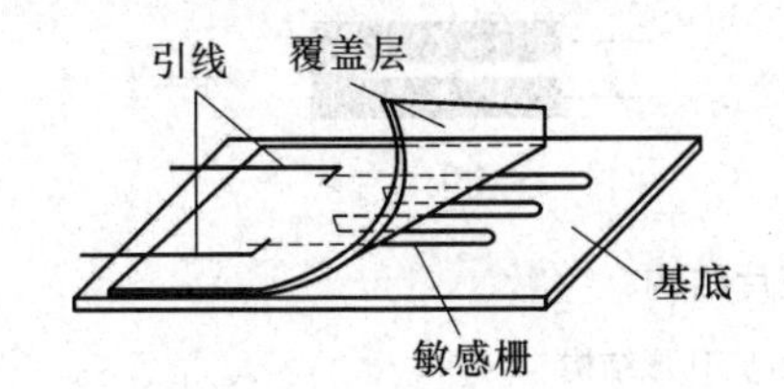

图2-1　金属丝式电阻应变片的结构

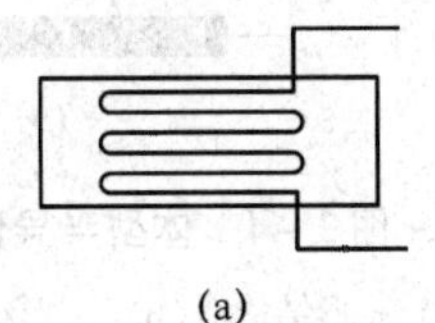

(a)

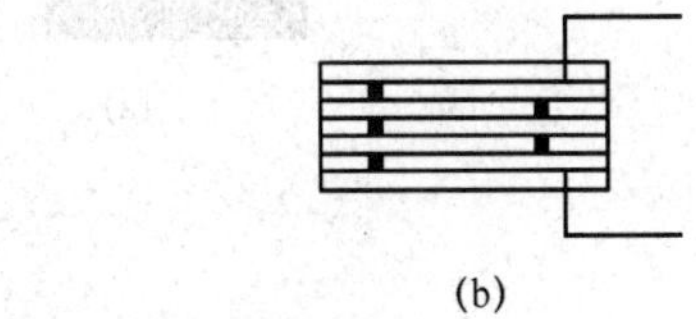

(b)

图2-2　常见的丝式电阻应变片

（a）圆角丝栅；（b）直角丝栅

2）箔式电阻应变片是用光刻技术、腐蚀等工艺制成的一种很薄的金属箔栅，如图2-3所示。箔式电阻应变片的电阻值分散度小，可做成任意形状，适用于大量生产，其成本低，散热性好，允许通过大的电流，横向效应小，灵敏度高，耐蠕变和耐漂移能力强。

(a)

(b)

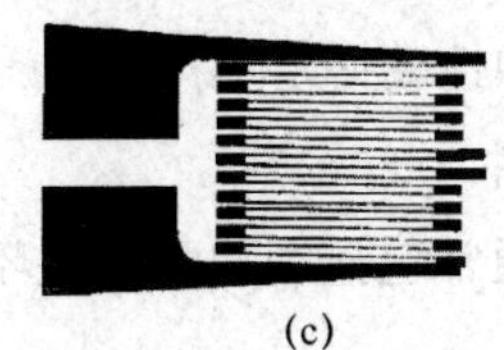

(c)

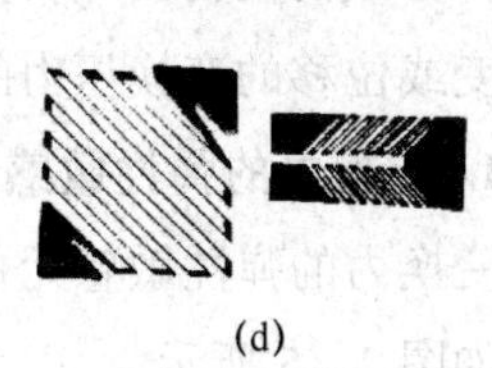

(d)

图2-3　常见的箔式电阻应变片

（a）压力应变片；（b）多轴应变片；（c）单轴应变片；（d）扭矩测量应变片

3）薄膜应变片是采用真空做膜技术在很薄的绝缘基底上蒸镀金属电阻材料薄膜，再加上保护层形成的。其优点是灵敏度高，允许通过大的电流。

2. 半导体应变片

半导体应变片受到应力作用时，其电导率会发生变化，实验证明，半导体应变片的电阻应变为

$$\frac{\Delta R}{R} = \pi_l E = K\varepsilon \tag{2-3}$$

式中：π_l——沿某晶向的压阻系数。

半导体应变片又称压阻元件，其灵敏度 K 约为几十甚至几百，远大于金属电阻应变片的灵敏度，但其温度稳定性远不如金属电阻应变片。

半导体应变片分为体型、薄膜型和扩散型等。扩散型半导体应变片在硅片上用扩散技术制成4个电阻并构成电桥，利用硅材料作为弹性敏感元件，还可以把补偿电路和其他信号处理电路集成在一起，构成集成力敏传感器。体型半导体应变片的结构如图2-4所示。

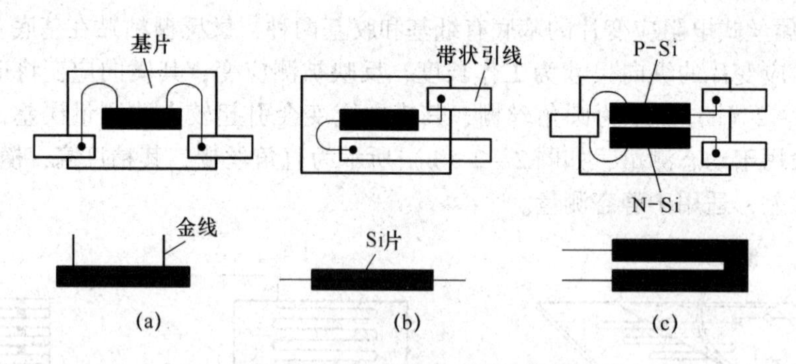

图2-4　体型半导体应变片结构

（a）π形结构；（b）一形结构；（c）U形结构

2.1.2　弹性敏感元件

在传感器的工作过程中常采用弹性敏感元件把力、压力、力矩、振动等被测量转换成应变量或位移量，然后通过各种转换元件把应变量或位移量转换成电量。弹性敏感元件分成两大类，即将力变换成应变或位移的变换力的弹性敏感元件和将压力变换成应变或位移的变换压力的弹性敏感元件。

1. 变换力的弹性敏感元件

变换力的弹性敏感元件通常包括等截面轴、环状弹性敏感元件、悬臂梁和扭转轴等，如图2-5所示。

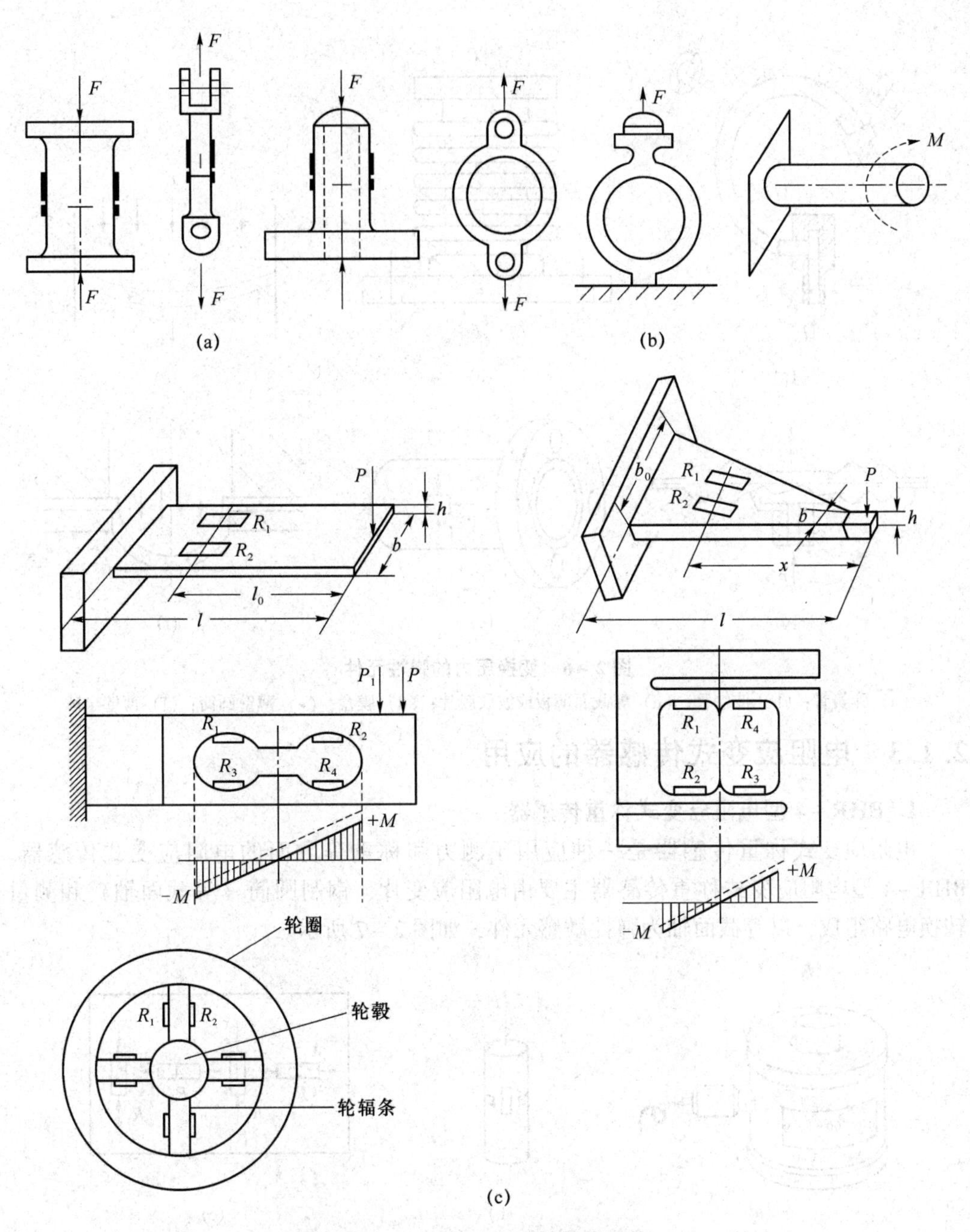

图2－5　变换力的弹性敏感元件

（a）等截面轴（实心圆柱轴和空心圆柱轴）；（b）环状弹性敏感元件（圆环式和扭转轴式）；（c）悬臂梁和扭转轴（几种常见的梁）

2. 变换压力的弹性敏感元件

变换压力的弹性敏感元件有弹簧管、波纹管、等截面薄板或波纹膜片、膜盒、薄壁圆筒和薄壁半球等，如图2－6所示。

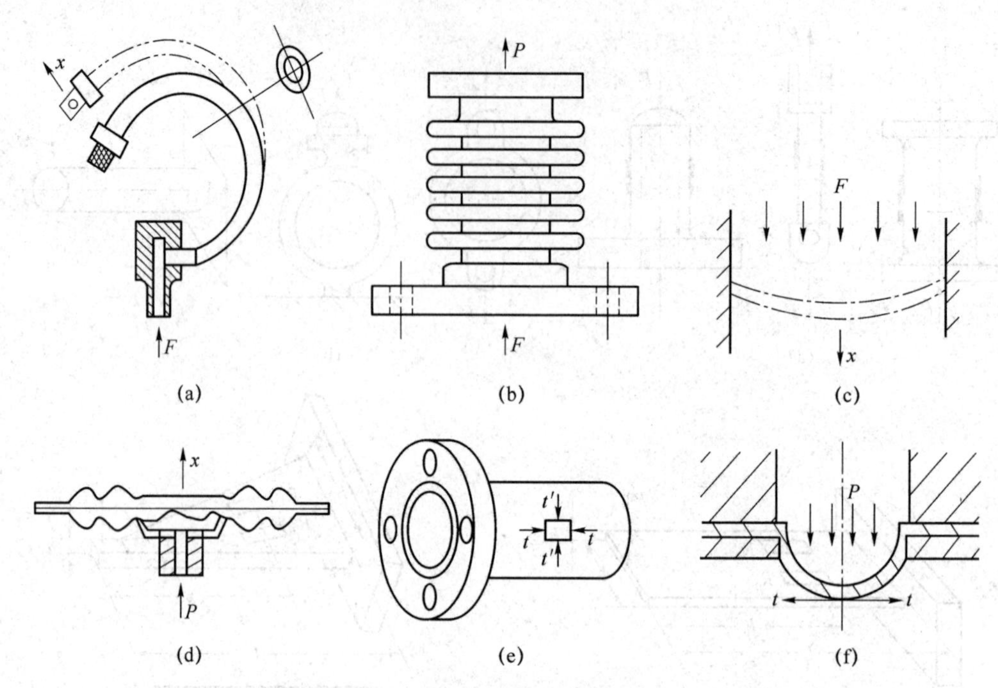

图 2－6　变换压力的弹性元件

（a）弹簧管；（b）波纹管；（c）等截面薄板或波纹膜片；（d）膜盒；（e）薄壁圆筒；（f）薄壁半球

2.1.3　电阻应变式传感器的应用

1. BHR－4 型电阻应变式称重传感器

电阻应变式传感器的应用

电阻应变式称重传感器是一种应用于测力和称重等方面的电阻应变式传感器。BHR－4 型电阻应变式称重传感器主要由电阻应变片、钢制圆筒（等截面轴）和测量转换电路组成，以等截面轴为弹性敏感元件，如图 2－7 所示。

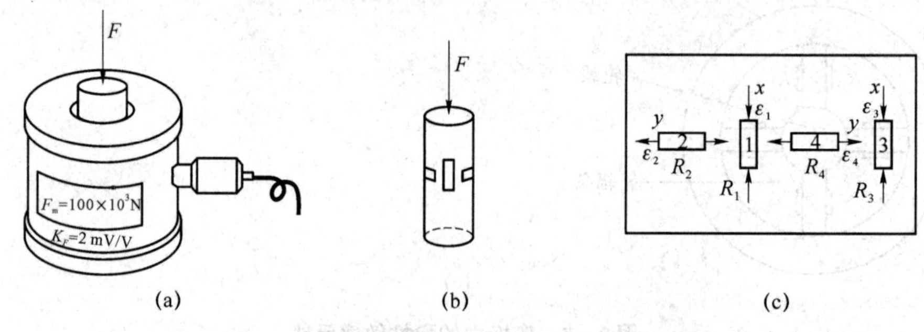

图 2－7　BHR－4 型电阻应变式称重传感器

（a）实物；（b）贴电阻应变片的钢制圆筒；（c）钢制圆筒展开图

钢制圆筒在受到沿轴向的压力时，会发生轴向压应变和径向拉应变，设钢制圆筒的有效截面积为 A，泊松比为 μ，弹性模量为 E，4 片特性相同的应变片贴在圆筒外表面拼接成全桥差动形式，如果外加荷重为 F，则传感器输出为

$$U_o = \frac{U_i}{4}K(\varepsilon_1 - \varepsilon_2 + \varepsilon_3 - \varepsilon_4) \qquad (2-4)$$

图2-7（c）中，应变片1、3感受的是圆筒的轴向应变，即$\varepsilon_1=\varepsilon_3=\varepsilon_x$，应变片2、4感受的是圆筒的径向应变，即$\varepsilon_2=\varepsilon_4=\varepsilon_y=-\mu\varepsilon_x$，代入式（2-4）可得

$$U_o=\frac{U_i}{2}K(1+\mu)\varepsilon_x=\frac{U_i}{2}K(1+\mu)\frac{F}{AE} \tag{2-5}$$

从式（2-5）可知，输出U_o与荷重F成正比，即$U_o=K'F$。其中，$K'=\frac{U_i}{2AE}K(1+\mu)$，实际应用中，传感器的铭牌上均标出灵敏度$K_F$以及满量程$F_m$，如图2-7（a）所示。传感器的灵敏度$K_F$定义为

$$K_F=\frac{U_{om}}{U_i} \tag{2-6}$$

式中：U_i——传感器中电桥的输入电压（V）；

U_{om}——传感器满量程时的输出（mV）。

因此，称重传感器的灵敏度单位为mV/V。

由于在称重传感器的额定工作范围内，输出电压U_o与被测荷重F成正比，所以有

$$\frac{U_o}{U_{om}}=\frac{F}{F_m} \tag{2-7}$$

综合式（2-6）和式（2-7），被测荷重为F时，传感器的输出电压为

$$U_o=\frac{F}{F_m}U_{om}=\frac{K_FU_i}{F_m}F \tag{2-8}$$

BHR-4型电阻应变式称重传感器具有结构简单、测量可靠等特点，有一定的抗冲击能力。其自振频率高、精度高，并具有良好的静态特性和动态特性，广泛应用于称重系统中。

2. 传感器的接线方法

称重传感器可以采用两种不同的输入和输出接线方法，即四线制接法和六线制接法。

（1）四线制接法

四线制接法的称重传感器对二次仪表无特殊要求，使用方便，但当电缆线较长时，容易受环境温度波动等因素的影响。四线制接法如图2-8所示。EXC_+为正电源，接红线；EXC_-为负电源，接黑线；SIG_+为正信号，接绿线；SIG_-为负信号，接白线；黄线为地线。

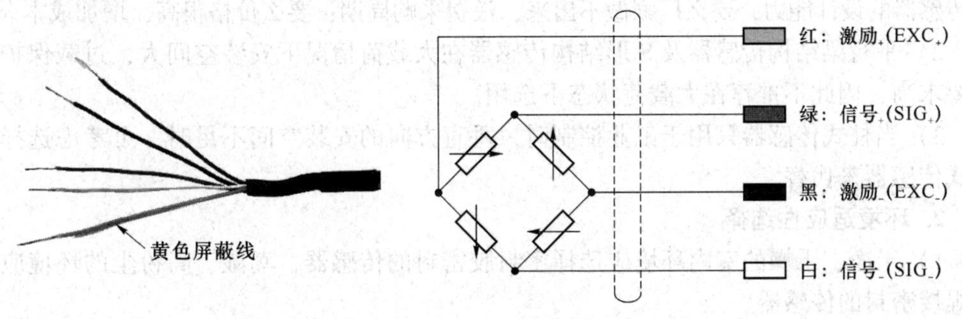

图2-8　四线制接法

图2－8为测量压力的接线方式，若测量拉力，把绿线和白线接线对调即可。

（2）六线制接法

六线制接法的称重传感器要求与之配套使用的二次仪表具有反馈输入接口，使用范围具有一定的局限性，但不容易受环境温度波动等因素的影响，在精密测量及长距离测量时具有一定的优势。六线制接法如图2－9所示。EXC_+为正电源，接红线；EXN_+为正反馈，接蓝线；EXC_-为负电源，接黑线；EXN_-为电源负反馈，接黄线；SIG_+为正信号，接绿线；SIG_-为负信号，接白线；黑粗线为地线。

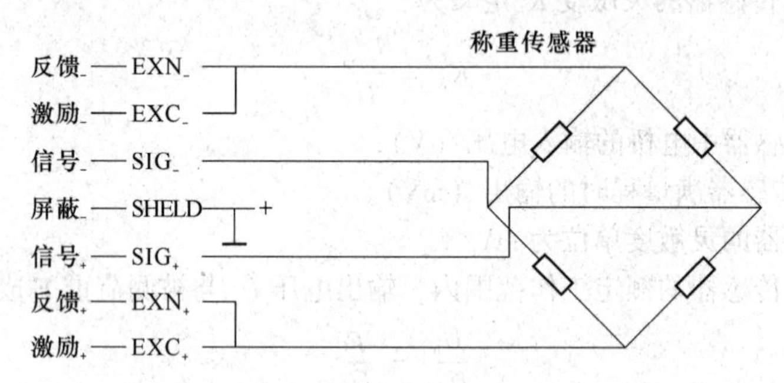

图2－9　六线制接法

在称重设备中，采用四线制接法的称重传感器比较多，如果要将六线传感器接到四线传感器的设备上时，可以把反馈$_+$和激励$_+$接到一起，反馈$_-$和激励$_-$接到一起。接信号线时要注意红色和白色在两种类型的传感器上对应的输出信号是不一样的。

2.1.4　电阻应变式传感器的选用原则

电阻应变式传感器的选用一般从结构、环境适应性、数量、量程、灵敏度、精度等级等方面考虑。

1. 结构选择

结构的选择一般和传感器的安装方式及载荷大小有关，用户可根据实际情况选择，在选择时要注意以下几点：

1）当额定载荷小于10 t时尽量不要选用柱式结构。若按照传统设计，传感器应变梁部位则容易失稳，导致传感器读数不稳定。根据经验及研究发现，若在结构设计上有所突破，则可以将柱式传感器做到小于300 kg量程。但一般传感器厂家并不具备小量程柱式传感器的设计能力，要么厂家做不出来，浪费采购周期；要么价格很高，增加成本。

2）平行梁结构传感器及S形结构传感器在大载荷情况下安装空间大，过载保护装置要求高，因此不推荐在大载荷状态下选用。

3）当柱式传感器只用于工业控制时，垂直方向的安装空间不足时，可考虑选择轮辐式传感器来代替。

2. 环境适应性选择

1）干净、干燥的室内环境应选择密封胶密封的传感器，潮湿、高粉尘的环境应选择焊接密封的传感器。

2）在潮湿、酸性等腐蚀性较高的场所选用不锈钢传感器，一般场所选用合金钢传感器。

3）在有电磁场的环境下，应注意传感器桥路和电缆线的屏蔽性能，否则易受到电磁波干扰，造成数据显示不稳定。若屏蔽性能较差，传感器桥路部分和电缆线部分可用铝塑带包裹或套一层镀银铜丝编制网。

4）在易燃易爆的环境应选用防爆传感器。

5）在 -20 ℃以下或 80 ℃以上等超低或超高温环境下应分别选用低温传感器和高温传感器。在系统对传感器精度要求较高的情况下，选用的传感器不但要保证在高低温下不影响正常工作，还要注意传感器有良好的低温温漂性能和高温温漂性能。

3. 数量选择

传感器是单独使用还是多只串、并联使用，主要看安装过程中需要的支点数来确定。多只使用时一般要接接线盒，并对电压进行调平，对四角误差进行修正。

4. 量程选择

一般的用户在选用传感器的量程时不能只考虑测力系统的额定载荷，在确定传感器的量程时应综合考虑额定载荷、测力系统自身重量、冲击力以及偏载等因素。

5. 传感器灵敏度选择

一般传感器的量程在 1 ~3 mV/V 之间，在选用传感器的灵敏度时应考虑实际情况，灵敏度太低或太高都不好。灵敏度选择一般要考虑以下问题。

1）传感器可能存在过载或冲击的情况时可以选择灵敏度相对较低的传感器。

2）多只传感器串、并联使用的时候应选用灵敏度范围小的传感器，最好分布在 ±0.02 mV/V范围内，否则会带来额外的系统误差。若用于工业控制，一般都是单只使用，可以选用灵敏度范围分布广一点的传感器。

6. 精度等级选择

精度等级需要从传感器的非线性、滞后、蠕变、重复性、零点温漂、回零、时漂等指标综合考虑。选用传感器精度时不仅要考虑到系统的精度，还应考虑传感器的采购成本，选用的传感器精度等级稍高于测力系统或仪表即可。

2.1.5　测量电路

应变片的电阻变化很微小，必须用适当的电路检测其微小的变化，因此通常需要选择一个电路测量微小应变引起的微小电阻变化，然后将信号适当地放大，同时把电阻的相对变化量转化为电压或者电流的变化。这一过程中需要有专门的测量电路，在电阻应变式传感器中，最常用的是桥式测量电路。

桥式测量电路有 4 个电阻，任意一个都可以是电阻应变片电阻。当 4 个电阻满足某一关系时，电桥的输出为零；否则，就有电压输出。因此，电桥能够精确地测量微小的电阻变化。工程中主要采用直流电桥和交流电桥，直流电桥可以测试电阻的变化，而交流电桥可以测量电阻、电感和电容的变化。直流电桥如图 2 - 10 所示，R_1、R_2、R_3、R_4 为桥臂固定电阻，当 4 个电阻满足 $R_1R_4 = R_2R_3$ 时，电桥平衡，输出为零。

若 $R_1 = R_2 = R_3 = R_4 = R$，则电桥平衡，输出电压 $U_o = 0$ 。

若 R_1 为电阻应变片，则形成单臂电桥电路，如图 2 - 11 所示。应变片的初始电阻为 R_1，应变片受力产生的电阻变化 $\Delta R_1 = \Delta R$，由于 $\Delta R < R$，则输出电压为

$$U_o = \frac{U_i}{4}\frac{\Delta R}{R} \tag{2-9}$$

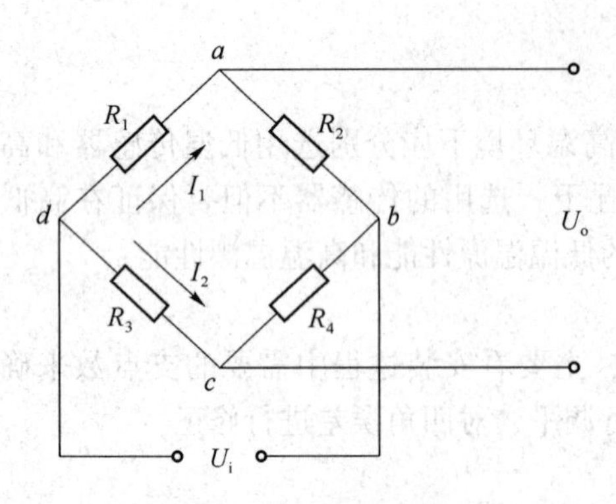

图 2-10 直流电桥

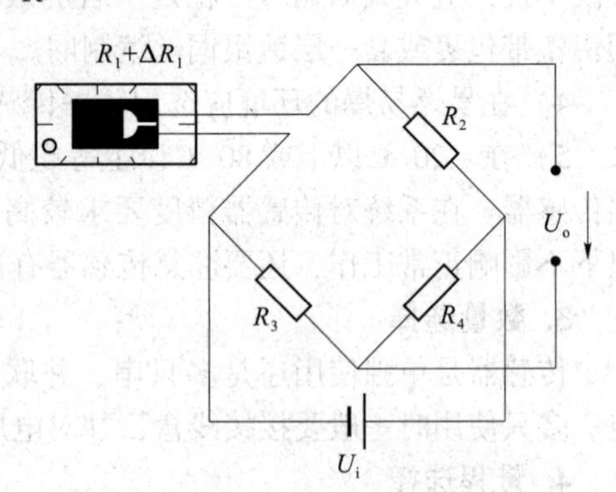

图 2-11 单臂电桥电路

若 R_1、R_2 为规格相同的电阻应变片，则形成半桥双臂电路，如图 2-12 所示。应变片的初始电阻为 R_1、R_2，应变片受力产生的电阻变化大小为 $\Delta R_1 = \Delta R_2 = \Delta R$，在这种电路中，试件上安装两个工作应变片，一个受压力应变，一个受拉力应变，分别接入电桥的相邻桥臂上形成半桥差动电路，其输出电压为

$$U_o = \frac{U_i}{2}\frac{\Delta R}{R} \tag{2-10}$$

可见，电桥输出电压 U_o 与 $\Delta R_1/R_1$ 呈线性关系，没有非线性误差，且电桥电压灵敏度是单臂电桥时的两倍。在实际应用中，常采用差动电桥来减小非线性误差，满足测量的需求。

若 R_1、R_2、R_3、R_4 为规格相同的电阻应变片，将它们分别接在电桥的 4 个臂上，并结成全桥差动形式，两个受拉应变，两个受压应变，这种电路称为全桥差动电路，如图 2-13 所示。应变片受力产生的电阻变化大小为 $\Delta R_1 = \Delta R_2 = \Delta R_3 = \Delta R_4 = \Delta R$，此时，输出电压为

$$U_o = U_i\frac{\Delta R}{R} \tag{2-11}$$

此时，电压灵敏度为单臂电桥工作时的 4 倍，且没有非线性误差。

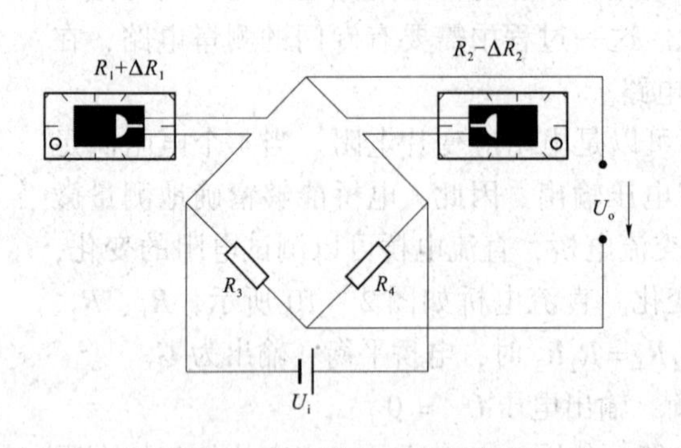

图 2-12 半桥差动电路

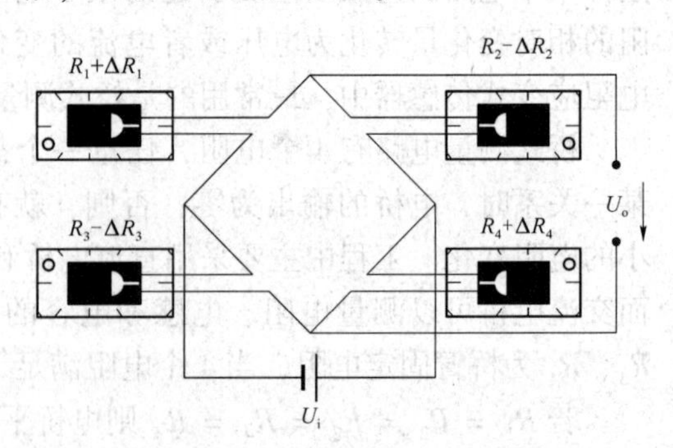

图 2-13 全桥差动电桥

2.1.6 电子台秤的设计与制作

电子台秤是一种将质量转换成电信号的称重传感器，它不仅能快速、准确地称出物体的质量，并用数字显示出来，而且具有计算的功能，使用方便。下面通过动手制作一个简易电子台秤理解称重的原理。

制作所需的材料及仪器见表2－1。

表2－1 制作电子台秤所需的材料及仪器

名称	型号与规格	数量	名称	型号与规格	数量
金属应变片式电阻	120 Ω，1/8 W	2	碳膜电阻	150 Ω	1
精密线性电位器	2.2 Ω	1	碳膜电阻	33 Ω	1
精密线性电位器	120 Ω	1	碳膜电阻	100 Ω	1
数字微安表（三位半）	量程 199.9 μA	1	万用表	MF47	1
可调稳压电源		1	铁台架、烧瓶夹		1

辅材有5～20 g砝码、常见刮胡刀片、502胶、细塑料管、细棉纱线、导线、透明塑料杯。

1. 电子台秤的结构

电子台秤由传力机构、传感器、测量显示器和电源组成。传力机构将被称重物（本实验中为由透明塑料杯制作成的“吊斗”）的重力传递给称重传感器，称重传感器由刮胡刀片、电阻应变片和连接导线等组成。由于电阻应变片工作时电阻变化范围很小，相对变化量仅为±0.1%，常用桥式电路来测量这种微小的电阻值变化。

2. 电子台秤的测量电路

电子台秤的测量电路如图2－14所示，左边相邻臂R_1、R_3分别为刮胡刀片上、下面粘贴的金属应变片，当刮胡刀片在向下拉力作用下产生弯曲应力时，凸面粘贴的应变片（如R_1）被拉长（拉应变），电阻值增加，凹面应变片（如R_3）则被压缩（压应变）而电阻值减小，这种应变片使用方法不仅使电桥输出电压增加一倍，还具有温度补偿作用。电桥测量电路右边的两个相邻臂分别为电阻器R_2和电桥平衡零点调节电路，后者由电阻器R_4、R_5、R_6和零点调节电位器R_{P_2}混联而成。调节R_{P_2}时，其等效电阻值变化范围减小到125～160 Ω，可以实现电桥平衡的精密调节。电桥检测部分由数字微安表PA和灵敏度调节电位器R_{P_1}串联而成。电桥电路采用直流电源E供电，电压为3 V，电桥输出小于9 mV时，传感器称重线性良好。

3. 电子台秤的制作

1）选用金属箔状应变片，两条金属引出线分别套上细塑管，用502胶水把两片应变片分别粘贴在刮胡刀片（1/2片）正、反面的中心位置上，胶水要涂得少且薄。注意防止将电阻片的引线粘贴在刀片上，敏感栅的纵轴应与刀片纵向一致。称重传感器的装配侧视图如图2－15所示。

2）安装好铁架台，并用烧瓶夹固定住刮胡刀片传感头根部及上面的引线，另一端悬空，吊挂好用棉纱线及塑料水杯制成的“吊斗”。

3）按图2-14连接好电路。检查电路并确认无误后，接通电源。

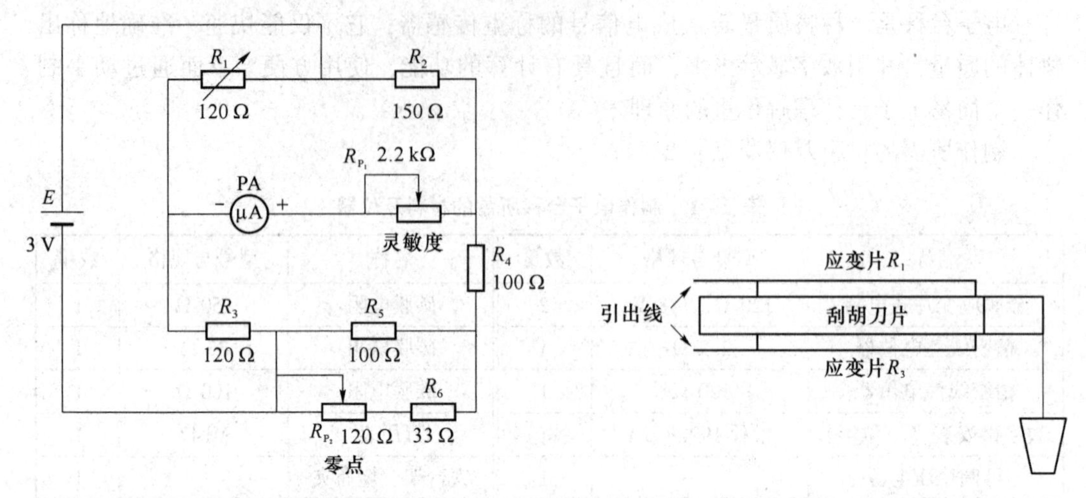

图2-14 电子台秤的测量电路

图2-15 称重传感器的装配侧视图

4）接通电源E并稳定一段时间后，将灵敏度调节电位器R_{P_1}的电阻值逐渐调至最大，此时电桥检测灵敏度最高。

5）仔细调节零点电位器R_{P_2}，使数字微安表PA的读数恰好为零，此时电桥平衡。

6）在“吊斗”中轻轻放入20 g砝码，调节灵敏度电位器R_{P_1}，使数字微安表读数为整数值，如2.0 μA，灵敏度标定为0.1 μA/g。

7）检测电子秤的称量线性。在“吊斗”内依次放入多个20 g砝码，若数字微安表分别显示40 μA、60 μA、8.0 A，则说明传感器测力线性好。将称重砝码总质量与电流的关系填入表2-2。

表2-2 质量与电流的关系

砝码质量/g				
电流/μA				

8）若电子台秤实验电路灵敏度达不到0.1 μA/g，则将电桥的供电电压提升到4.5~6 V，可大大增加其灵敏度。

2.2 压电式传感器

压电式传感器是一种典型的基于压电效应的有源传感器。它的敏感元件由压电材料制成，压电材料受力后表面产生电荷，从而实现非电量测量的目的。压电传感元件是力敏感元件，可测量各种动态力，但不能测量静态力。凡是可以被转换为力的物理量，如加速度、机械冲击与振动等，均可以使用压电式传感器进行测量，尤其在测量周期性瞬间变化的力或冲击压力时更优越。例如，实践中技术人员常用压电式传感器测量发动机内部的燃烧压力；在军事工业中用压电式传感器测量枪炮子弹在膛中击发的一瞬间膛压的变化和炮口的冲击波压力。

压电效应具有可逆性，因此，压电元件常用作超声波的发射与接收装置。

某些物质受一定方向的外力作用而产生机械变形时，内部产生极化现象，相应地在材料两个相对的表面上产生正、负相反的电荷，去掉外力，则电荷消失。力的方向改变时，电荷的符号随之改变的现象称为正压电效应——机械能转变为电能。反之，在极化方向上（产生电荷的两个表面）施加电场，某些物质会产生机械变形的现象称为逆压电效应——电能转变为机械能。压电效应的原理示意图如图 2－16 所示。具有压电效应的物质称为压电材料，依据压电效应研制的一类传感器称为压电式传感器。压电式传感器是一种典型的可逆换能器，既可以将机械能转换为电能，又可以将电能转换成机械能。压电效应的可逆性如图 2－17所示。

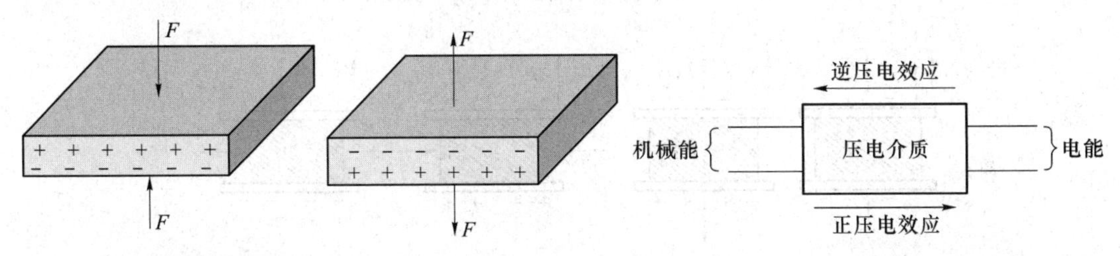

图 2－16　压电效应的原理示意图　　图 2－17　压电效应的可逆性

压电式传感器利用压电材料的正压电效应，而在水声、超声、电声技术中则利用逆压电效应制作换能器。

2.2.1　压电材料

自然界中大多数晶体都具有压电效应，但压电效应大多微弱。用于制作传感器的压电材料可分为 3 类：第 1 类是单晶体压电晶体，如石英晶体，它是天然石英晶体；第 2 类是压电陶瓷，如钛酸钡、锆钛酸钡等，是一种人工制造的需要极化处理的多晶体；第 3 类是高分子压电材料，是近年来发展起来的新型材料。

1. 石英晶体

石英晶体的压电效应与其内部结构有关，天然结构的石英晶体是六角形晶柱，如图 2－18 所示。在直角坐标系中，x 轴平行于正六面体的棱线，称为电轴或 1 轴；y 轴垂直于六面体棱面，称为机械轴或 2 轴；z 轴表示其纵向轴，称为光轴或 3 轴。通常把沿电轴方向的力作用下产生电荷的压电效应称为纵向压电效应，而把沿机械轴方向的力作用下产生电荷的压电效应称为横向压电效应，在光轴方向时则不产生压电效应。

从晶体上沿正轴方向切下的薄片称为晶体切片，如图 2－19所示。晶体切片在电轴和机械轴方向受拉力和压力的具体情况如图 2－20 所示。

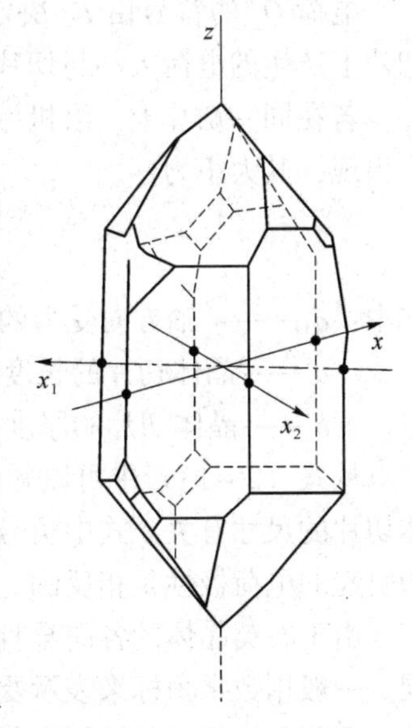

图 2－18　天然结构的石英晶体

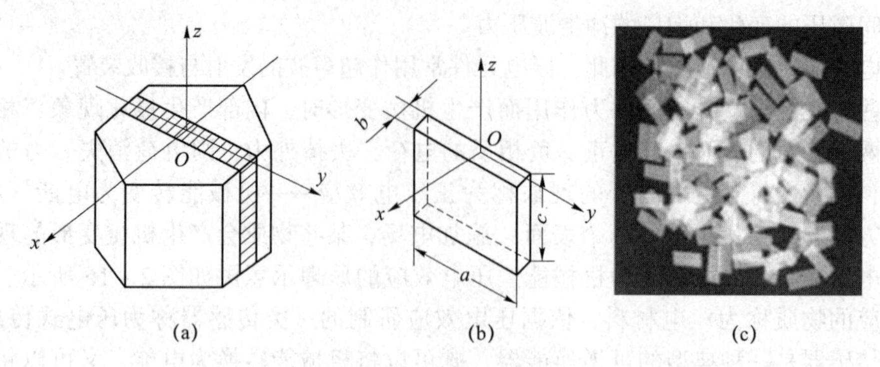

图 2-19　石英晶片

(a) 石英晶片的切割；(b) 石英晶片；(c) 石英晶体薄片实物

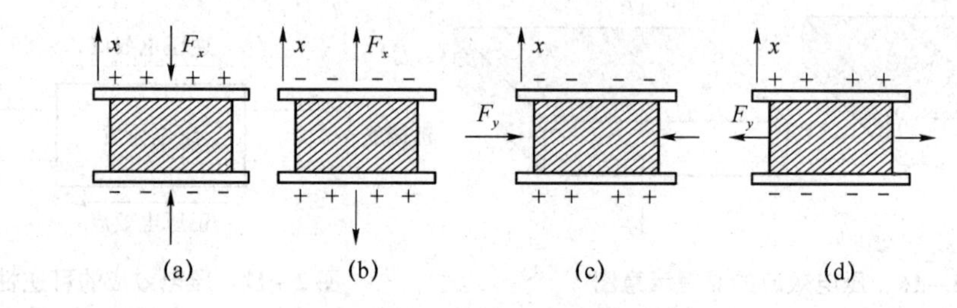

图 2-20　晶体切片的受力情况

(a) 在电轴方向受压力；(b) 在电轴方向受拉力；(c) 在机械轴方向受压力；(d) 在机械轴方向受拉力

在每一个切片中，当沿电轴方向施加作用力 F_x 时，则在与电轴垂直的平面上产生电荷 Q_x，它的大小为

$$Q_x = d_{11} F_x \tag{2-12}$$

式中：d_{11}——压电系数（C/N）。

电荷 Q_x 的符号由 F_x 决定，当 F_x 是压力时，Q_x 为正；当 F_x 是拉力时，Q_x 为负。切片上产生的电荷大小与切片的几何尺寸无关。

若在同一切片上，沿机械轴 y 方向施加作用力 F_y，则电荷 Q_y 在与 x 轴垂直的平面上出现，其大小为

$$Q_y = d_{12}\frac{a}{b}F_y = -d_{11}\frac{a}{b}F_y \tag{2-13}$$

式中：d_{12}——y 轴方向受力的压电系数（因石英轴对称，所以 $d_{12} = -d_{11}$）；

a——晶体切片的长度；

b——晶体切片的厚度。

从式（2-13）中可以看出，沿机械轴方向的力作用在晶体上时，产生的电荷与晶体切片的尺寸有关。式中负号说明沿机械轴的压力所引起的电荷极性与沿光轴的压力所引起的电荷极性是相反的。

由于石英晶体的各向异性，所以当受力方向和受力方式不同时，压电系数也不相同。一般用数字角标来表示受力方向和产生压电效应的晶面。

石英晶体是一种性能良好的压电晶体，作为常用的传感器压电材料，具有转换效

率和转换精度高、线性范围宽、重复性好、固有频率高、动态特性好、工作温度高、工作湿度大等优点。它的性能非常稳定，在20～200 ℃内，压电常数的变化率只有-0.000 1/℃，膨胀系数仅为钢的1/30，但压电系数较小（$d_{11}=2.31\times10^{-12}$ C/N），大多只在标准传感器、高精度传感器或温度较高的环境中使用，而在一般要求的测量中，基本上采用压电陶瓷。

2. 压电陶瓷

压电陶瓷是人工制造的多晶体，其压电机理与压电晶体不同，它的晶体粒内有许多自发极化的电畴。在极化处理前，各晶粒的电畴按任意方向排列，自发极化作用相互抵消，陶瓷内极化强度为零。当陶瓷施加外电场E时，电畴由自发极化方向转到与外电场的方向一致。既然进行了极化，此时压电陶瓷具有一定的极化强度，当外电场撤销以后，各电畴的自发极化在一定程度上按原外加电场方向取向，强度不再为零，这种极化强度，称为剩余极化强度。压电陶瓷的极化如图2-21所示。

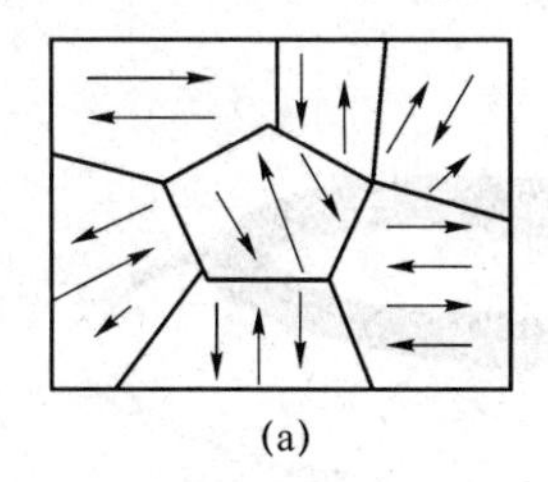
(a)
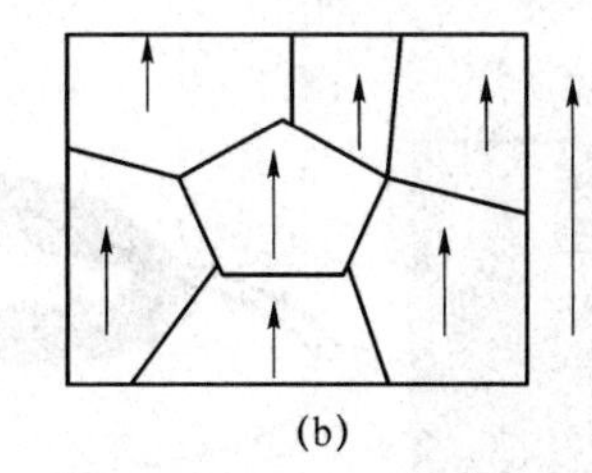
(b)
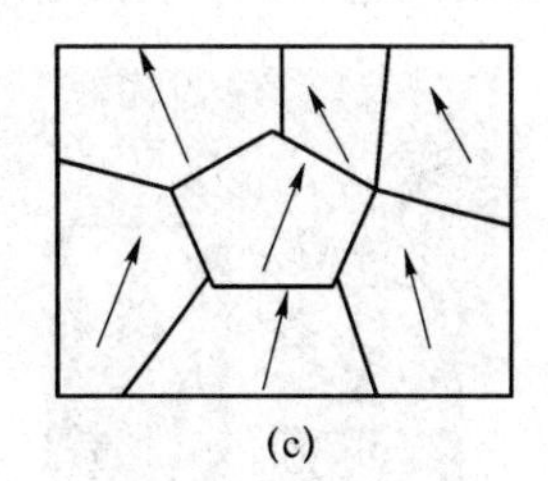
(c)

图2-21　压电陶瓷的极化

(a) 未极化的陶瓷；(b) 正在极化的陶瓷；(c) 极化后的陶瓷

极化的陶瓷片两端出现束缚电荷，一端为正电荷，另一端为负电荷。由于束缚电荷的作用，在陶瓷片的电极表面很快吸附了一层来自外界的自由电荷，如图2-22所示。这些电荷与陶瓷片内的束缚电荷方向相反而数值相等，起着屏蔽和抵消陶瓷片内极化强度对外的作用，因此陶瓷片对外不表现极性。

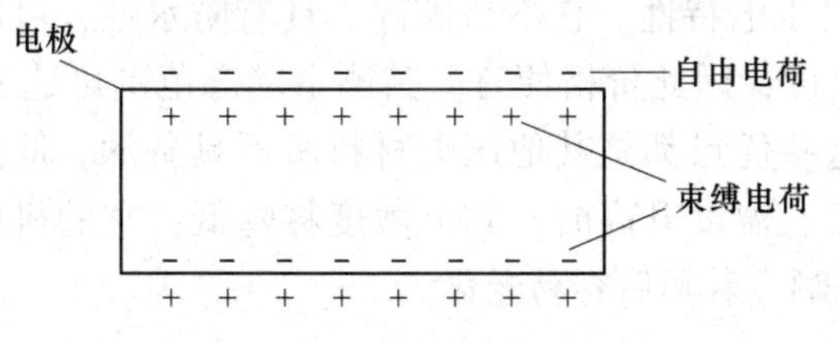

图2-22　束缚电荷与自由电荷

如果在压电陶瓷片上施加一个与极化方向平行的外力，陶瓷片将产生压缩变形，片内的正、负束缚电荷之间距离变短，电畴发生偏转，极化强度变小，原来吸附在极板上的一部分自由电荷被释放而出现放电现象。当压力撤销后，陶瓷片恢复原状，片内的正、负电荷之间的距离变长，极化强度变大，电极上又吸附一部分自由电荷而出现充电现象。这种由机械能转变为电能的现象，就是压电陶瓷的正压电效应。放电电荷的多少与外力的大小成比例关系，即

$$Q=d_{33}F \tag{2-14}$$

式中：Q——电荷量（C）；

d_{33}——压电陶瓷的压电系数（C/N）；

F——沿极化方向的作用力（N）。

压电陶瓷压电性强、介电常数高，可以加工成任意形状，但机械品质因子较低、

电损耗较大、稳定性差，适用于大功率换能器和宽带滤波器，但对高频、高稳定应用不理想。石英等压电单晶体压电性弱，介电常数很低，受切型限制存在尺寸局限，但稳定性很高，机械品质因子高，多用作标准频率控制的振子、高选择性（多属高频狭带通）的滤波器以及高频、高温超声换能器等。压电陶瓷制造工艺成熟，通过改变配方或掺杂微量元素可使材料的技术性能发生较大的改变，能够适应各种要求。它还具有良好的工艺特性，可制成各种需要的形状。在通常情况下，压电陶瓷比石英晶体的压电系数高得多，制造成本却很低，目前国内外生产的压电元件大多数都采用压电陶瓷。

压电陶瓷的外形

3. 高分子压电材料

典型的高分子压电材料有聚偏二氟乙烯（PVF_2或PVDF）、聚氟乙烯（PVF）、改性聚氯乙烯（PVC）等。其中以PVF_2和PVDF的压电常数最高，有的材料比压电陶瓷还要高十几倍，有的输出脉冲电压可以直接驱动CMOS集成门电路。高分子压电材料是一种柔软的压电材料，可根据需要制成薄膜或电缆套管等形状，如图2－23所示。

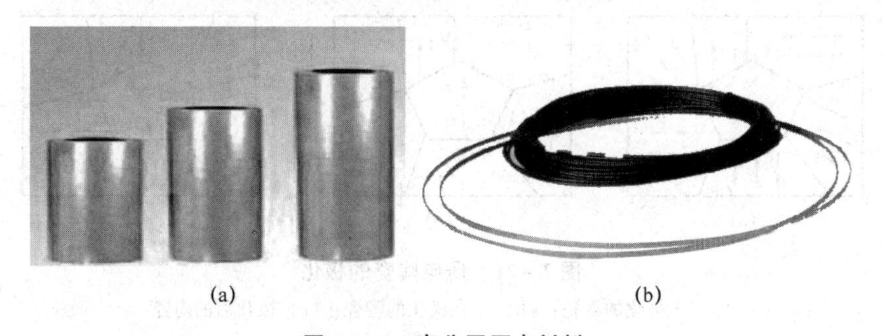
(a)　　(b)

图2－23　高分子压电材料
（a）高分子压电膜；（b）高分子压电电缆

高分子压电材料经极化处理后显现出压电特性。它不易破碎，具有防水性，可以大量连续拉制，制成较大面积或较长的尺度，因此价格便宜。其测量动态范围可达80 dB，频率响应范围为$0.1 \sim 1 \times 10^9$ Hz。这些优点都是其他压电材料所不具备的。但高分子压电材料的工作温度一般低于100 ℃，温度升高时，其灵敏度将降低；它的机械强度不够高，耐紫外线能力较差，不宜暴晒，暴晒后容易老化。

2.2.2　压电元件的等效电路

在压电晶片的两个工作面上进行金属蒸镀，形成金属膜，构成两个电极，如图2－24（a）所示。当压电传感器受到外力作用时，就在两个电极上产生极性相反的电荷，相当于一个电荷源（静电发生器）。由于压电晶体是绝缘体，在它的两个表面上会聚集等量的正、负电荷，又相当于一个电容器，如图2－24（b）所示。若压电晶片的面积为$A = l \times b$，厚度为d，介电常数为ε，则电容量C_e为

$$C_e = \frac{\varepsilon A}{d} = \frac{\varepsilon_r \varepsilon_0 A}{d} \tag{2-15}$$

式中：ε_r——压电材料的相对介电常数；

ε_0——真空的介电常数。

两极板间的电压为

$$U=\frac{Q}{C_e} \tag{2-16}$$

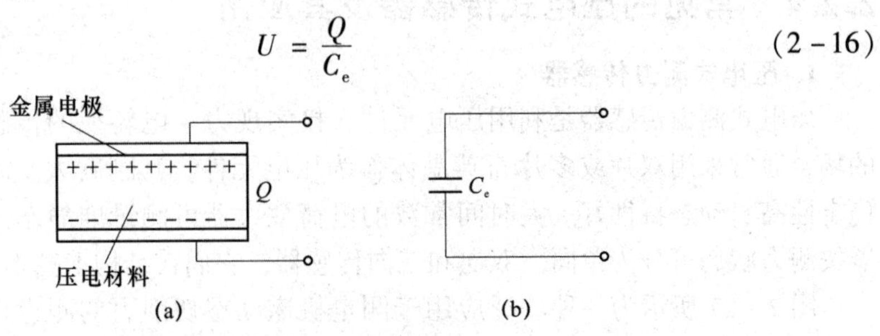

图2-24　压电元件等效电路

(a) 等效电荷源；(b) 等效电容器

这样的压电元件既可等效为电荷源又可等效为电容器，当需要压电元件输出电荷时，其等效电路可认为是二者的并联，如图2-25（a）所示；当需要压电元件输出电压时，可等效为一个电压源和一个电容器串联，如图2-25（b）所示。

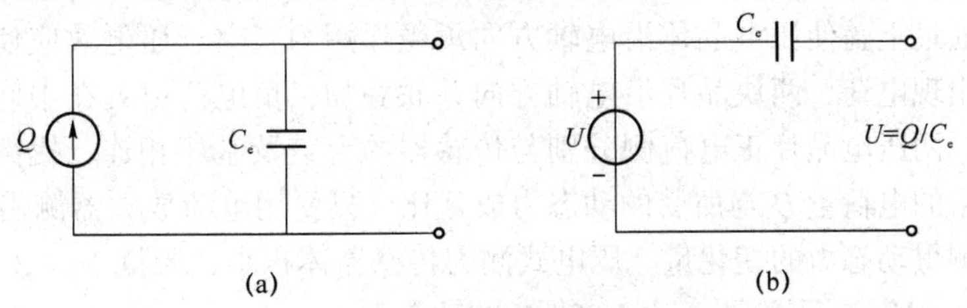

图2-25　压电式传感器的等效电路

(a) 电荷源；(b) 电压源

2.2.3　压电元件的常用结构形式

单片压电晶片难以产生足够的表面电荷，在实际使用中，为了提高压电式传感器的灵敏度，常将两片或两片以上压电晶片组合在一起使用。由于压电晶片是有极性的，因此两片压电晶片构成的传感器有串联和并联两种接法。

两块压电晶片的连接方式如图2-26所示。图2-26（a）所示的接法称为并联，其输出电容C'和极板上的电荷Q'分别为单块晶体片的2倍，而输出电压U'与单片上的电压相等；图2-26（b）所示的接法称为串联，从图中可知，输出的总电荷Q'等于单片电荷Q，而输出电压U'为单片电压U的两倍，总电容C'为单片电容C的一半。由此可见，并联接法虽然输出电荷大，但由于本身电容也大，故时间常数大，只适用于测量慢变化的信号，并以电荷作为输出的情况。串联接法输出电压高，本身电容小，故时间常数小，适用于以电压输出的信号和测量电路输入阻抗很高的情况。

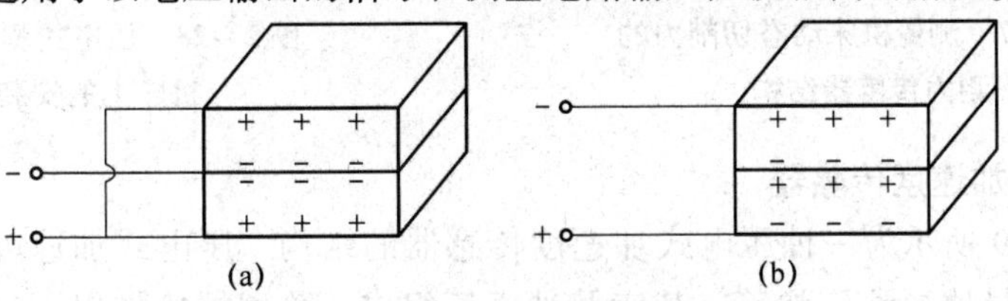

图2-26　两块压电晶片的连接方式

(a) 并联；(b) 串联

2.2.4 常见的压电式传感器及其应用

1. 压电式测力传感器

常见的压电式传感器

压电式测力传感器是利用压电元件直接实现力－电转换的传感器，在受拉和受压的场合通常采用双片或多片石英晶体作为压电元件，其刚度大、测量范围宽、线性及稳定性高、动态特性好。大时间常数的电荷放大器可测量准静态力。压电式测力传感器按测力状态可分为单向、双向和三向传感器，它们在结构上基本一样。

图 2－27 所示为一种广泛应用于测量机床动态切削力的测力传感器结构。绝缘套用来绝缘和定位。基座内外底面对其中心线的垂直度、上盖及晶片、电极的上下底面的平行度与表面粗糙度都有极为严格的要求，否则会使横向灵敏度增加或使片子因应力集中而过早破碎。采用双片石英晶体作压电元件，在压电片的两个表面上镀上银层，并在银层上焊接输出引线，或在两个压电片之间夹一片金属片，引线焊接在金属片上，输出端的另一根引线直接与传感器基座壳体相连，再配以适当的放大器即可测量动态力。被测力通过上盖使压电晶体沿电轴方向承受作用力，由于压电效应使石英晶片在电轴方向上出现电荷，两块晶片沿电轴方向并联叠加，负电荷由夹在中间的片形电极收集并输出，两压电晶片正电荷侧分别与传感器的上盖及基座相连，提高了传感器的灵敏度。产生的电荷量 Q 与所受的动态力成正比。只要用电荷放大器测出电荷 Q 的变化量，就可测得动态力的变化量。压电式测力传感器体积小，质量小（10 g），固有频率高（50～60 kHz），可检测高达 5 000 N 的动态力。

压电式测力传感器位于车刀前端的下方，如图 2－28 所示。切削前，车刀紧压在压电式测力传感器上，压电晶片在预紧压力的作用下虽然也会产生电荷，但在几秒内，电荷就通过电路的泄漏电阻泄掉了。切削过程中，车刀在切削力的作用下，上下剧烈颤动，测力传感器将振动力的变化转变为相应电荷量的变化，再由后续的电荷放大器转变为电压的变化，最后由记录仪记录下切削力的变化。

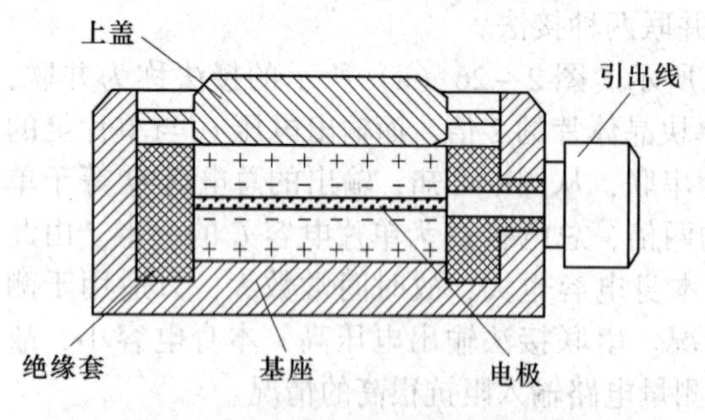

图 2－27 测量机床动态切削力的测力传感器结构

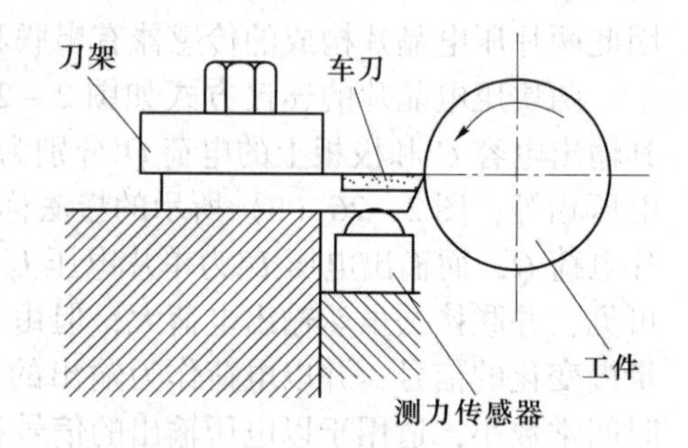

图 2－28 压电式测力传感器在机床上的安装位置

2. 压电式加速度传感器

如图 2－29 所示为一种压电式加速度传感器的结构。压电式加速度传感器主要由压电元件、质量块、预压弹簧、基座及外壳等组成，并用螺栓加以固定。当压电式加速度传感器和被测物一起受到冲击振动时，压电元件受质量块惯性力的作用，根据牛

顿第二定律，此惯性力是加速度的函数，即

$$F = ma$$

式中：F——质量块产生的惯性力（N）；

m——质量块的质量（kg）；

a——加速度（m/s^2）。

此时惯性力 F 作用于压电元件上，因而产生电荷 Q。当传感器选定后，压电常数 d_{33} 即可确定，则传感器输出电荷为

$$Q = d_{33}F = d_{33}ma$$

Q 与加速度 a 成正比，因此，测得加速度传感器输出的电荷便可知加速度的大小。

3. 压电式压力传感器

压电式压力传感器的结构如图 2－30 所示。当膜片受到压力 F 作用时，在压电晶片表面上产生电荷。在一个压电片上所产生的电荷 Q 为

$$Q = d_{11}F = d_{11}PS$$

即压电式压力传感器的输出电荷 Q 与输入压强 P 成正比。

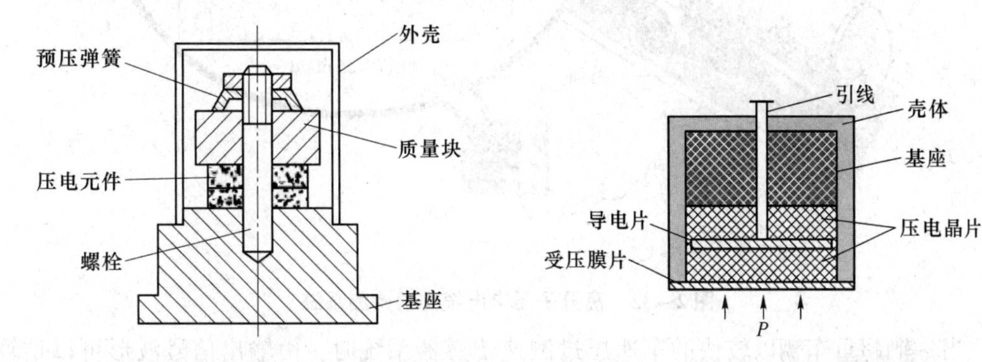

图 2－29　压电式加速度传感器的结构　　图 2－30　压电式压力传感器的结构

4. 压电式传感器测振动冲击

高分子压电薄膜振动感应片可用作玻璃破碎报警装置，其外形结构如图 2－31 所示。使用时，将感应片粘贴在玻璃上。玻璃遭暴力打碎的瞬间，会产生几千赫兹至超声波（高于20 kHz）的振动，压电薄膜感受到该剧烈振动信号，表面会产生电荷，经放大处理后，由电缆线传送到集中报警装置，发出报警信号。

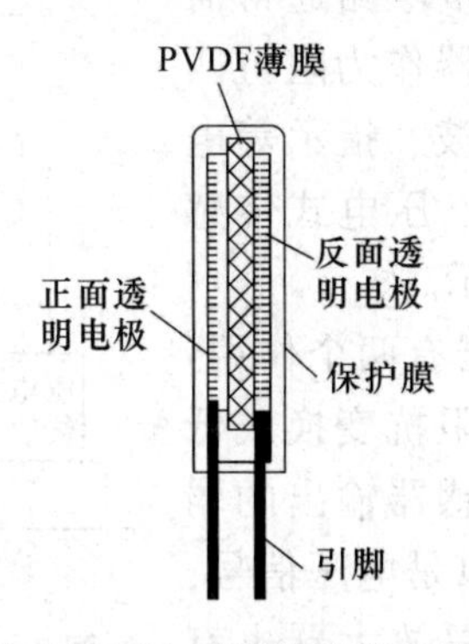

图 2－31　高分子压电薄膜振动感应片外形结构图

由于感应片很小且透明，不易察觉，所以可安装于贵重物品的柜台、展览橱窗、博物馆及家庭等玻璃窗角落处，用于防盗报警。

5. 压电式传感器测车的载重

高分子压电电缆交通检测系统由两根高分子压电电缆（相距 $L=2$ m）平行埋设于柏油公路的路面下 50 mm 处，如图 2－32 所示。它可以用来测量汽车的车速及其是否超重，并根据存储在计算机内部的档案数据判断汽车的车型。

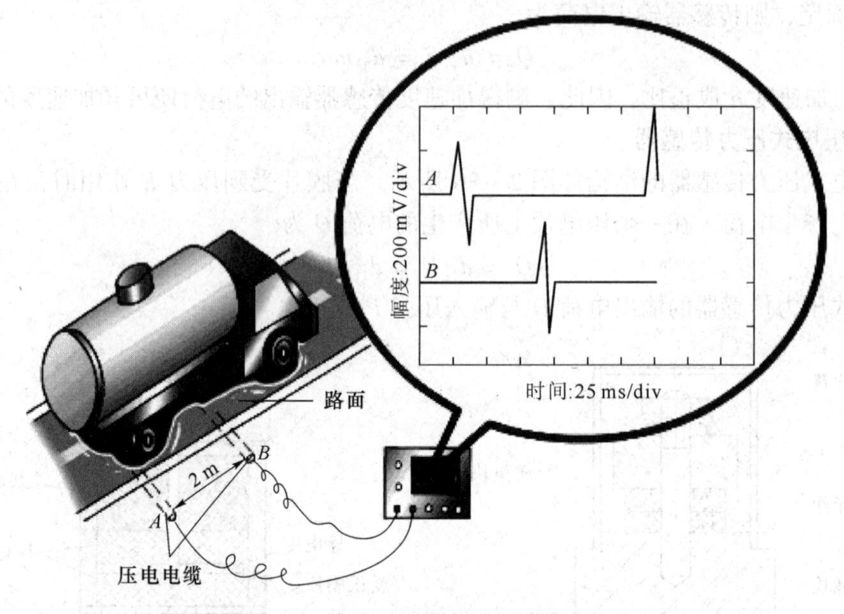

图 2－32　高分子压电电缆交通检测系统

当一辆超重车辆以较快的车速压过测速传感器系统时，由输出信号波形可以估算车速和汽车前后轮间距 d，由此判断车型；根据信号波形的幅度，估算汽车的载重量，由此可判断该车是否超重。

2.2.5　压电式传感器的测量电路

压电式传感器的内阻抗很高，而输出的能量又非常微弱，因此它的测量电路通常需要一个高输入阻抗的前置放大器作为阻抗匹配，才能采用一般的放大、检波、指示等电路，或者经功率放大至显示器。压电式传感器的测量系统框图如图2－33所示。

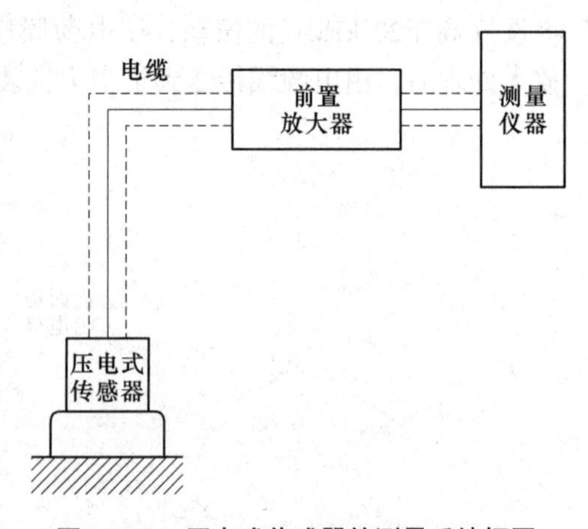

图 2－33　压电式传感器的测量系统框图

压电式传感器的前置放大器有两个作用：一是把压电式传感器的高输出阻抗变换成低阻抗输出；二是放大压电式传感器输出的弱信号。压电式传感器的输出可以是电压信号，也可以是电荷信号。因此，前置放大器也有两种形式：一种是电压放大器，其输出电压与输入电压（传感器的输出电压）成正比；另一种是电荷放大器，其输出电压与传感器的输出电荷成正比。

1. 电压放大器

电压放大器的等效电路如图2-34所示，一般来说压电式传感器的绝缘电阻 $R_a \geqslant 10^{10}\ \Omega$，因此传感器可近似视为开路。当压电式传感器与测量仪器连接后，在测量回路中应当考虑线缆电容 C_c、放大器的输入电容 C_i 和输入电阻 R_i 对压电式传感器的影响。从阻抗匹配的角度考虑，要求放大器的输入电阻 R_i 要尽量高，一般最低也要在 $10^{11}\ \Omega$ 以上，才能减小由于漏电造成的电压损失，减小测量误差。在图2-34（b）中，电阻 $R = R_aR_i/(R_a + R_i)$，电容 $C = C_c + C_i$，而 $U_a = Q/C_a$，若压电元件受力 $f = F_m\sin\omega t$ 的作用，则其电压为

$$U_a = \frac{dF_m}{C_a}\sin\omega t = U_m\sin\omega t \tag{2-17}$$

式中：U_m——压电元件输出电压的幅值；

d——压电系数。

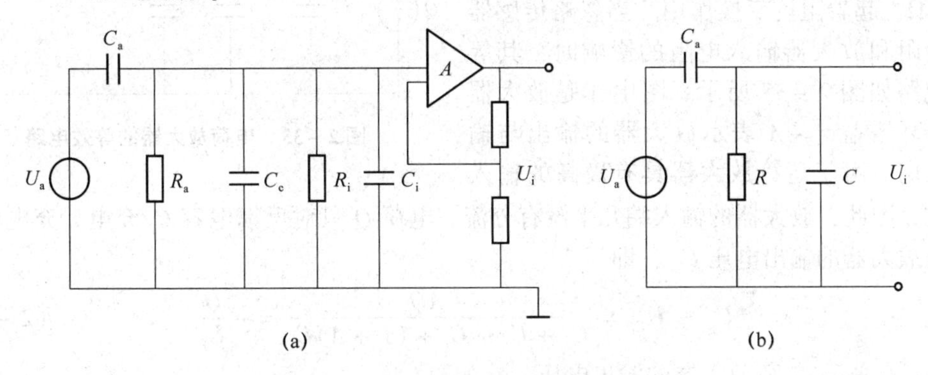

图2-34　电压放大器及其等效电路

（a）放大器电器；（b）等效电路

由此可得放大器的输入端电压 U_i，其复数形式为

$$U_i = dF_m\frac{\mathrm{j}\omega R}{1 + \mathrm{j}\omega R(C_a + C)} \tag{2-18}$$

U_i 的幅值 U_{im} 为

$$U_{im}(\omega) = \frac{dF_m\omega R}{\sqrt{1 + \omega^2R^2(C_a + C_c + C_i)^2}} \tag{2-19}$$

在理想情况下，传感器的 R_a 电阻值与前置放大器输入电阻 R_i 都为无限大，即 $\omega(C_a + C_c + C_i)R \gg 1$。那么由式（2-19）可知，理想情况下，输入电压幅值 U_{im} 为

$$U_{im} = \frac{dF_m}{C_a + C_c + C_i} \tag{2-20}$$

式（2-20）表明前置放大器输入电压 U_{im} 与频率无关，一般在 $\omega/\omega_0 > 3$ 时，就可以认为 U_{im} 与 ω 无关，ω_0 表示测量电路时间常数之倒数，即

$$\omega_0 = \frac{1}{(C_a + C_c + C_i)R} \tag{2-21}$$

式（2-21）表明压电式传感器有很好的高频响应，但是，当作用于压电元件的力为静态力（$\omega=0$）时，前置放大器的输出电压等于零，因为电荷会通过放大器输入电阻和传感器本身漏电阻漏掉，所以压电式传感器不能用于静态力的测量。

当$\omega(C_a+C_c+C_i)R\gg1$时，对于式（2-19）中的C_c连接电缆电容，当线缆长度改变时，C_c也将改变，因而U_{im}也随之变化。因此，压电式传感器与前置放大器之间的连接电缆不能随意更换，必须规定电缆的型号和长度。若要更换电缆，必须重新标定和计算灵敏度，否则将产生测量误差。

2. 电荷放大器

电荷放大器的等效电路如图2-35所示。

电荷放大器是一个带有反馈电容C_f的高输入阻抗、高增益运算放大器。它能将高内阻的电荷源转换为低内阻的电压源，而且输出电压与输入电荷成正比，其输入阻抗高达$10^{10}\sim10^{12}\ \Omega$，输出阻抗小于100 Ω，起着阻抗变换作用。当忽略传感器漏电阻和放大器输入电阻的影响时，其等效电路如图2-35所示。图中A是放大器的开环增益，$-A$表示放大器的输出与输入反向。由于运算放大器具有极高的输入阻抗，因此，放大器的输入端几乎没有分流，电荷Q只对反馈电容C_f充电，充电电压接近放大器的输出电压U_o，即

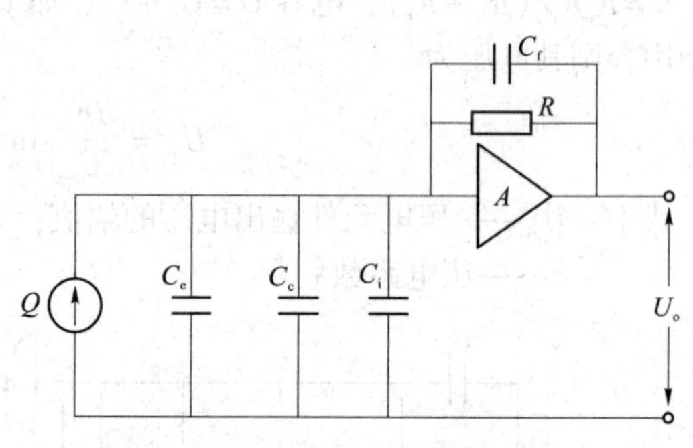

图2-35 电荷放大器的等效电路

$$U_o\approx U_{C_f}=\frac{-AQ}{C_e+C_c+C_i+(1+A)C_f}=-\frac{Q}{C_f}\qquad(2-22)$$

式中：U_o——电荷放大器的输出电压；

U_{C_f}——反馈电容两端的电压；

C_f——反馈电容；

C_e——传感器的等效电容；

C_c——连接线缆的等效电容；

C_i——放大器的输入电容。

由式（2-22）可知，电荷放大器的输出电压U_o只与输入电荷量和反馈电容C_f有关，而与放大器的放大系数A、连接线缆的电容C_c等无关。因此，只要保持反馈电容C_f的数值不变，即可得到与电荷量Q呈线性关系的输出电压U_o，该特点可使测试电缆增长，而灵敏度无明显损失，这也是电荷放大器的一个突出优点。还可以看出，反馈电容C_f越小，输出电压就越大，因此，要达到一定的输出灵敏度要求，必须选择适当容量的反馈电容C_f，即通过选取不同容量的反馈电容，可以改变被测压力的量程。要真正使输出电压U_o与线缆电容C_f无关是需要一定条件的，即只有当$(1+A)C_f\gg(C_e+C_c+C_i)$时，电荷放大器的输出电压和传感器的输出灵敏度才可认为与线缆电容C_f无关，电容量一般为100~10 000 pF。

由于电荷放大器采用电容负反馈，对直流工作点相当于开路，因此电荷放大器零

漂较大，为了减小零漂，使电荷放大器工作稳定，一般采用一个大电阻 R 与反馈电容 C_f 并联，其值在 $10^8 \sim 10^9\ \Omega$，以提供直流负反馈。

采用电荷放大器，当连接线缆的长度改变时，其灵敏度无明显变化，这是电荷放大器的最大特点。这对小信号、远距离测量非常有利，因此电荷放大器应用相当广泛。压电式传感器配接电荷放大器时，低频响应比电压放大器要好得多。但与电压放大器相比，其价格较高，电路也较复杂，调整也较困难。

2.2.6　压电式力传感器的安装方法及使用注意事项

正确地安装压电式力传感器是获得测量精度的重要保证，安装不当会给测量结果带来很大的误差。安装时必须使所测力均匀地、垂直地作用于传感器的上下表面，最大限度地避免和减小侧向力。只有这样才能充分利用整个测量范围，否则容易因过载引起传感器损坏。传感器的底面经研磨后其表面粗糙度应小于 3 μm，用户也应对被测构件的表面打磨，提高光洁度及平整度，以保证使上下接触表面紧密接触。

1. 压电式力传感器的安装方式

压电式力传感器有多种安装方法，现介绍几种以供选用。

（1）螺钉安装

在试件表面垂直打孔攻丝。在进行螺钉安装时应保证传感器的力敏感轴与受力方向一致，测试构件的安装孔要配合螺栓确定深度，安装力矩要合适。在传感器与构件结合面最好涂一层硅脂，以改善接触和传感器的高频响应。

（2）粘接安装

在被测物体不允许钻孔时，可使用各种粘接剂进行安装，如 502 胶、环氧树脂胶、双面粘胶带、橡皮泥。502 胶和环氧树脂胶的使用频率接近刚性安装方法，双面粘胶带和橡皮泥一般用于低频现场，可以降低被测频率。粘接方法不适合冲击测量。

（3）磁座安装

磁座不破坏被测物体，且移动方便，但是应考虑用磁座测试会使加速度计的使用频率响应有所下降（磁座在使用时要将短路片拆卸掉），可能低于 1/3。

要使用磁座时应先在被测物体上安装磁座，再拧上传感器，或者将二者轻轻吸附于被测物体上。冲击状态会使传感器产生电荷积累，影响测试精度。

2. 压电式力传感器的使用注意事项

（1）材料选择

当压电式力传感器与试件需要绝缘时，云母片/四氟膜是最佳材料。云母片安装有隔热和绝缘的作用，高温状态试件可用厚度为 0.1 mm 的云母片垫置，其加速度计频率响应会略有降低。

（2）电缆连接

连接压电式力传感器与电荷放大器的电缆在整个测量系统中是很重要的环节，至少要求它在传递信号时不失真或不引入噪声。为减少噪声，必须选择低噪声电缆。使用中导线不宜晃动，以免带来低频干扰，另外，高温场合应订购高温低噪声导线。

(3) 现场环境与系统接地

现场环境与系统接地是影响测试精度的关键因素之一，特别是现场有强力磁电场(如高电压、电器启动、电机、电焊等) 时，整个测试系统很容易产生干扰，反映在输出端 (指仪器部分) 的将可能是远大于正常值的交流噪声，或是飘忽不定的信号。

保证整个测量系统只有一个接地点，是防止接地回路的方法之一。如果输入信号是多通道的，就需要将压电式力传感器和放大器对地绝缘，尽量减短压电式力传感器与电荷放大器的导线长度。

后级的电子仪器可以通过垫绝缘材料与地绝缘，输入、输出导线外层不要破损，以免产生接地回路。

2.2.7 压电式力传感器的设计与制作

压电陶瓷元件的自振频率高，特别适合测量变化剧烈的载荷。本节通过制作和调试简易的压电式传感器，体会其动态测力特性。

制作压电式力传感器所需的材料及仪器见表 2-3。

表 2-3 压电式力传感器制作所需的材料及仪器

名称	代号	型号与规格	数量	名称	代号	型号与规格	数量
可调电阻	R_P	20 kΩ	1	碳膜电阻	R	4.7 kΩ, 1/8 W	1
晶体管	VT	9014 型，$\beta \geqslant 100$	1	发光二极管	LED	颜色自定	1
压电陶瓷片	SP		1	可调稳压电源，导线若干			

压电效应的实验电路如图 2-36 所示。本实验采用基本的单管共发射极放大电路，由压电陶瓷片 SP、可调电阻 R_P 和碳膜电阻 R 充当分压电路，当 VT 的基极电流 I_b 变化且$U_{be} \geqslant 0.7$ V 时，VT 导通，驱动发光二极管 LED 发光。注意，VT 的基极上接有 4.7 kΩ电阻，用于保护晶体管的发射极，以免短路时 I_b 电流过大，损坏 VT。

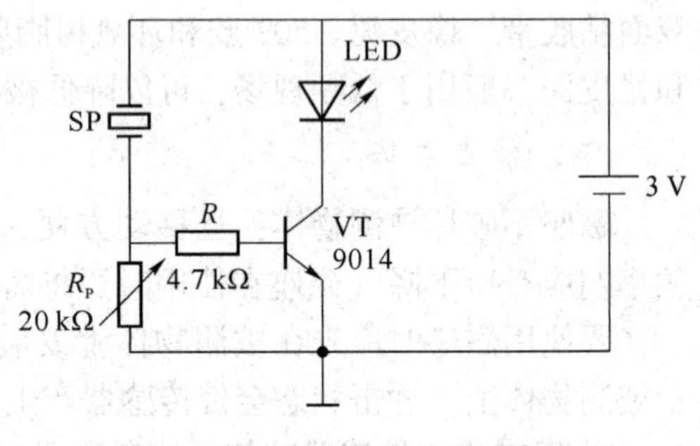

图 2-36 压电效应的实验电路

电路调试与实验步骤如下：

1）按照图 2-36 连接好实验电路。

2）用手指轻轻敲击或碰撞压电陶瓷片 SP 时，SP 由于弯曲形变而产生电荷，将机械能转换成电信号，使晶体管 VT 饱和导通，发光二极管 LED 闪烁。

3）再将压电陶瓷片 SP 的镀银表面向内，黄铜面向上。

4）让火柴棍从 10 cm 以上的高处（不需要太高）自由落下，撞击压电陶瓷片黄铜面，“击”发 LED 发光。

本电路演示效果显著，由于传感器是短促触发，用红色发光二极管 LED 指示即可，可通过可调电阻 R_P 调整触发灵敏度。

若将发光二极管LED换成5 V直流电压表，用手指按压压电陶瓷片SP，可观察指针的摆动变化。

2.3　电感式力敏传感器

电感式力敏传感器的基本原理是电磁感应原理，即利用电磁感应将被测量（如压力、位移等）转换为电感量的变化输出，再经测量转换电路将电感量的变化转换为电压或电流的变化来实现非电量的测量。

电感式力敏传感器结构简单，工作可靠，灵敏度高，分辨率高，能测出0.1 μm甚至更小的机械位移变化，测量准确度高，线性度好，可以把输入的各种机械物理量转换为电量输出，如位移、振动、压力、应变、流量、比重等参数，因而在工程实践中应用十分广泛。电感式力敏传感器自身频率响应低，不适用于快速动态的测量。

根据信号的转换原理，电感式力敏传感器分为自感式和互感式两大类。

2.3.1　自感式电感力敏传感器

1. 自感式电感力敏传感器的工作原理

自感式电感力敏传感器也称为变磁阻式传感器，它利用线圈的自感量变化来实现非电量与电量的转换。目前常用的自感式电感力敏传感器有三种类型：变气隙型、变面积型和螺线管型。它们又可以分成单线圈式和双线圈差动式结构。它们的基本结构主要由线圈、铁芯和衔铁三部分组成，如图2－37所示。

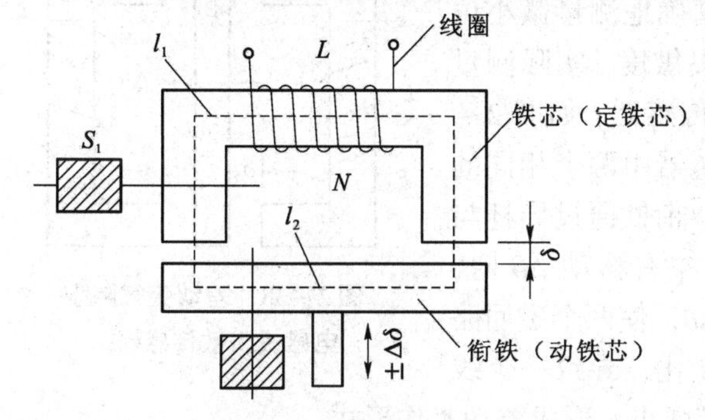

图2－37　自感式电感力敏传感器的结构原理

根据磁路的基本知识，线圈的自感L为

$$L=\frac{N^2}{R_m} \tag{2-23}$$

式中：N——线圈的匝数；

R_m——磁路总磁阻。

$$R_m=\frac{l_1}{\mu_1 S_1}+\frac{l_2}{\mu_2 S_2}+\frac{2\delta}{\mu_0 A_0} \tag{2-24}$$

式中：μ_1——铁芯材料的磁导率；

μ_2——衔铁材料的磁导率；

l_1——磁通通过铁芯的长度；

l_2——磁通通过衔铁的长度；

S_1——铁芯的截面积；

S_2——衔铁的截面积；

μ_0——空气的磁导率；

A_0——气隙有效截面积；

δ——气隙厚度。

磁路的总磁阻由铁芯磁阻、衔铁磁阻和空气隙磁阻组成，通常气隙磁阻远远大于铁芯磁阻和衔铁磁阻，因此

$$R_m \approx \frac{2\delta}{\mu_0 A_0} \tag{2-25}$$

线圈的电感为

$$L = \frac{N^2}{R_m} = \frac{N^2 \mu_0 A_0}{2\delta} \tag{2-26}$$

铁芯和衔铁由硅钢片或坡莫合金等导磁材料制成，在铁芯和衔铁之间有气隙，传感器的运动部分与衔铁相连。当衔铁受到外力移动时，引起磁路中气隙的磁阻变化，从而导致电感线圈的电感值变化。因此，只要测出电感量的变化，即可确定衔铁位移量的大小，这就是自感式电感力敏传感器的基本工作原理。

式（2-26）表明，自感 L 是气隙厚度 δ 和气隙有效截面积 A_0 的函数。

（1）变气隙型电感式力敏传感器

在线圈匝数 N 确定后，如果保持气隙有效截面积 A_0 为常数，L 则为 δ 的单值函数，这就是变气隙型电感式力敏传感器的工作原理。

变气隙型电感式力敏传感器的测量范围窄，线性度差，但在小位移下灵敏度很高，能够精确地测量微小位移。为了减小非线性误差，提高测量灵敏度，实际测量中广泛采用差动变气隙型电感式力敏传感器，如图 2-38 所示。差动变气隙型电感式力敏传感器由两个相同的电感线圈 L_1、L_2 和磁路组成。测量时，衔铁通过导杆与被测位移量相连。当被测物体分别向左右移动 $\Delta\delta$ 时，导杆带动衔铁以相同的位移左右移动 $\Delta\delta$，使两个磁回路中的磁阻发生大小相等、方向相反的变化，导致一个线圈的电感量增加，另一个线圈的电感量减小，形成差动工作形式。

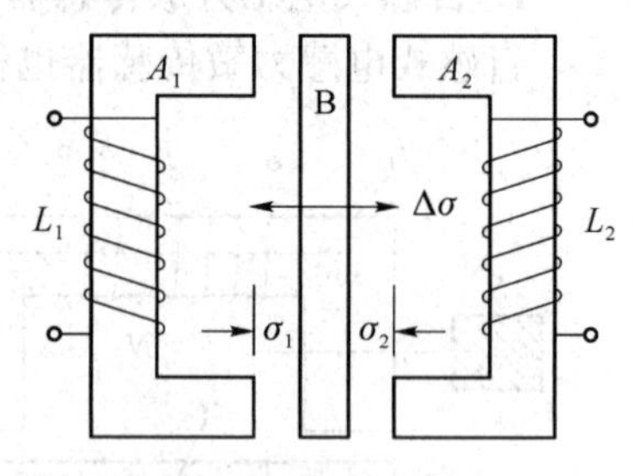

图 2-38　差动变气隙型电感式力敏传感器

变气隙型电感式力敏传感器在压力测量中的应用如下。

1）变气隙型电感式力敏传感器在压力测量中的应用。

变气隙型自感压力传感器的结构图如图 2-39 所示，当液体或者气体进入膜盒时，膜盒的顶端在压力 F 的作用下产生与压力大小成正比的位移，衔铁发生相应的移动，从而使气隙发生变化，流过线圈的电流也发生相应的变化，电流表指示值则反映了被测压力的大小。

2）差动变气隙型电感式力敏传感器在压力测量中的应用。

差动变气隙型电感压力传感器由 C 形弹簧管、衔铁、铁芯和线圈等组成，如图 2-40 所示。当被测压力 F 进入 C 形弹簧管时，C 形弹簧管产生变形，其自由端发生位移，带动与自由端结成一体的衔铁运动，线圈 1 和线圈 2 中的电感产生大小相等、符号相反的变化，即一个电感增大，另一个电感减小。电感的变化通过电桥电路转换成电压输出，再通过相敏检测电波等电路处理，使输出信号与被测压力之间成正比关系，即输出信号的大小取决于衔铁位移的大小，输出信号的相位取决于衔铁移动的方向。

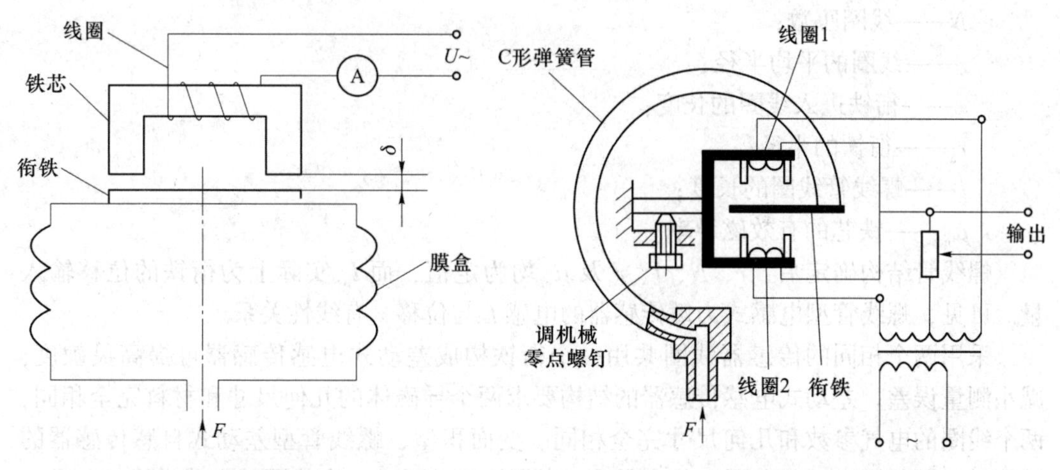

图 2-39　变气隙型自感压力传感器的结构

图 2-40　差动变气隙型电感压力传感器

（2）变面积型电感式力敏传感器

在线圈匝数 N 确定后，如果保持气隙厚度 δ 为常数，L 则为 A_0 的单值函数，这就是变面积型电感式力敏传感器的工作原理，如图 2-41 所示。图中输入与输出呈线性关系，线性范围较大，灵敏度较低。

（3）螺线管型电感式力敏传感器

螺线管型电感式力敏传感器的结构原理如图 2-42 所示。它由平均半径为 r 的螺线管线圈、与被测物体相连的柱形衔铁和磁性套筒等组成。其工作原理为：衔铁随被测物体移动使其插入深度不同，从而使线圈磁力线泄漏路径上的磁阻发生变化，进而改变线圈的电感量。这样，活动衔铁的位移量与线圈的电感量之间就有确定的函数关系，因此，只要测出线圈电感量的变化就可以得出位移量的大小。

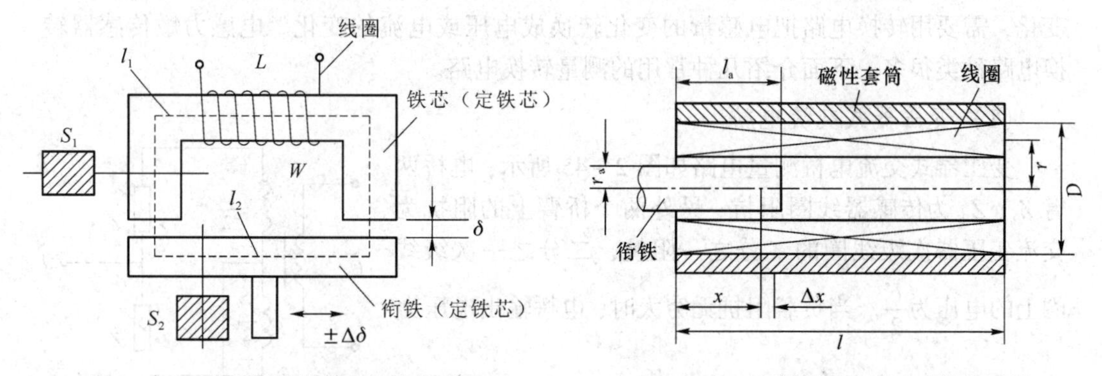

图 2-41　变面积型电感式力敏传感器

图 2-42　螺线管型电感式力敏传感器

若螺线管内磁场强度是均匀的，则线圈的电感与衔铁进入的长度 x 之间的关系为

$$L = \frac{4\pi N^2}{l^2}[lr^2 + (\mu_m - 1)xr_a^2] \tag{2-27}$$

式中：L——线圈的电感；

N——线圈匝数；

r——线圈的平均半径；

x——衔铁进入线圈的长度；

r_a——衔铁的半径；

l——螺线管线圈的长度；

μ_m——铁芯的有效磁导率。

螺线管结构确定后，r、N、l、r_a 及 μ_m 均为定值，而 l_a 实际上为衔铁的位移输入量。可见，螺线管型电感式力敏传感器的电感 L 与位移 x 有线性关系。

采用两个相同的传感器线圈共用一个衔铁构成差动式电感传感器可提高灵敏度，减小测量误差。差动式电感传感器的结构要求两个导磁体的几何尺寸和材料完全相同，两个线圈的电气参数和几何尺寸完全相同。变面积型、螺线管型差动式自感传感器的结构示意图如图2－43和图2－44所示。当衔铁移动时，一个线圈的电感量增加，另一个线圈的电感量减少，形成差动形式。

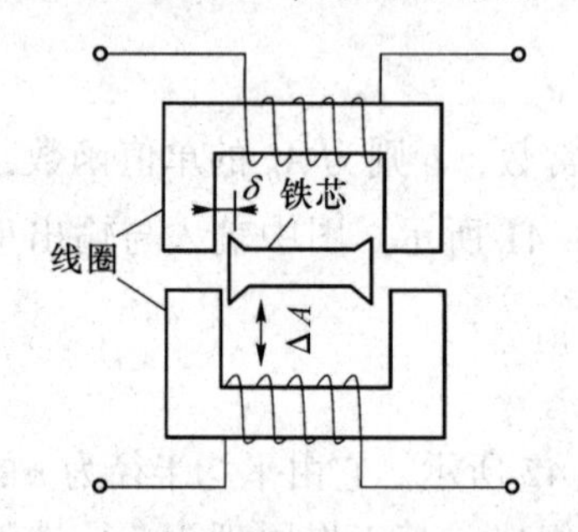

图2－43　变面积型差动式自感传感器

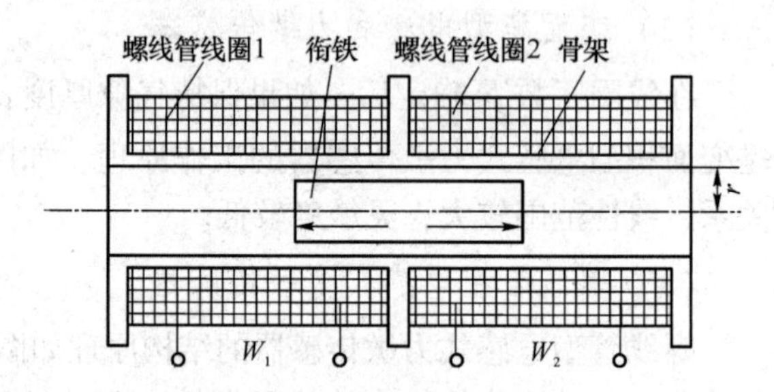

图2－44　螺线管型差动式自感传感器

2. 自感式电感力敏传感器的测量电路

自感式电感力敏传感器将被测量的变化转换为电感量的变化。为了测出电感量的变化，需要用转换电路把电感量的变化转换成电压或电流的变化。电感力敏传感器转换电路种类很多，下面介绍几种常用的测量转换电路。

(1) 变压器式交流电桥

变压器式交流电桥测量电路如图2－45所示，电桥两臂 Z_1、Z_2 为传感器线圈阻抗，另外两个桥臂上的阻抗为交流变压器次级线圈的二分之一阻抗，二分之一次级线圈上的电压为$\frac{U}{2}$。当负载阻抗无穷大时，电桥输出电压为

$$\dot{U}_o=\frac{Z_1\dot{U}}{Z_1+Z_2}-\frac{\dot{U}}{2}=\frac{Z_1-Z_2}{Z_1+Z_2}\frac{\dot{U}}{2} \qquad (2-28)$$

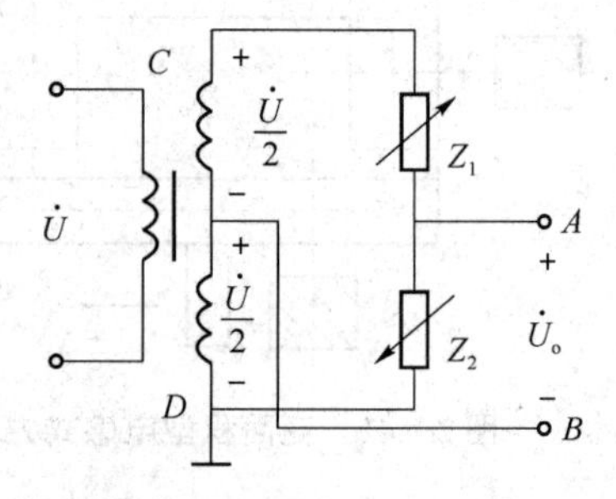

图2－45　变压器式交流电桥测量电路

当传感器的衔铁处于中间位置，即 $Z_1=Z_2=Z$ 时，$U_o=0$，电桥平衡。

当传感器衔铁向上移动时，即 $Z_1=Z+\Delta Z$，$Z_2=Z-\Delta Z$，此时电桥输出电压为

$$\dot{U}_o = \frac{\dot{U}}{2}\frac{\Delta Z}{Z} = \frac{\dot{U}}{2}\frac{\Delta L}{L} \qquad (2-29)$$

当传感器衔铁向下移动时，即 $Z_1 = Z - \Delta Z$，$Z_2 = Z + \Delta Z$，此时电桥输出电压为

$$\dot{U}_o = -\frac{\dot{U}}{2}\frac{\Delta Z}{Z} = -\frac{\dot{U}}{2}\frac{\Delta L}{L} \qquad (2-30)$$

从式（2-29）和式（2-30）可知，衔铁上下移动相同距离时，输出电压的大小相等，但方向相反，由于 u_o 是交流电压，输出指示无法判断位移方向，必须配合相敏检波电路来解决位移方向。

（2）相敏检波电路

相敏检波电路的原理如图 2-46 所示。电桥由差动电感传感器线圈 Z_1、Z_2 及平衡电阻 R_1、R_2 组成。当 $R_1 = R_2$ 时，$VD_1 \sim VD_4$ 构成相敏整流器，桥的一条对角线接有交流电源 u，另一条对角线接有电压表。

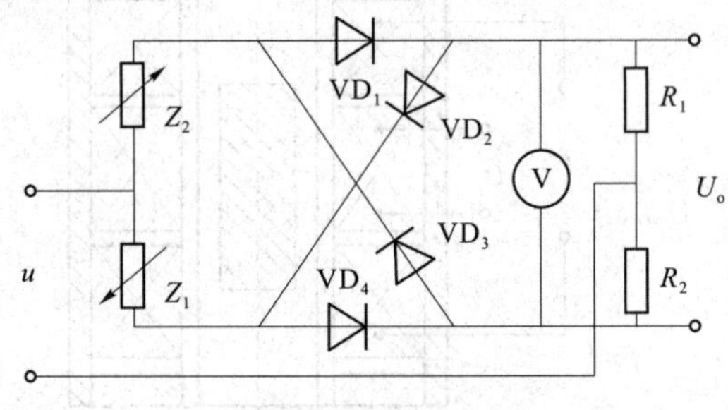

图 2-46 相敏检波电路的原理

1）当差动衔铁处于中间位置时，$Z_1 = Z_2 = Z$，输出电压 $U_o = 0$。

2）当衔铁偏离中间位置而使 $Z_2 = Z + \Delta Z$ 增加时，$Z_1 = Z - \Delta Z$ 减少。当电源 u 上端为正、下端为负时，电阻 R_2 上的压降大于 R_1 上的压降；当电源 u 上端为负、下端为正时，电阻 R_2 上的压降小于 R_1 上的压降，电压表的输出都是下端为正、上端为负。

3）当衔铁偏离中间位置而使 $Z_2 = Z - \Delta Z$ 减少时，$Z_1 = Z + \Delta Z$ 增加。当电源 u 上端为正、下端为负时，电阻 R_2 上的压降小于 R_1 上的压降；当电源 u 上端为负、下端为正时，电阻 R_2 上的压降大于 R_1 上的压降，电压表的输出都是下端为负、上端为正。

2.3.2 互感式电感力敏传感器

把被测的非电量变化转换为线圈互感变化的传感器称为互感式电感力敏传感器。这种传感器是根据变压器的基本原理制成的，把被测位移量转换为一次线圈与二次线圈间的互感量 M 变化的装置。当一次线圈接入激励电源后，二次线圈将产生感应电动势，当两者间的互感量 M 发生变化时，感应电动势也发生相应变化。由于两个二次线圈采用差动接法，因此互感式电感力敏传感器也称为差动变压器式传感器，简称差动变压器。

1. 差动变压器的结构形式

差动变压器的结构形式较多，有变气隙型、变面积型和螺线管型等。变气隙型差动变压器如图 2-47（a）所示，该结构的差动变压器灵敏度高，但测量范围较窄，一般用于测量几微米到几百微米的机械位移。位移在 1 mm 至上百毫米的测量常采用圆柱形衔铁的螺线管型差动变压器，如图 2-47（b）所示。如图 2-47（c）所示的两种结构是测量转角的差动变压器，通常可测到几秒的微小变化，输出线性范围一般在 ±10。非电量测量应用最多的是螺线管型差动变压器，它可以测量 1～100 mm 内的机械位移，并具有测量精度高、灵敏度高、结构简单、性能可靠等优点。

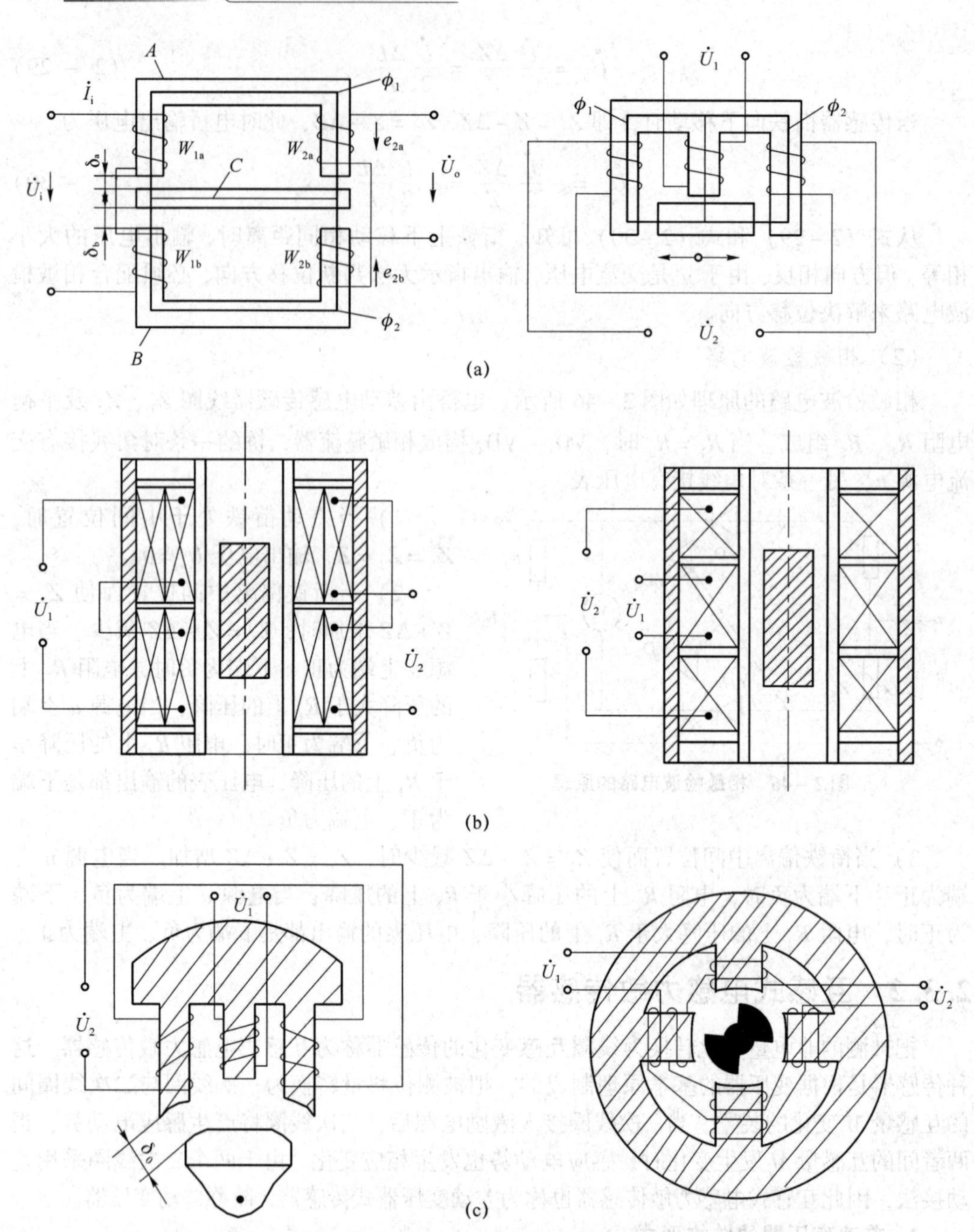

图 2－47　差动变压器的结构示意图

（a）变气隙型差动变压器；（b）螺线管型差动变压器；（c）变面积型差动变压器

2. 差动变压器的工作原理

差动变压器的结构形式较多，但工作原理基本相同，下面以螺线管型差动变压器为例来说明差动变压器的工作原理。螺线管型差动变压器主要由线圈、可移动衔铁和导磁外壳三大部分组成，如图 2－48 所示。线圈绕组由初、次级线圈和骨架组成，初级线圈加激励电压，次级线圈输出电压信号；可移动衔铁采用高导磁材料做成，输入位移量加在衔铁导杆上；导磁外壳用来提供磁回路、磁屏蔽和机械保护，一般与可移动衔铁的所用材料相同。

两个次级线圈反向串联，在忽略铁损、导磁体磁阻和线圈分布电容的理想条件下，其等效电路如图2－49所示，当初级绕组加激励电压U时，根据变压器的工作原理，在两个次级绕组W_{2a}和W_{2b}中便会产生感应电动势E_{2a}和E_{2b}。如果工艺上保证变压器结构完全对称，则当活动衔铁处于初始平衡位置时，必然会使两互感系数相等，即$M_1 = M_2$。根据电磁感应原理，将有$E_{2a} = E_{2b}$。由于变压器两次级绕组反向串联，$U_o = E_{2a} - E_{2b} = 0$，即差动变压器输出电压为零。

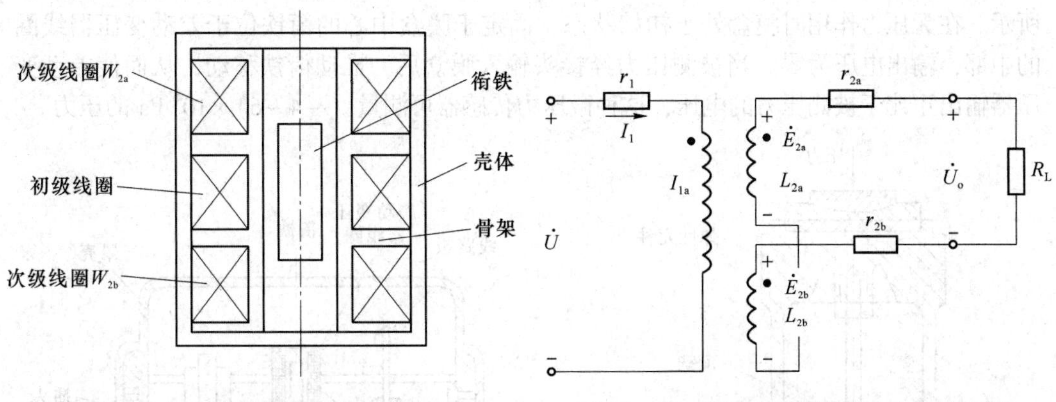

图2－48　螺线管型差动变压器的基本结构

图2－49　差动变压器的两个次级线圈反向串联的等效电路

当活动衔铁向上移动时，由于磁阻的影响，W_{2a}中磁通将大于W_{2b}，使$M_1 > M_2$，因而E_{2a}增加，E_{2b}减小。反之，E_{2b}增加，E_{2a}减小。因为$U_o = E_{2a} - E_{2b}$，所以当E_{2a}、E_{2b}随着衔铁位移x变化时，U_o也必将随x而变化。

由于两次级绕组反向串联，且考虑到次级开路，由电路理论中处理互感电路的方法可得

$$\dot{U}_o = \dot{E}_{2a} - \dot{E}_{2b} = -\frac{-j\omega(M_1 - M_2)\dot{U}}{r_1 + j\omega L_1} \tag{2-31}$$

式中：ω——角频率；

r_1——线圈的内阻。

1）当活动衔铁处于中间位置时，$M_1 = M_2$，则$U_o = 0$。

2）当活动衔铁向上移动时，$M_1 > M_2$，则$U_o \neq 0$。

3）当活动衔铁向下移动时，$M_1 < M_2$，则$U_o \neq 0$。

此输出电压U_o的大小与极性反映被测物体位移的大小和方向。

3. 差动变压器的应用

差动变压器可以测量位移，也可以测量与位移有关的机械量，如力、力矩、压力、压差、振动、加速度、应变、液位等。下面主要介绍力、力矩和压力的测量。

（1）力和力矩的测量

差动变压器式力传感器如图2－50所示。具有缸体状空心截面的弹性元件发生形变，衔铁相对线圈移动，产生正比于力的输出电压。差动变压器式力传感器承受轴向

力时，应力分布均匀，当缸体状弹性元件的长径比较小时，受横向偏心分力的影响较小。将这种传感器结构做适当改进，可在电梯载荷测量中应用。

如果将弹性元件设计成沿敏感圆周方向变形的结构，并配有相应的电感传感器，就能构成力矩传感器。

(2) 压力的测量

差动变压器与膜片、膜盒和弹簧管等弹性敏感元件相结合，可以组成开环压力传感器和闭环力平衡式压力计，用来测量压力或压差。

微压力传感器适合测量各种生产过程中流体、蒸汽和气体的压力，其结构如图 2-51 所示。在无压力作用时膜盒处于初始状态，固定于膜盒中心的衔铁位于差动变压器线圈的中部，输出电压为零。当被测压力经接头输入膜盒后，推动衔铁移动，从而使差动变压器输出正比于被测压力的电压，这种微压力传感器可测量（$-4\sim6$）$\times10^4$ Pa 的压力。

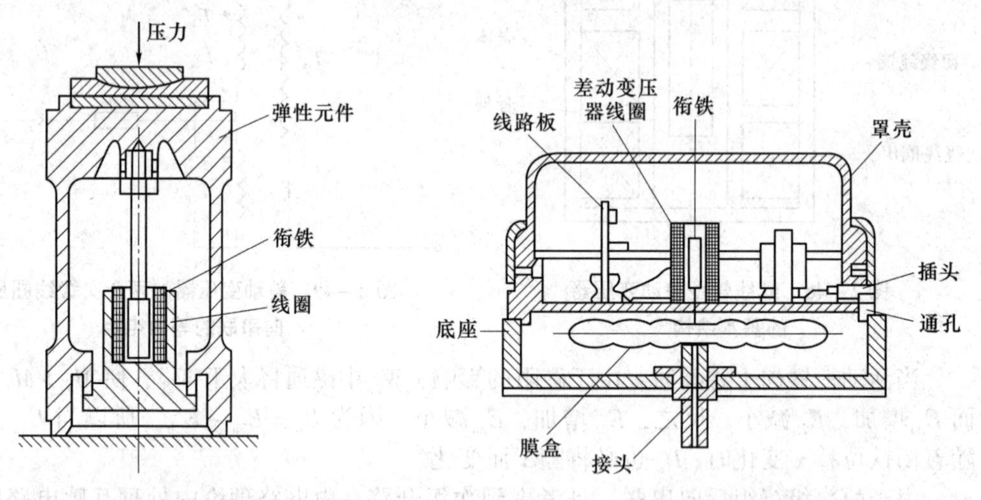

图 2-50 差动变压器式力传感器　　图 2-51 微压力传感器结构示意图

微压力传感器的电路原理如图 2-52 所示。220 V 交流电源经过变压器变压、桥式整流、电容滤波和稳压管两级稳压后，由三极管组成的多谐振荡器转变为 6 V、1 000 Hz的稳定交流电压，作为差动变压器的激励电压。差动变压器次级侧输出电压通过差动整流电路和滤波电路后，作为差动变压器的输出信号，可直接接至次级仪表进行显示。电路中 R_0 是调零电位器，R_{10}是调量程电位器。

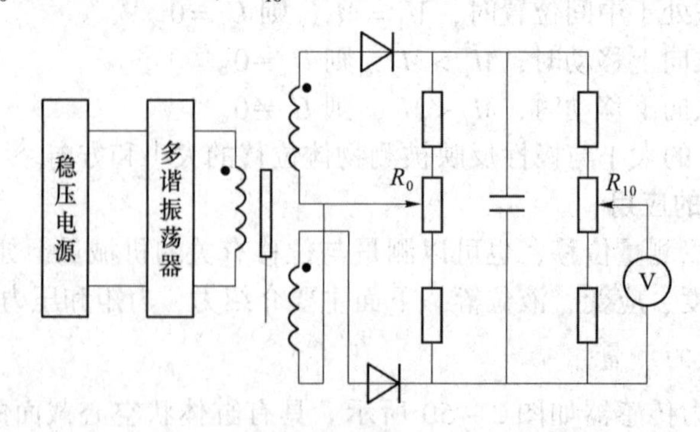

图 2-52 微压力传感器的电路原理图

4. 差动变压器的测量电路

差动变压器的输出是交流电压，交流电压表只能反映衔铁位移的大小，不能反映移动的方向，其测量值中包含零点残余电压。为了达到辨别移动方向和消除零点残余电压的目的，在实际测量时常常采用相敏检波电路和差动整流电路。

零点残余电压产生的原因是：由于工艺上的原因，差动变压器次级绕组不可能完全对称，其次，由于线圈中的铜损、磁性材料的铁损和材质的不均匀性、线圈匝间分布电容的存在以及导磁材料磁化特性的非线性引起电流波形畸变而产生的高次谐波，使励磁电流与所产生的磁通不同向。当位移 x 为零时，输出电动势 E 不等于零，该电动势称为零点残余电压。

(1) 差动相敏检波电路

差动相敏检波电路如图 2－53 所示。VD_1、VD_2、VD_3、VD_4 为 4 个性能相同的二极管，以同一方向串联成一个闭合回路，形成环形电桥。输入信号 u_2（差动变压器式传感器输出的调幅波电压）通过变压器 T_1 加到环形电桥的一条对角线，参考信号 u_0 通过变压器 T_2 加到环形电桥的另一条对角线，输出信号 u_L 从变压器 T_1 与 T_2 的中心抽头引出。R 为平衡电阻，起限流作用，避免二极管导通时变压器 T_2 的次级电流过大，R_L 为负载电阻。u_0 的幅值要远大于输入信号 u_2 的幅值，以便有效控制 4 个二极管的导通状态，且 u_0 和差动变压器激磁电压 u_1 由同一振荡器供电，保证二者同频同相或反相。

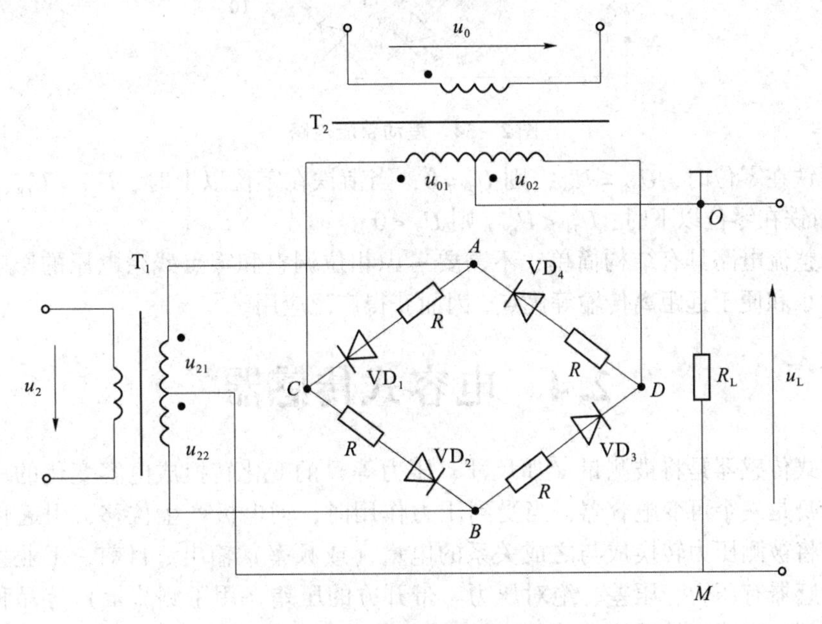

图 2－53　差动相敏检波电路

1）当位移 $\Delta x>0$ 时，u_2 与 u_0 同频同相，当 u_2 与 u_0 均为正半周时，环形电桥中的二极管 VD_1、VD_4 截止，VD_2、VD_3 导通；当 u_2 与 u_0 均为负半周时，二极管 VD_2、VD_3 截止，VD_1、VD_4 导通。只要位移 $\Delta x>0$，不论 u_2 与 u_0 是正半周还是负半周，负载 R_L 两端得到的电压 u_L 始终为正。

2）当 $\Delta x<0$ 时，u_2 与 u_0 同频反相，不论 u_2 与 u_0 是正半周还是负半周，负载电阻 R_L 两端得到的输出电压始终为负。

差动相敏检波电路输出电压 u_L 的变化规律充分反映了被测位移量的变化规律，即 u_L 的值反映了位移 Δx 的大小，而 u_L 的极性则反映了位移 Δx 的方向。

(2) 差动整流电路

差动整流电路如图 2－54 所示，不论两个次级线圈的输出瞬时电压极性如何，流经电容 C_1 的电流方向总是从 2 到 4，流经电容 C_2 的电流方向从 6 到 8，故整流电路的输出电压为

$$U_2 = U_{24} - U_{68}$$

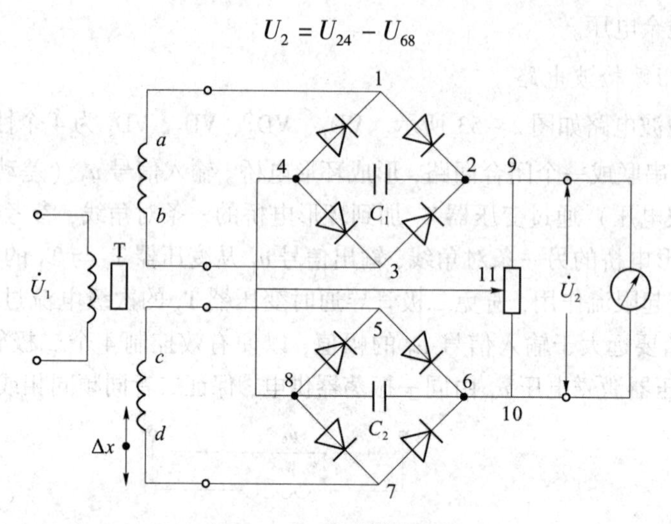

图 2－54 差动整流电路

当衔铁在零位时，$U_{24}=U_{68}$，则 $U_2=0$；当衔铁在零位以上时，$U_{24}>U_{68}$，则 $U_2>0$；而当衔铁在零位以下时，$U_{24}<U_{68}$，则 $U_2<0$。

差动整流电路具有结构简单、不需要考虑相位调整和零点残余电压的影响、分布电容影响小和便于远距离传输等优点，因而获得广泛应用。

2.4 电容式传感器

常用的电容式压力传感器

电容式传感器是将被测量（如尺寸、压力等）的变化转换成电容变化的一种传感器。它本身是一个可变电容器，当受到压力作用时，动电极产生位移，引起传感器电容变化，将被测压力转换成与之成关系的电量（或频率）输出。目前，工业生产中的电容式传感器有压力、压差、绝对压力、带开方的压差（用于测流量）等品种及高压差、微压差、高静压等规格。

2.4.1 电容式传感器的工作原理

考虑两平行板组成的电容器，忽略边缘效应，其电容量为

$$C = \frac{\varepsilon A}{d} = \frac{\varepsilon_r \varepsilon_0 A}{d} \tag{2-32}$$

式中：ε_r——相对介电常数；

ε_0——真空介电常数，$\varepsilon_0 = 8.85 \times 10^{-12}$ F/m；

ε——电容极板间介质的介电常数，$\varepsilon = \varepsilon_r \varepsilon_0$；

A——两平行板所覆盖的面积；

d——两平行板之间的距离，简称极距。

当被测量的变化使式中的 d、A 或 ε 任一参数发生变化时，电容 C 也就随之变化。因此，电容式传感器有 3 种基本类型，即变极距（d）型、变面积（A）型和变介电常数（ε）型。它们的电极形状有平板形、圆柱形和球面形 3 种。

1. 变极距型电容式传感器

变极距型电容式传感器的结构如图 2-55 所示。保持面积和介电常数不变，改变极距，把极距的变化转换为电容的变化，并通过测量电路转换为电量的输出，这就是变极距型电容式传感器的基本工作原理。图 2-55（c）中 1、3 为固定极板，2 为可动极板。当可动极板因被测量变化而向上移动 Δd 时，电容为

$$C = \frac{\varepsilon A}{d_0 - \Delta d} = \frac{\varepsilon A}{d_0\left(1 - \frac{\Delta d}{d_0}\right)} = \frac{C_0}{1 - \frac{\Delta d}{d_0}} = \frac{C_0}{1 - \left(\frac{\Delta d}{d_0}\right)^2}\left(1 + \frac{\Delta d}{d_0}\right) \tag{2-33}$$

$\Delta d \ll d_0$ 时，$1 - \frac{\Delta d^2}{d_0^2} \approx 1$，则上式可简化为

$$C = C_0 + C_0 \frac{\Delta d}{d_0} \tag{2-34}$$

这时，C 与 Δd 呈近似线性关系，所以变极距型电容式传感器往往设计成 Δd 在极小的范围内变化。变间距型电容式位移传感器一般用于微小位移的测量，最小可以测量 0.01 μm。

如果需要改善非线性，提高灵敏度，减少环境影响和非线性误差，实际应用中大多采用差动式结构，如图 2-55（c）所示，上下两极板为固定极板，中间为动极板。若因为被测量的变化将动极板向上移动 Δd，则 C_1 增加，C_2 减小，两电容的差值为

$$\Delta C = C_1 - C_2 = \left(C_0 + \frac{C_0 \Delta d}{d_0}\right) - \left(C_0 - \frac{C_0 \Delta d}{d_0}\right) = 2\frac{C_0 \Delta d}{d_0} \tag{2-35}$$

需要注意的是，式（2-35）的成立条件仍然是在 $\Delta d \ll d_0$ 时，忽略非线性得到的。由式（2-35）可以看出，此时输出灵敏度提高一倍，而且其非线性误差大大降低。

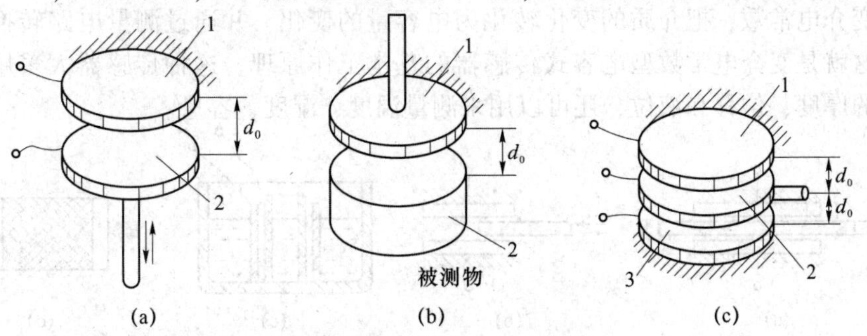

图 2-55　变极距型电容式传感器的结构及工作原理

1，3—固定极板；2—可动极板

2. 变面积型电容式传感器

由式（2－32）可知，保持极距和介电常数不变，改变面积，把面积的变化转化为电容的变化，并通过测量电路就可转换为电量的输出，这就是变面积型电容式传感器的基本工作原理。图2－56所示为一些变面积型电容式传感器的结构原理，图2－56（a）是平行板变面积型，图2－56（b）是旋转变面积型，图2－56（c）是圆柱变面积型，均为单边式，其中1为固定极板，2为可动极板。图2－56（d）为差动式，图2－56（a）、（b）所示结构也可做成差动形式。图2－56（d）中1、3为固定极板，2为可动极板。一般情况下，变面积型电容式传感器常做成圆柱形，如图2－56（c）、（d）所示。

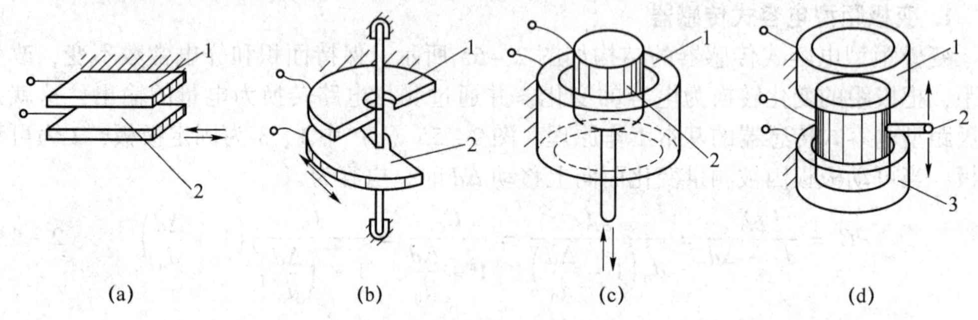

图2－56 变面积型电容式传感器的结构

（a）平行板变面积型；（b）旋转变面积型；（c）圆柱变面积型；（d）差动式

1，3—固定极板；2—可动极板

忽略边缘效应，当被测量引起面积变化时，电容式传感器的电容量变化为

$$\Delta C=\frac{\varepsilon A}{d}-\frac{\varepsilon A'}{d}=\frac{\varepsilon(A-A')}{d}=\frac{\varepsilon\Delta A}{d} \quad (2-36)$$

式中：A'——移动后极板间的有效面积。

变面积型电容式传感器的输出为线性特性，也可以接成差动方式，以提高输出的灵敏度，与变极距型相比，其测量范围大，可测较大的线位移和角位移。

变面积型和变极距型电容式传感器一般采用空气作电介质。空气的介电常数 ε_0 在极宽的频率范围内几乎不变，温度稳定性好，介质的电导率极小，损耗极小。

3. 变介电常数型电容式传感器

变介电常数型电容式传感器的结构如图2－57所示。保持面积和极距两个参数不变，改变介电常数，把介质的变化转化为电容量的变化，并通过测量电路转换为电量输出，这就是变介电常数型电容式传感器的基本工作原理。这种传感器大多用来测量电介质的厚度、位移和液位，还可以用来测量温度、湿度、容量。

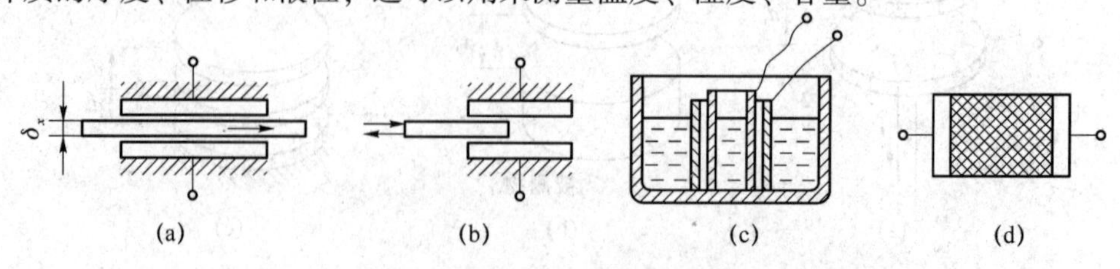

图2－57 变介电常数型电容式传感器的结构

（a）测量厚度；（b）测量位移；（c）测量液位；（d）测量温度

2.4.2　电容式传感器在力的测量中的应用

电容式传感器结构简单，性能稳定，可在比较恶劣的环境下工作，而且它的阻抗比较高，功率比较小。另外，电容式传感器的动态响应比较好，灵敏度比较高，分辨率也比较高，在力学量的测量中占有比较重要的地位。

1. 差动电容式传感器

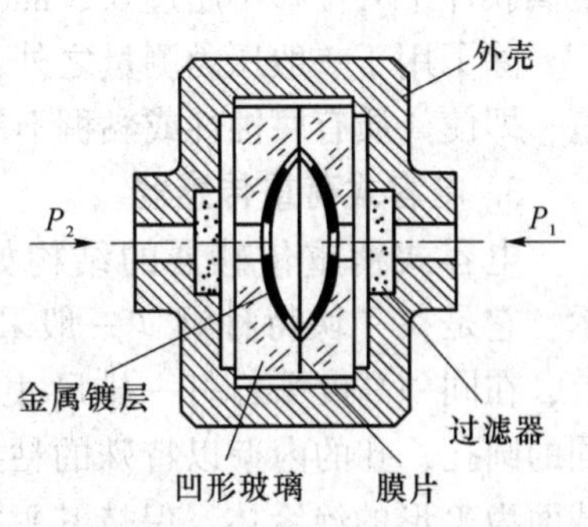

图2-58　差动电容式传感器

差动电容式传感器主要由一个膜式动电极和两个在凹形玻璃上电镀的金属镀层为固定电极，组成差动电容器，如图2-58所示。将两个电容分别接在电桥的两个桥臂上，构成差动电桥。当被测压力或者压力差作用于膜片上时，若 $P_1=P_2$，则膜片静止不动，传感器的输出电容 $C_1=C_2$，电桥输出为零；若 $P_1 \neq P_2$，膜片产生位移，从而使两个电容器的电容量一个增大，一个减小，电桥失去平衡。此电容值的变化经测量电路转换成相对应的电流或电压的变化，与 P_1、P_2 的压力差成正比。

2. 变面积型电容式传感器

变面积型电容式传感器的结构如图2-59（a）所示。被测压力作用在金属膜片上，通过中心柱和支撑簧片使可动电极随金属膜片中心位移而动作。可动电极与固定电极都是由金属材质切削成的同心环形槽构成的，有套筒状突起，断面呈梳齿形，两电极交错重叠部分的面积决定电容量。固定电极的中心柱与外壳间有绝缘支架，可动电极则与外壳连通。压力引起的极间电容变化由中心柱引至电子线路，变为直流信号4~20 mA输出。电子线路与上述可变电容安装在同一外壳中，整体小巧紧凑。

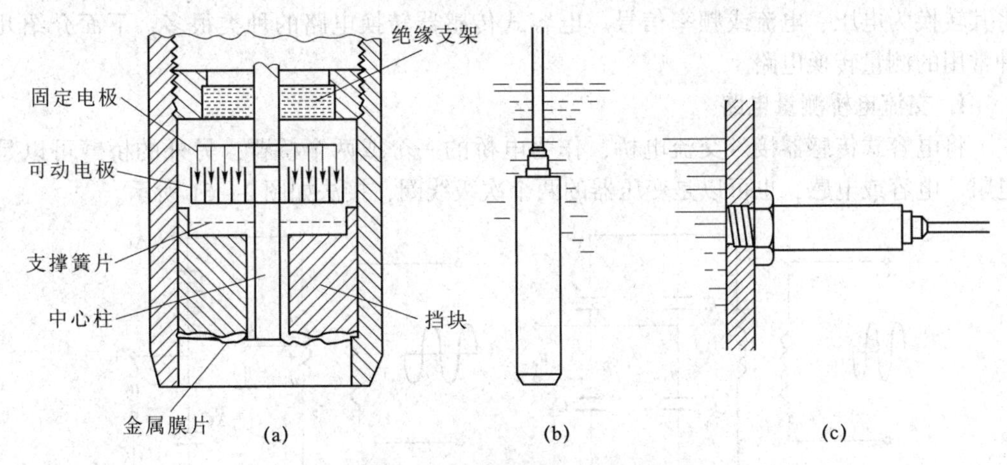

图2-59　变面积型电容式传感器

(a) 结构；(b) 利用软导线悬挂在被测介质中；(c) 利用螺纹或法兰安装在容器壁上

变面积型电容式传感器可利用软导线悬挂在被测介质中，如图2-59（b）所示，也可利用螺纹或法兰安装在容器壁上，如图2-59（c）所示。金属膜片为不锈钢材质或加镀金层，使其具有一定的防腐蚀能力，外壳为塑料或不锈钢。为保护金属膜片在过大压力下不致损坏，在其背面有带波纹表面的挡块，压力过高时金属膜片与挡块贴紧可避免变形过大。

变面积型电容式传感器的测量范围是固定的，不能随意迁移，而且因其金属膜片背面为防腐蚀能力的封闭空间不可与被测介质接触，故只能测量压力，不能测量压差。金属膜片中心位移不超过0.3 mm，其背面无硅油，可视为恒定的大气压力。

除了用于一般压力测量之外，变面积型电容式传感器还常用于开口容器的液位测量，即使介质有腐蚀性或黏稠不易流动，也可使用。

3. 电容式荷重传感器

电容式荷重传感器的结构如图 2－60 所示。它是在一块特种钢（一般采用镍铬钼钢）上，在同一高度平行打一排尺寸相等、间距相同的圆孔，孔的内壁以特殊的粘接剂固定两个截面为T形的绝缘体，保持其平行并留有一定间隙，在相对面上粘贴铜箔，从而形成一排平板电容器。当圆孔受荷重变形时，圆孔中的电容极板间距发生变化，电容随之改变。在电路上各电容并联，因此总电容量将正比于平均荷重 W。电容式荷重传感器具有误差小、接触面影响小、测量电路可装在孔中、工作稳定性好等优点。

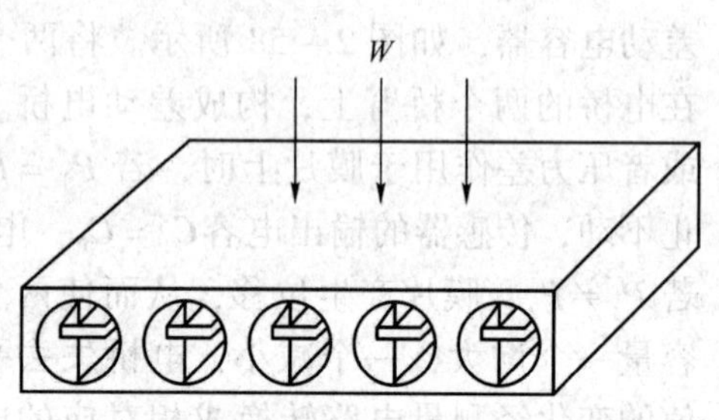

图 2－60　电容式荷重传感器的结构

2.4.3　电容式传感器的测量电路

电容式传感器把被测物理量转换为电容变化量，该变化量的值十分微小，不能被直接处理。为了使其变化量能传输、放大、运算、记录和显示等，必须采用转换电路将其转换为电压、电流或频率信号。电容式传感器转换电路的种类很多，下面介绍几种常用的测量转换电路。

1. 交流电桥测量电路

将电容式传感器接入交流电桥，作为电桥的一个或两个桥臂，另外的桥臂可以是电阻、电容或电感，也可以是变压器的两个次级线圈，接法如图 2－61 所示。

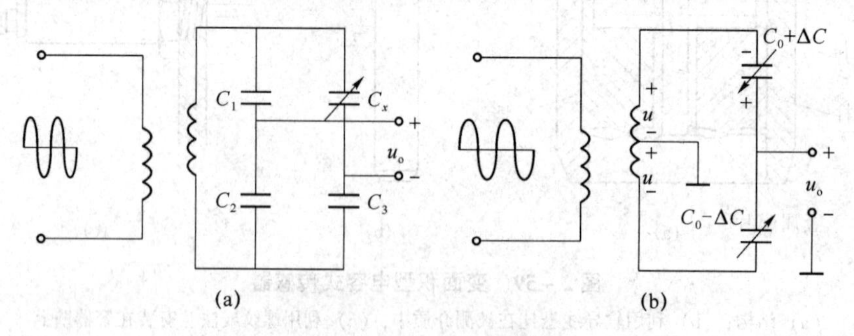

图 2－61　交流电桥电路

（a）单臂接法；（b）差动接法

在图2-61（a）中，高频电源经变压器接到电容电桥的一条对角线上，电容 C_1、C_2、C_3、C_x构成电容桥的4个臂，C_x为电容式传感器，交流电桥平衡时有

$$\frac{C_1}{C_2}=\frac{C_x}{C_3};\ U_o=0$$

当C_x变化时，输出U_o不等于0，即有电压输出。此种电路经常应用在液位检测中。

在图2-61（b）的电路中，在相邻桥臂中接有差动电容式传感器，其电压输出为

$$U_o=\pm 2\frac{\Delta C}{C_0}U \tag{2-37}$$

式中：U——工作电压；

C_0——电容式传感器平衡状态时的电容；

ΔC——电容式传感器的变化值。

需要注意的是：由于电桥输出电压与电源电压成比例，交流电桥测量采用高频交流正弦波供电，电桥输出调幅波，要求其电源电压波动极小，因此需采用稳幅、稳频等措施。电桥通常处于不平衡工作状态，所以传感器必须工作在平衡位置附近，否则电桥非线性增大，且在要求精度高的场合应采用自动平衡电桥。电桥输出阻抗很高（几兆欧至几十兆欧），输出电压低，必须后接高输入阻抗、高放大倍数的处理电路。此外，为提高抗干扰能力和稳定性，经常采用紧耦合电感臂电桥，该电路的特点是两个电感臂为紧耦合。

2. 运算放大器测量电路

运算放大器的放大倍数非常大，而且输入阻抗很高，可以作为电容式传感器较为理想的测量电路。

运算放大器测量电路的原理如图2-62所示。C_x为电容式传感器，u_i是交流电源电压，u_o是输出信号电压。

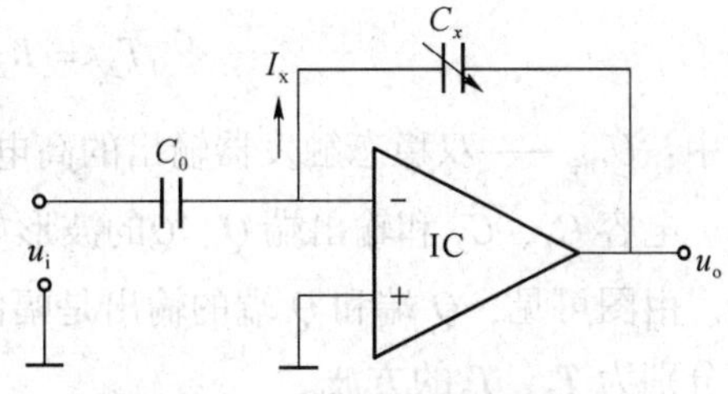

图2-62 运算放电器的测量原理

由放大器的工作原理可得

$$U_o=-\frac{1/(j\omega C_x)}{1/(j\omega C)}U_i=-\frac{C}{C_x}U_i \tag{2-38}$$

若传感器是平行板电容器，则

$$C_x=\frac{\varepsilon A}{d} \tag{2-39}$$

将式（2-39）代入式（2-38）得

$$U_o=-U_i\frac{C}{\varepsilon A}d \tag{2-40}$$

式中：负号表示输出电压的相位与电源电压的反相。

从式（2-40）可以看出，输出电压U_o与d呈线性关系，要求运算放大器的放大倍数和输入阻抗足够大。为了保证测量仪器的精度，还要求电源电压的幅值和固定电容的容量稳定。

3. 差动脉冲宽度调制电路

差动脉冲宽度调制电路也称为脉冲调制电路。它利用传感器电容的充放电使电路

输出脉冲的宽度随电容式传感器的电容变化而变化，然后通过低通滤波器得到对应被测量变化的直流信号。

差动脉冲宽度调制电路如图2-63所示。该电路根据差动电容式传感器的电容C_1和C_2的大小控制直流电压的通断，所得方波与C_1、C_2有确定的函数关系。电路的输出端就是双稳态触发器的两个输出端。

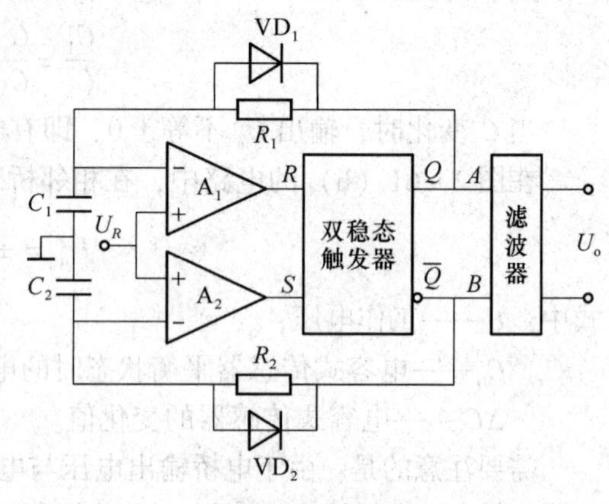

图2-63 差动脉冲宽度调制电路

当双稳态触发器的Q端输出高电平时，则通过R_1对C_1充电，直到U_{C_1}电位等于参考电压U_R时，比较器A_1产生一个脉冲，使双稳态触发器翻转，此时，Q端（A）为低电平，$\overline{Q}$端（B）为高电平。这时二极管VD_1导通，C_1放电至零，Q端通过R_2为C_2充电。当U_{C_2}电位等于参考电压U_R时，比较器A_2产生一个脉冲，双稳态触发器再次翻转，此时Q端为高电平，C_1处于充电状态，二极管VD_2导通，电容C_2放电至零。以上过程周而复始，在双稳态触发器的两个输出端产生宽度受C_1、C_2调制的脉冲方波。C_1、C_2的充电时间常数为

$$T_1 = R_1 C_1 \ln \frac{U_{OH}}{U_{OH} - U_R} \tag{2-41}$$

$$T_2 = R_2 C_2 \ln \frac{U_{OH}}{U_{OH} - U_R} \tag{2-42}$$

式中：U_{OH}——双稳态触发器输出的高电平电压平均值。

电容C_1、C_2和输出端Q、$\overline{Q}$的波形如图2-64所示。由图可见，Q端和$\overline{Q}$端的输出是幅值为U_{OH}，宽度分别为T_1、T_2的方波。

经过滤波器后获得的输出电压平均值为

$$U_O = U_{OH} \frac{T_1 - T_2}{T_1 + T_2} \tag{2-43}$$

若$R_1 = R_2 = R$，则可得

$$U_O = U_R \frac{C_1 - C_2}{C_1 + C_2} \tag{2-44}$$

若选择变极距型差动电容传感器，结合式（2-35），则式（2-44）变为

$$U_O = U_R \frac{\Delta d}{d_0} \tag{2-45}$$

由式（2-45）可得出结论：脉冲宽度调制测量电路的输出电压与被测位移之间呈线性关系。

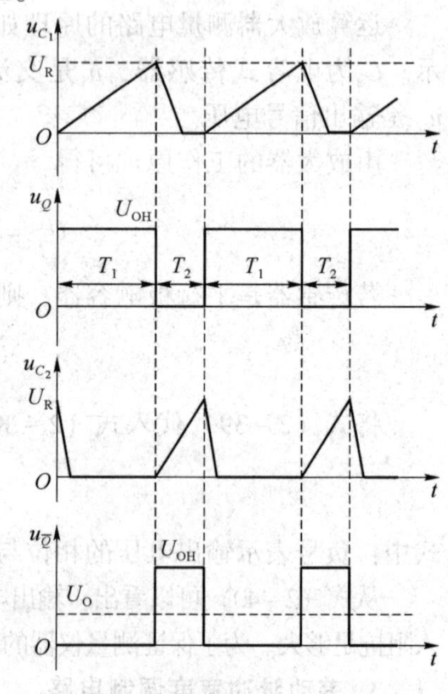

图2-64 电容C_1、C_2和输出端Q、$\overline{Q}$的波形

差动脉动宽度调制电路的特点有：

1）不论是变面积型还是变极距型电容式传感器，其变化量与输出电压之间均呈线性关系。

2）不需要增加解调器，因为双稳态输出信号一般为 100 Hz ~ 1 MHz，所以直流输出只需经滤波器滤波后输出即可。

3）电路采用直流电源，虽然直流电源的电压稳定度要求较高，但比其他测量电路中要求的高稳定度交流电源易于实现。

4）对传感器输出电容输出特性无线性要求。

2.4.4　电容式传感器的使用注意事项

电容式传感器具有结构简单、耐高温、耐辐射、分辨率高、动态响应特性好等优点，广泛用于压力、位移、加速度、厚度、振动、液位等测量中。电容式传感器是高阻抗元件，易受外界干扰，当外界电磁场在传感器或导线上感应出电压并与传感信号一同传输到测量电路时就会产生测量误差，甚至使传感器无法正常工作。另外，接地点不同所产生的接地电压差也是一种干扰信号，在使用过程中要注意以下几个方面对测量结果的影响。

1. 减少外界干扰

1）屏蔽和接地。用良导体做传感器壳体，将传感器包围起来，并可靠接地；用屏蔽电缆，屏蔽层可靠接地；用双层屏蔽线可靠接地，并保持等电位。

2）增加传感器的电容量，降低容抗，注意漏电阻、激励频率和极板支架材料的绝缘性。

3）导线间的分布电容有静电感应，因此导线之间离得要远，走线要短，最好排成直角，必须平行时可采用同轴屏蔽电缆，即地线和信号线相间地走线。

4）尽可能一点接地，避免多点接地。地线要用粗的导线或宽印制线。

5）尽可能采用差动式电容结构，减小非线性误差，提高灵敏度，减小寄生电容以及温度、湿度等环境因素导致的测量误差。环境温度、湿度变化可能引起某些介质的介电常数或极板的几何尺寸、相对位置发生变化。

2. 减少边缘效应

在电容式传感器中，为了减小边缘电场的影响，电极应该做得尽量薄，并减小极距。消除边缘效应最好的方法是加防护环，如图 2 – 65 所示。在使用时，应使防护环与被防护的极板具有相等的电位，但二者在电气上是绝缘的，这时被防护的工作极板面积上的电场基本均匀，发散的边缘电场分布在防护环的外周。当极板的厚度与极板间距相差不大时，边缘电场的影响则不能忽略。

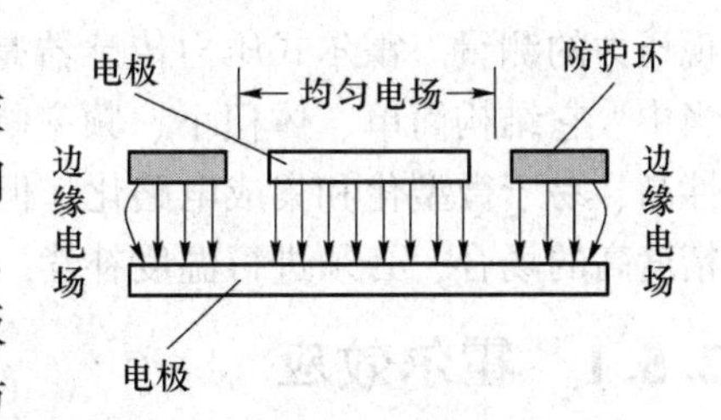

图 2 – 65　采用防护环减少边缘效应

3. 减少寄生电容

设计电容式传感器需要注意分布电容的存在。电容式传感器的初始电容量很小，一般在 100 pF 左右，假设极板面积为 1 cm × 1 cm，间距为1 μm，中间介质为空气（空气的介电常数为 8.85 pF/m），则电容为 885 pF，而连接传感器与电子线路的引线电缆电容、电子线路的杂散电容以及传感器内极板与周围导体构成的电容等所形成的寄生电容却较大（如1 m长的连接电缆所带来的分布电容往往在100 pF数量级，与传感器的电容相当或更大）。这些电容来源广且不稳定，可能是随机变化的，不仅降低了传感器的灵敏度，而且使得电容式传感器工作很不稳定，影响测量精度，甚至无法工作，因此必须设法消除杂散电容或寄生电容对传感器的影响。

实际的测量环境中任何两个彼此隔离的导体之间都有电容，这些杂散电容对电容测量值的影响在有些情况下会比较明显。

消除寄生电容的方法如下。

1）通过减小极距、增加极板面积来增加传感器的初始电容。

2）注意接地和屏蔽，缩短引线电缆，尽量将测量电路与传感器放置在一起，并装在传感器屏蔽盒内。

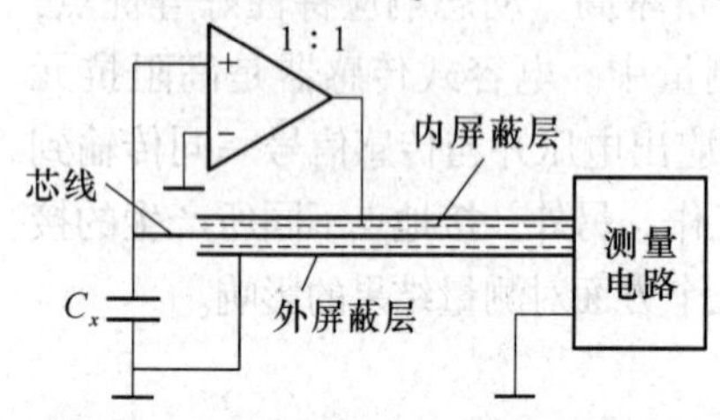

图2－66　驱动电缆技术的原理

3）驱动电缆技术。当环境温度较高，不能将测量电路和传感器放在一起时，可采用驱动电缆技术，如图2－66所示。在传感器与前级测量放大电路之间用双屏蔽层电缆连接，内屏蔽层与信号传输线（电缆芯线）通过电压跟随器保持等电位，从而消除芯线与屏蔽层之间的电容，此时内外层之间的电容变成了驱动放大器的负载。驱动放大器是一个输入阻抗很高、具有容性负载、放大倍数为1的同向放大器。由于屏蔽线上有随传感器输出信号变化而变化的电压，因此称之为驱动电缆。采用这种技术可以使引线电缆长达10 m。外屏蔽层接大地或接传感器地，用来防止外界电场的干扰。

2.5　霍尔式压力传感器

霍尔式压力传感器

霍尔式压力传感器是基于霍尔效应的压力传感器，主要由弹性敏感元件和霍尔元件组成。它将霍尔元件固定于弹性敏感元件上，霍尔元件在压力的作用下随弹性敏感元件的变形在磁场中产生位移，从而输出霍尔电动势与压力成一定关系的电信号，实现压力的测量。霍尔式压力传感器是一种常用的测量仪表，被广泛地应用于多个领域当中。它结构简单、体积小、频率响应宽、动态范围（输出电动势的变化）大、可靠性高、易于微型化和集成电路化，但信号转换效率低、温度影响大，适用于要求转换精度高的场合，必须进行温度补偿。

2.5.1　霍尔效应

能够产生霍尔效应的器件称为霍尔元件，它是由半导体材料制成的薄片，用锗、锑化铟和砷化铟等半导体材料制成薄片，若在薄片两端通过控制电流 I，并在垂直方向上施加磁感应强度为 B 的磁场，将在垂直于电流和磁场的方向上（即霍尔元件输出端之间）产生电动势 U_H（霍尔电动势或霍尔电压），这种现

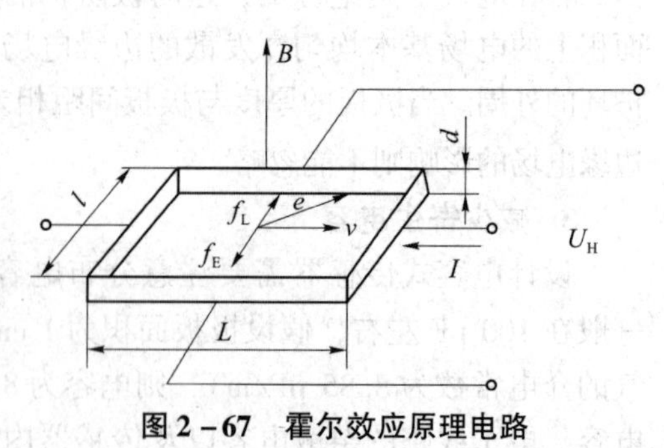

图2－67　霍尔效应原理电路

象称为霍尔效应，如图 2－67所示。能够产生霍尔效应的元件称为霍尔元件。

霍尔效应的产生是运动电荷在磁场中受洛伦兹力作用的结果。假设在 N 型半导体薄片中通过控制电流 I，那么半导体中的载流子（电子）将沿着和电流相反的方向运动，若在垂直于半导体薄片平面的方向上施加磁场 B，则由于洛伦兹力的作用，电子向一边偏转，并使该边积累电子，而另一边则积累正电荷，从而产生电场。该电场阻止运动电子继续偏转，当作用在电子上的电场力与洛伦兹力相等时，电子的积累达到动态平衡。这时，在薄片两横端面之间建立的电场称为霍尔电场，相应的电动势称为霍尔电动势，用 U_H表示，其大小为

$$U_H = \frac{R_H IB}{d} = K_H IB \tag{2-46}$$

式中：R_H ——霍尔常数；

I——控制电流；

B——磁感应强度；

K_H ——霍尔元件的灵敏度；

d——霍尔元件的厚度。

由式（2－46）可知，霍尔电动势 U_H 的大小与控制电流 I 和磁感应强度 B 成正比。霍尔元件的灵敏度 K_H 是表征对应于单位磁感应强度和单位控制电流时输出霍尔电压大小的重要参数，一般越大越好，K_H 与元件材料的几何尺寸有关。由于半导体（尤其是 N 型半导体）的霍尔常数 R_H 比金属的大很多，实际中一般都采用 N 型半导体材料做成的霍尔元件。此外，元件的厚度 d 对灵敏度的影响也很大，元件越薄，灵敏度越高。

由式（2－46）还可以看出，当控制电流的方向或磁场的方向改变时，输出霍尔电动势的方向也将改变。但当磁场与电流同时改变方向时，霍尔电动势并不改变原来的方向。

2.5.2　霍尔式压力传感器的工作原理

在使用霍尔式压力传感器时，均采用恒定电流 I 而使 B 的大小随被测压力变化的方法达到转换目的。

（1）压力－霍尔片位移转换

将霍尔片固定在弹簧管自由端，当被测压力作用于弹簧管时，压力转换成霍尔片线性位移。

（2）非均匀线性磁场的产生

为了达到不同的霍尔片位移，既保证施加在霍尔片的磁感应强度 B 不同，又保证霍尔片位移－磁感应强度 B 线性转换，就需要一个非均匀线性磁场。非均匀线性磁场是靠极靴的特殊几何形状形成的，如图 2－68 所示。

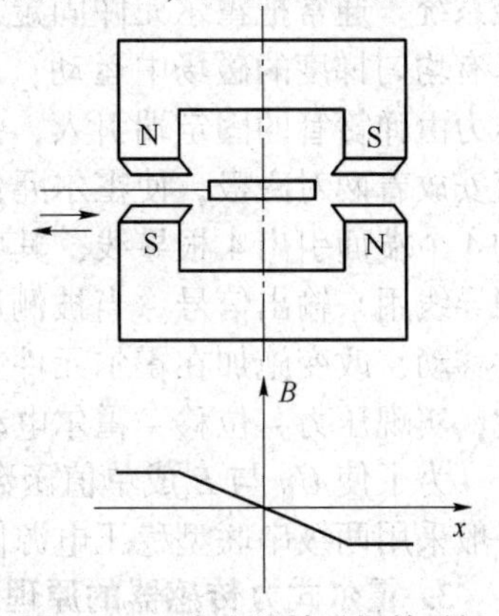

图 2－68　产生线性磁场的磁极

（3）霍尔片位移－霍尔电动势转换

由图 2－68 可知，当霍尔片处于两对极靴间的中央平衡位置时，由于霍尔片左右两半所通过的磁通方

向相反、大小相等，在霍尔片左右两半上产生的霍尔电动势也大小相等、极性相反，从整块霍尔片两端导出的总电动势为零。若有压力作用，则霍尔片偏离极靴间的中央平衡位置，霍尔片两半所产生的两个极性相反的电动势大小不相等，从整块霍尔片导出的总电动势不为零。压力越大，输出电动势越大，沿霍尔片偏离方向上的磁感应强度的分布呈线性状态，故霍尔片两端引出的电动势与霍尔片的位移呈线性关系，即实现了霍尔片位移和霍尔电动势的线性转换。

下面将具体介绍各种霍尔式压力传感器的工作原理。

1. 弹性元件为膜盒的霍尔压力传感器的原理

霍尔式压力传感器的结构如图 2 – 69 所示。它由两部分组成：一部分是弹性元件，用来感受压力，并把压力转换成位移量；另一部分是霍尔元件与磁系统。霍尔元件直接与弹性元件（膜盒）的位移输出端连接，当被测压力发生变化时，膜盒顶端的芯杆将产生位移，推动带有霍尔元件的杠杆，霍尔元件在由 4 个磁极构成的线性不均匀磁场中运动，为得到使作用在霍尔元件上的磁场发生变化。因此，输出的霍尔电动势也随之变化。当霍尔元件处于两对磁极中间对称位置时，由于在霍尔元件两半通过的磁通量大小相等、方向相反，所以总的输出电动势等于 0。当在压力的作用下使霍尔元件偏离中心平衡位置时，由于是非均匀磁场，这时霍尔元件的输出电动势就不再是 0，而是与压力大小有关的某一数值。由于磁场是线性分布，所以霍尔元件的输出随位移（压力）的变化也是线性的。由图 2 – 69 可见，当被测压力等于 0 时，霍尔元件平衡。当输入压力是正压时，霍尔元件向上运动；当输入压力是负压时，霍尔元件向下运动，此时输出的霍尔电动势符号也发生变化。

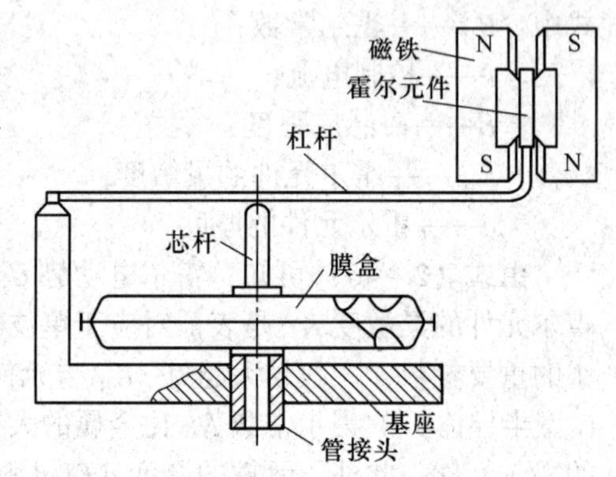

图 2 – 69 霍尔式压力传感器的结构原理

2. 弹性元件为弹簧管的霍尔式压力传感器的原理

图 2 – 70 所示为 YSH – 3 型霍尔式压力传感器的结构。它由两部分组成：一部分是弹性元件（弹簧管），用来感受压力，并把压力转换成位移量；另一部分是霍尔元件与磁系统。通常把霍尔元件固定在弹簧管上，当弹簧管产生位移时，将带动霍尔元件在具有均匀梯度的磁场中运动，从而产生霍尔电动势，将压力或压差变换为电量。被测压力由弹簧管的固定端引入，弹簧管自由端与霍尔元件相连接，在霍尔元件的上下垂直安放着两对磁极，使霍尔元件处于两对磁极所形成的非均匀线性磁场中，霍尔元件的 4 个端面引出 4 根导线，其中与磁钢平行的两根导线与直流稳压电源连接，另外两根导线用来输出信号。当被测压力引入后，弹簧管自由端产生位移，从而带动霍尔元件移动，改变施加在霍尔元件上的磁感应强度，依据霍尔效应转换成霍尔电动势的变化，实现压力 – 位移 – 霍尔电动势的转换。

为了使 U_H 与 B 成单值函数关系，电流 I 必须保持恒定，为此，霍尔式压力传感器一般采用两级串联型稳压电源供电，以保证控制电流的恒定。

3. 霍尔式力传感器的原理

霍尔式力传感器的结构如图 2 – 71 所示。霍尔式力传感器被固定在弹性元件梁的自由端上，作用在悬臂梁上的力 F 使梁发生变形，弹性元件产生位移时将带动霍尔传感器，使它在线性变化的磁场中移动，固定在悬臂梁自由端的霍尔元件输出的霍尔电动势与力成正比。按这一原理可制成霍尔式力传感器，还可以用这种装置测量加速度。

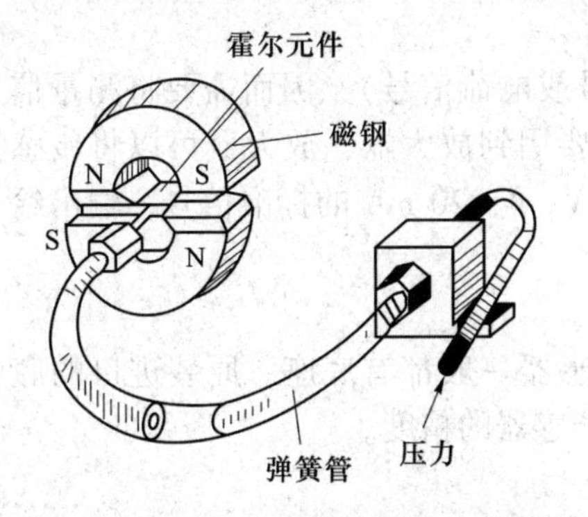

图 2-70 YSH-3 型霍尔式压力传感器

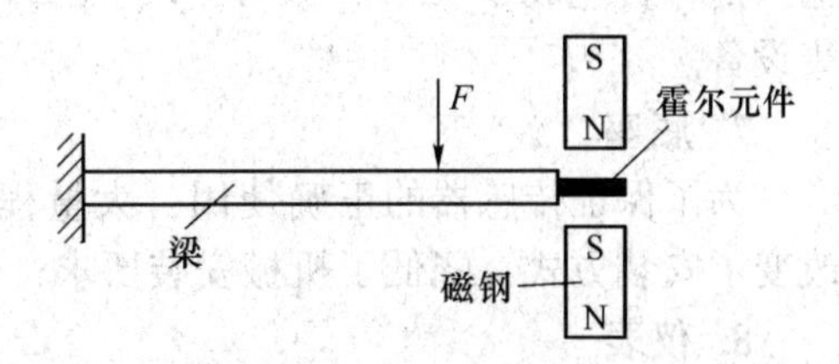

图 2-71 霍尔式力传感器

2.5.3 霍尔式压力传感器的使用注意事项

传感器应垂直安装在机械振动尽可能小的场所，且倾斜度小于3°。当介质易结晶或黏度较大时，应加装隔离器。通常情况下，以使用在测量量程的上限值1/2左右为宜，且瞬间超负荷应不大于测量上限的两倍。由于霍尔元件对温度变化比较敏感，当使用环境温度偏离仪表规定的使用温度时要考虑温度附加误差，采取恒温或温度补偿措施。此外，还应保证直流稳压电源具有恒流特性，以保证电流的恒定。

2.6 力传感器的选型

2.6.1 力传感器选型的指标

1. 量程

量程是指传感器测量范围的上限与下限之差。若测量下限为零，则传感器所测量的最大物理量等于其量程。超过量程范围时往往会造成传感器输出信号饱和，甚至导致传感器损坏。

2. 精度

传感器的精度主要由线性度、分辨力、迟滞性、重复性几个参数反映。

一般传感器技术参数会给出一个综合精度，如果没有这项指标，那么传感器的精度就以线性度为准（有的也称为非线性）。

3. 尺寸

力传感器根据量程和应用场合有不同的尺寸，主要包括轮辐式、S形、柱式、垫片/垫圈式。

4. 适用环境

根据使用场合，力传感器有不同的环境等级、工作温度和动静态测量等。若工作环境比较恶劣，温差较大，则应选择环境等级高、温漂小的力传感器。

5. 输出信号

电阻应变式传感器输出信号为 mV/V 信号，如果传感器内置了调理好的电路（如放大器等），也可以输出 0 ~ 5 V、0 ~ 10 V、±5 V、±10 V、4 ~ 20 mA 的信号。

6. 放大器

大多数传感器的输出信号都比较小（mV 信号或电荷信号），因而需要将测量信号放大至采集设备可以采集的标准信号。此时就需要用到放大器，放大器可以将传感器输入信号转化成 0 ~ 5 V、0 ~ 10 V、±5 V、±10 V，4 ~ 20 mA 的标准信号，输出给采集设备。

7. 底座

为了保证传感器的正确使用，大量程的力传感器一般都有底座。原装进口的底座改变了安装方式，降低了机械安装要求，保证了传感器的精度。

8. 仪表

仪表是信号采集系统的重要组成部分之一，主要功能包括放大、显示和输出。通常用位来表示仪表的显示位数，如七位半$\left(7\frac{1}{2}\right)$，实际有八位显示，前 7 位可以显示 0 ~9 任意数字，第八位根据仪表的不同可以显示“-”“+”“-1”或“1”，所以只能算半位。

9. 安装方式

不同传感器的安装方法不同，具体情况根据传感器的型号而定。制造一个准确的称量系统，必须确保所有传感器是垂直受力，而且是均匀受力的。

2.6.2 压力传感器的选型

1. 压力传感器的性能指标

压力传感器的种类繁多，其性能差异较大，选择较为适用的传感器并经济、合理地使用，需要参考性能指标。压力传感器的性能指标有额定压力、最大压力范围、损坏压力、线性度、压力迟滞和温度范围。

（1）额定压力

额定压力范围是指满足标准规定值的压力范围，即在最高和最低温度之间，传感器输出符合规定工作特性的压力范围。在实际应用时，传感器所测压力应在该范围内。

（2）最大压力范围

最大压力范围是指传感器能长时间承受的且不引起输出特性永久改变的最大压力。为提高线性和温度特性，一般半导体压力传感器都大幅度地减小额定压力的范围，因此，即使在额定压力以上连续使用也不会损坏。一般最大压力是额定压力最高值的 2 ~ 3 倍。

（3）损坏压力

损坏压力是指加在传感器上不会造成传感器元件或传感器外壳损坏的最大压力。

（4）线性度

线性度是指在工作压力范围内，传感器输出与压力之间呈直线关系的最大偏离。

(5) 压力迟滞

压力迟滞是指在室温下及工作压力范围内，从最小工作压力和最大工作压力趋近某一压力时，传感器的输出之差。

(6) 温度范围

温度范围分为补偿温度范围和工作温度范围。补偿温度范围是施加了温度补偿后，精度进入额定范围内的温度范围；工作温度范围是保证压力传感器能正常工作的温度范围。

2. 压力传感器的选型步骤

(1) 熟悉测量压力的类型

压力传感器主要有3种类型，分别用于测绝对压力、相对压力和压差，不同的用途应选用不同类型的传感器。确定系统要测量压力的最大值，一般需要选择具有比最大值大1.5倍左右的压力量程的传感器。尤其是在水压测量和加工处理中，有峰值和持续不规则的上下波动，瞬间的峰值会破坏压力传感器，持续的高压力值或稍微超出压力传感器的标定最大值会缩短传感器的寿命。所以在选择压力传感器时，要充分考虑其压力范围、精度与稳定性。

(2) 了解压力介质类型

黏性液体会堵上压力接口，溶剂或有腐蚀性的物质会破坏传感器中与介质直接接触的材料，以上因素决定了是否选择直接的隔离膜及直接与介质接触的材料，如在扩散硅压力传感器选择时需要注意隔离膜片。

(3) 掌握精度

决定压力传感器精度的有非线性、迟滞性、非重复性、零点偏置刻度、温度等，但主要有非线性、迟滞性和非重复性三种。

(4) 确定温度范围

压力传感器的使用温度范围分为普通商业级、工业级、军事级和特殊级，使用范围见表2-4。

表2-4

使用级别	温度范围/℃
普通商业级	-10~60
工业级	-25~80
军事级	-55~125
特殊级	-60~350

在室内应用压力传感器时，可选择商业级；有室外应用时可选择工业级，也可以采取措施使压力传感器与环境热隔离或进行加热或冷却，选择普通商业级，用在-10 ℃以下或60 ℃以上的环境中。选择温度范围时还应考虑压力传感器的电子学温度特性和机械温度特性。

例如，用半导体芯片制备的压力传感器受温度的影响大，不仅存在热零点漂移，还存在热灵敏度漂移，明显影响压力传感器的精度。为了消除温度的影响，就需应用各种温度补偿技术。温度范围越宽，补偿技术难度越大，且校准工作量越大，所能保证的全温度范围的精度便越低。为此应根据压力传感器所应用的实际温度范围和精度要求提出合理的要求。

(5) 选择输出信号

压力传感器有 mV、V、mA、频率输出和数字输出等多种类型，选择怎样的输出取决于多种因素，包括压力传感器与系统控制器或显示器间的距离，是否存在电气噪声或其他干扰信号。对于许多压力传感器和控制器间距较短的设备，采用 mA 输出的压力传感器是最为经济而有效的解决方法。如果需要将输出信号放大，最好采用具有内置放大功能的压力传感器。对于远距离传输或存在较强的电子干扰信号，最好采用 mA 级输出或频率输出。

第3章

温度传感器

温度是与人类的生活、工作关系最密切的物理量，也是各学科与工程研究设计中经常遇到和必须精确测量的物理量。从工业炉温、环境气温到人体温度，从空间、海洋到家用电器，各个技术领域都离不开温度测量和控制。因此，温度测量和控制技术是发展最快、范围最广的技术之一。

温度传感器是指能感受温度并将温度转换成电信号输出的传感器，按照传感器材料及电子元件特性分为热电阻、热电偶、热敏电阻、电阻温度检测器（RTD）和集成温度传感器。集成温度传感器又包括模拟输出和数字输出两种类型。

常见的温度传感器

温度传感器根据使用方法分为接触式和非接触式两大类，其测温方式、类型和特点见表3－1。接触式是指传感器与物体直接接触测量物体的温度，这种方式构造简单，应用最广；非接触式是指测量物体相应温度辐射的红外线，测温敏感元件不与被测介质接触，通过辐射和对流实现热交换，达到测量的目的。

表3－1　温度传感器的测温方式、类型及特点

<table>
<tr><th>测温方式</th><th colspan="3">传感器类型</th><th>测量范围/℃</th><th>误差/%</th><th>特　点</th></tr>
<tr><td rowspan="10">接触式</td><td rowspan="4">热膨胀式</td><td colspan="2">汞（水银）</td><td>－50～650</td><td>0.1～1</td><td>简单方便，易损坏（汞污染）</td></tr>
<tr><td colspan="2">双金属</td><td>0～300</td><td>0.1～1</td><td>结构紧凑，牢固可靠</td></tr>
<tr><td rowspan="2">压力</td><td>液体</td><td>－30～600</td><td rowspan="2">1</td><td rowspan="2">耐振，坚固，价格低廉</td></tr>
<tr><td>气体</td><td>－20～350</td></tr>
<tr><td rowspan="4">热电阻</td><td colspan="2">铂</td><td>－260～600</td><td>0.1～0.3</td><td rowspan="3">准确度及灵敏度均较好，需要注意环境温度的影响</td></tr>
<tr><td colspan="2">镍</td><td>－500～300</td><td>0.2～0.5</td></tr>
<tr><td colspan="2">铜</td><td>0～180</td><td>0.1～0.3</td></tr>
<tr><td colspan="2">热敏电阻</td><td>－50～350</td><td>0.3～0.5</td><td>体积小，响应快，灵敏度高，线性差，需要注意环境温度的影响</td></tr>
<tr><td rowspan="2">热电偶</td><td colspan="2">铂铑－铂</td><td>0～1 600</td><td>0.2～0.5</td><td rowspan="2">种类多，适应性强，结构简单，经济方便，应用广泛。需要注意寄生热电动势及动圈式仪表电阻对测量结果的影响</td></tr>
<tr><td colspan="2">其他</td><td>－200～1 100</td><td>0.4～1.0</td></tr>
</table>

续表

测温方式	传感器类型	测量范围/℃	误差/%	特　点
非接触式	辐射温度计	800～3 500	1	非接触测温，不干涉被测温度场，辐射率影响小，应用简便
	光学高温计	700～3 000	1	
	热探测器	200～2 000	1	非接触测温，不干涉被测温度场，响应快，测温范围大，适于测温度分布，易受外界干扰，标定困难
	热敏电阻探测器	−50～3 200	1	
	光子探测器	0～3 500	1	
其他	示温涂料：碘化银、二碘化汞、氯化铁、液晶等	−35～2 000	<1	测温范围大，经济方便，适用于大面积连续运转零件上的测温，准确度低，人为误差大

3.1　热电阻传感器

热电阻传感器是利用金属导体的电阻值随温度变化的特性，对温度和与温度有关的参数进行检测的装置。一般把金属热电阻称为热电阻，而把半导体热电阻称为热敏电阻。热电阻传感器一般用于测量 −200～850 ℃内的温度，是中低温区最常用的一种温度检测器。少数情况下，低温可至 −273 ℃，高温可达 1 000 ℃，它的主要特点是测量精度高，性能稳定。热电阻大都由纯金属材料制成，目前应用最多的是铂和铜，此外，现在已开始采用镍、锰和铑等材料制造热电阻。其中铂热电阻的测量精度最高，不仅被广泛应用于工业测温，而且被制成标准的基准仪。

3.1.1　热电阻

金属导体的电阻随温度而变化的现象称为电阻 − 温度效应，也称热电阻效应。作为感温元件的金属材料必须有以下特性：材料的电阻温度系数要大，材料的物理化学性质稳定，电阻温度系数线性度特性要好，具有比较大的电阻率，特性复现性要好，具有这些基本特性的金属材料主要为铂、铜、镍及其他合金，工业上以铜和铂为主。

1. 常用的热电阻

(1) 铂热电阻

在国际实用温标中，铂热电阻的物理性质和化学性质非常稳定，是目前制造热电阻的最好材料。铂热电阻除用作一般工业测温外，主要作为标准电阻温度计，广泛地应用于温度的基准标准的传递。铂热电阻的测温精度与铂的纯度有关，铂电阻丝纯度越高，测温精度也越高，其特性方程为：

在 −200～0 ℃的温度范围内

$$R_t = R_0[1 + At + Bt^2 + C(t - 100)t^3] \tag{3-1}$$

在 0～850 ℃的温度范围内

$$R_t = R_0(1 + At + Bt^2) \tag{3-2}$$

式中：R_t和R_0——t ℃和0 ℃时铂的电阻值；

A，B和C——常数，在最高温度标准 ITS—1990 中规定$A = 3.908\ 3 \times 10^{-13}$/℃，$B = -5.775 \times 10^{-7}$/℃^{2}，$C = -4.183 \times 10^{-12}$/℃^{4}。

从式（3-1）和式（3-2）中可以看出，热电阻在温度t时的电阻值与R_0有关。目前我国规定工业用铂热电阻有$R_0 = 10\ \Omega$和$R_0 = 100\ \Omega$两种，分度号分别为 Pt10 和 Pt100，其中以 Pt100 为常用。铂热电阻不同的分度号亦有相应分度表，即$R_t - t$关系表，具体的分度表数值（阻值和温度的关系）可查阅相关资料。在实际测量中，只要测得热电阻的阻值R_t，便可从分度表上查出对应的温度值。

（2）铜热电阻

在一些测量精度要求不高且温度较低的场合，普遍采用铜热电阻进行温度的测量，测量范围一般为 -50 ~ 150 ℃，铜热电阻在此温度范围内线性关系好，灵敏度比铂热电阻高，容易提纯和加工，价格便宜。但是铜易于氧化，一般只用于 150 ℃以下的低温测量和没有水分及无侵蚀性介质的温度测量。与铂相比，铜的电阻率低，所以铜热电阻的体积较大。铜热电阻与温度的关系是线性的。

国内工业上使用的标准化铜热电阻统一设计为 50 Ω 和 100 Ω 两种，分度号分别为 Cu50和 Cu100，具体可查询相应的分度表。铜热电阻与温度间的关系可近似地表示为

$$R_t = R_0 (1 + \alpha t) \quad (3-3)$$

式中：R_t——t ℃时铜的电阻值；

R_0——0 ℃时铜的电阻值；

α——铜热电阻的电阻温度系数，取$\alpha = 4.28 \times 10^{-3}$/℃。

2. 热电阻的结构

在工业中使用的标准热电阻的结构有普通型装配式和柔性安装型铠装式两种。普通型装配式是将铂热电阻的感温元件焊上引线组装在一端封闭的金属或陶瓷保护套管内，再装上接线盒而成，如图3-1（a）所示。柔性安装型铠装式是将铂热电阻感温元件、引线、绝缘粉组装在不锈钢管内，再经模具拉伸成坚实整体，具有坚实、抗振、可绕、线径小、安装使用方便等特点，如图3-1（b）所示。

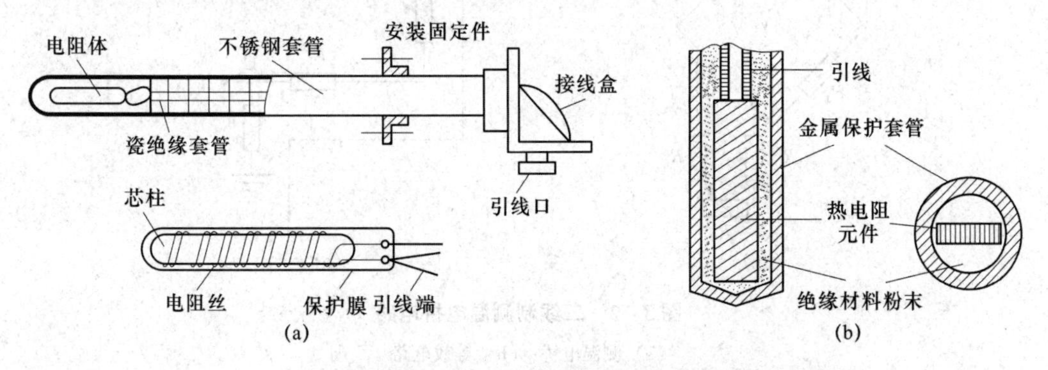

图3-1 普通型装配式和柔性安装型铠装式热电阻的结构示意图

（a）普通型装配式热电阻；（b）柔性安装型铠装式热电阻

3. 热电阻的测量电路

热电阻最常用的测量电路是电桥电路，内部引线方式有二线制、三线制和四线制3种。二线制中引线方法很简单，但由于连接导线存在引线电阻，引线电阻阻值的大小与导线的材质和长度等因素有关，适用于测量精度不高的场合。实际应用中，热电阻安装在生产环境中，感受被测介质的温度变化，而测量电阻的电桥通常作为信号处理器或显示仪表的输入单元，随相应的仪表安装在控制室。热电阻与测量桥路之间的连接导线的阻值 R_1 会随环境温度的变化而变化，给测量带来较大的误差。因此，导线对测量结果会有较大的影响。为了消除连接导线电阻的影响，热电阻的连接方式经常采用三线制或四线制；为了减小环境的电、磁的影响，导线大多采用屏蔽线，且屏蔽线接地。

(1) 二线制测温

二线制测温采用单臂等桥臂直流电桥，通过两根导线将热电阻串联在电桥中，施加激励电流 I，测得电动势 V_1、V_2，如图 3-2 所示。由等效电路计算热电阻的阻值 R_t。

$$\frac{V_1 - V_2}{I} = R_t + R_{L_1} + R_{L_2}$$

$$R_t = \frac{V_1 - V_2}{I} - (R_{L_1} + R_{L_2}) \tag{3-4}$$

由于连接导线的电阻 R_{L_1}、R_{L_2} 无法测得而被计入热电阻的电阻值中，使测量结果产生附加误差。如在 100 ℃时 Pt100 热电阻的热电阻率为 0.379 Ω/℃，这时若导线的电阻值为2 Ω，则会引起 5.3 ℃的测量误差。

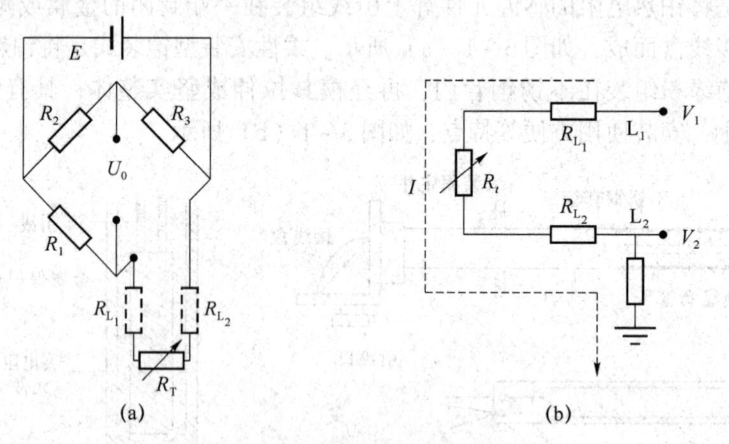

图 3-2 二线制测温电桥电路

(a) 测温电桥；(b) 等效电路

(2) 三线制测温

三线制测温是实际应用中最常见的接法。增加一根导线，使导线电阻分别接在电桥相邻的两个桥臂上，用以补偿连接导线的电阻引起的测量误差，如图3-3所示。三线制要求三根导线的材质、线径、长度一致且工作温度相同，以保证三根导线的电阻值相同，即 $R_{L_1}=R_{L_2}=R_{L_3}$。通过导线 L_1、L_2 给热电阻施加激励电流 I，测得电动势 V_1、V_2、V_3。导线 L_3 接入高输入阻抗电路，$I_{L_3}=0$，由等效电路得到热电阻的阻值 R_t。

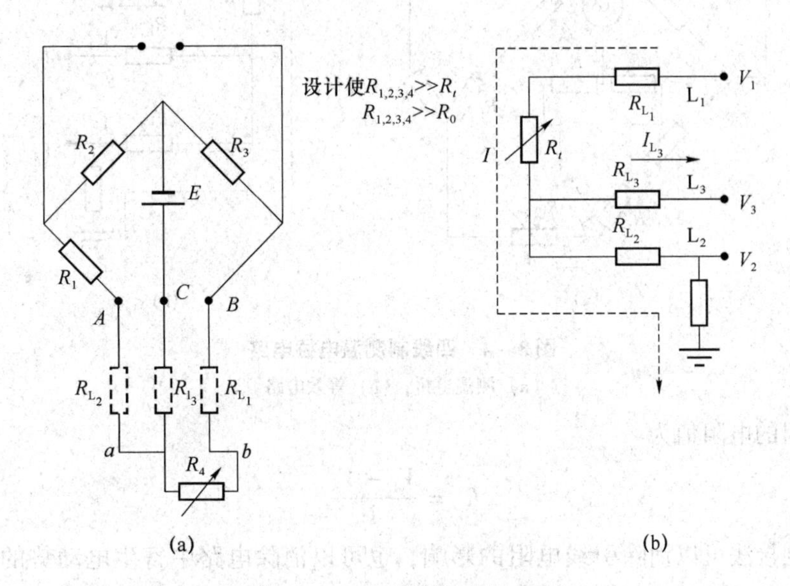

图3-3　三线制测温电桥电路

(a) 测温电桥；(b) 等效电路

$$\frac{V_1-V_2}{I}=R_t+R_{L_1}+R_{L_3} \tag{3-5}$$

$$\frac{V_3-V_2}{I}=R_{L_2} \tag{3-6}$$

$$R_t=\frac{V_1-V_2}{I}-2R_{L_2}=\frac{V_1+V_2-2V_3}{I} \tag{3-7}$$

三线制接法可以补偿引线电阻引起的测量误差。尽管这种补偿不能完全消除温度的影响，但在环境温度为0~50 ℃时，三线制接法可将温度附加误差控制在0.5%以内，基本可满足工程要求。

(3) 四线制测温

四线制测温是热电阻测温理想的接线方式。电阻的两端各连接两根引线，通过导线 L_1、L_2 给热电阻施加激励电流 I，测得电动势 V_3、V_4，如图3-4所示。导线 L_3、L_4 接入高输入阻抗电路，$I_{L_3}=I_{L_4}=0$，因此 V_4-V_3 等于热电阻两端的电压。

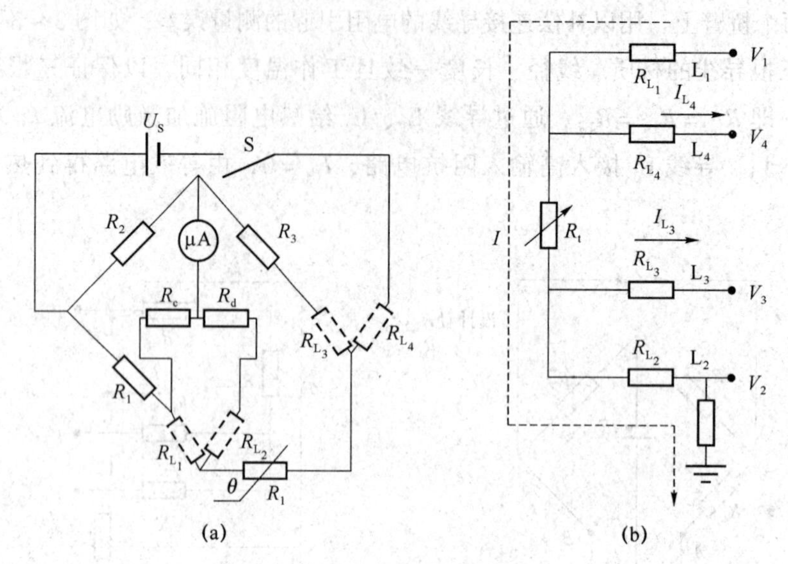

图 3－4　四线制测温电桥电路

（a）测温电桥；（b）等效电路

热电阻的电阻值为

$$R_t = \frac{V_4 - V_3}{I} \tag{3-8}$$

四线制接法可以消除引线电阻的影响，也可以消除电路中寄生电动势的影响，适用于科学实验或高精度测量的场合。

（4）热电阻与温度变送器的接线方法

温度变送器是一种小型、高精度的测温仪表，与现场传感器连在一起构成测温回路，将热电阻的信号变换成 4～20 mA 线性输出信号。一体化的 Pt100 温度变送器可以接受热电阻输入，直接安装于温度传感器接线盒内，并标出标准的电压电流信号。MXSBWZ 系列温度变送器作为新一代测温仪表广泛应用于冶金、石油、化工、电力、轻工、纺织、食品、国防及科研等工业部门，其性能指标见表 3－2。

表 3－2　MXSBWZ 的性能指标

性能	性能指标
输出电流	4～20 mA
精度等级	0.2%FS
工作电压	DC 24 V ±1 V
量程范围	0～100 ℃
工作环境	－0～85 ℃（温度），0～95%RH（湿度）

将铂热电阻与温度变送器连接，接线如图3－5所示。热电阻用于输入的三条接线的截面直径和长度必须相等，以保证每条引线的电阻相同。

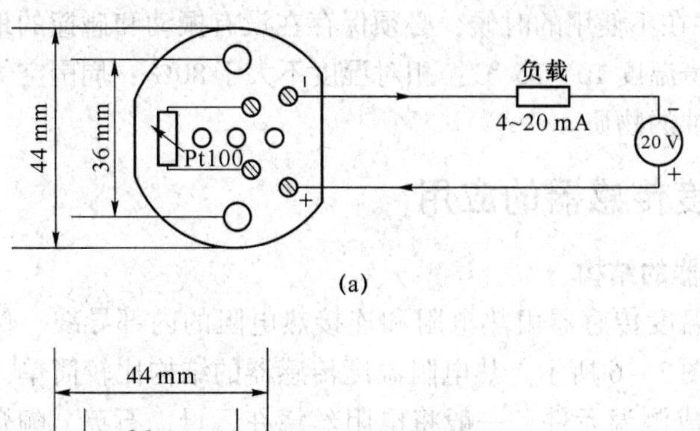

(a)

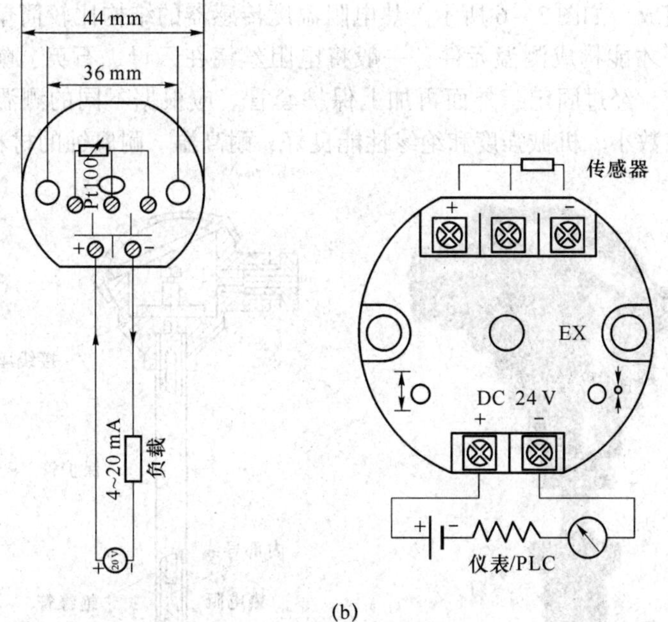

(b)

图3－5　温度变送器的接线

（a）热电阻二线制变送器的安装接线；（b）热电阻三线制变送器的安装接线

4. 热电阻的使用注意事项

1）根据测量温度范围和测量对象选择适当的热电阻的型号、规格以及保护管材料。

2）热电阻使用最高温度和工作压力不可超过该热电阻的额定数值。

3）在腐蚀性介质中使用热电阻时，应采用由不锈钢制成的保护管。

4）大多数热电阻的敏感元件长度约为120 mm，选择热电阻的插入深度时应考虑热电阻只能测量敏感元件附近范围内被测介质的平均温度。

5）热电阻接线时，先将接线盒打开，然后接线。接线的方法一般有二线制和三线制两种。三线制连接可以避免因连接导线电阻值所引起的显示仪表的示值误差。

6）热电阻与显示仪表的连接导线应采用绝缘钢线，不得使用热电偶的补偿导线。铜线的电阻值应按显示仪表技术条件规定的数据选配，一般为2～5 Ω，导线的电阻值可用直流平衡电桥来调整。

7）不能把一个热电阻与两个显示仪表并联使用，只有双支式热电阻才可以和两个显示仪表一起使用。

8）热电阻及其附件在不使用的时候，必须保存在没有振动和碰撞的地方。最合适的存放场所条件为：环境温度 10 ~35 ℃；相对湿度不大于80%；周围空气中不应含有可能造成热电阻零件腐蚀的物质。

3.1.2 热电阻温度传感器的应用

1. 热电阻温度传感器的结构

普通工业用热电阻温度传感器由热电阻和连接热电阻的内部导线、保护管、绝缘管、接线座等组成，如图 3 –6 所示。热电阻温度传感器的结构比较简单，电阻丝必须在骨架的支持下才能构成测温元件，一般将电阻丝绕在云母、石英、陶瓷、塑料、玻璃等绝缘骨架上，经过固定，外面再加上保护套管。应根据不同的测温范围和加工需要选用体膨胀系数小、机械强度和绝缘性能良好、耐高温、耐腐蚀的材料做绝缘骨架。

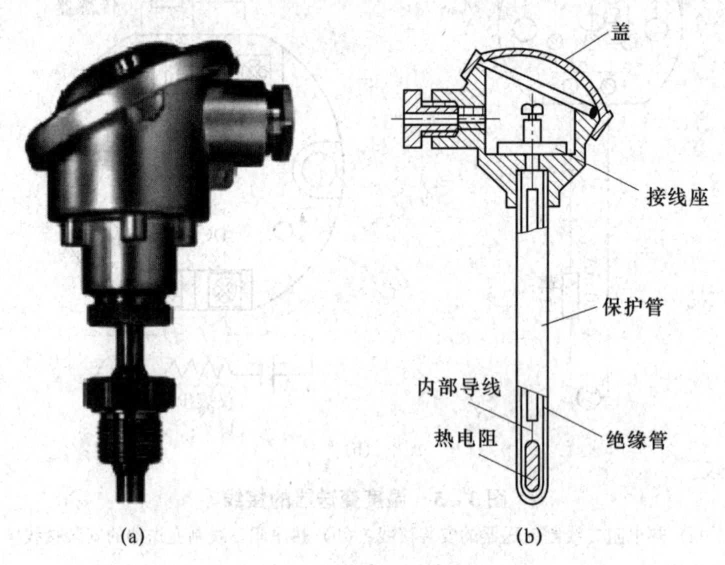

图 3 –6 热电阻温度传感器

（a）外形；（b）结构

2. 双金属温度传感器在恒温箱温度控制中的应用

双金属温度传感器结构简单、价格便宜、刻度清晰、使用方便、耐振动，常用于驾驶室、船舱、粮仓等室内温度的测量，恒温箱、加热炉、电饭锅（电饭煲）、电熨斗等温度的控制。双金属温度传感器控制恒温箱温度的示意图如图 3 –7 所示。感温元件是双金属片上固定着的两个动触头，在双金属片的下面安装了一根电阻丝，该电阻丝与两个常闭触点串联连接。电路处于接通状态，电阻丝发热，箱内温度升高，此时，双金属片受热膨胀，膨胀程度大的将向膨胀程度小的一端弯曲，即双金属片向上弯曲，离开触点，将电路切断；当箱内温度下降时，双金属片恢复到原来的状态，电路重新被接通，从而将箱内温度控制在一定的范围。

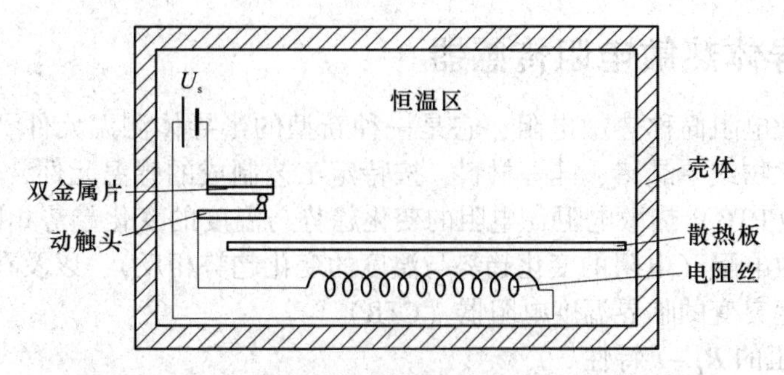

图 3-7 双金属温度传感器控制恒温箱温度的示意图

3. 双金属温度传感器在电熨斗温度控制中的应用

双金属温度传感器控制电熨斗温度的示意图如图 3-8 所示，平常不使用时温度低，双金属片不发生变化，上下触点接触；电阻丝通电加热时，双金属片温度升高，双金属片上层膨胀系数大下层膨胀系数小，温度升到一定值时双金属片向下弯曲使触点断开；需要较高温度熨烫时要调节调温旋钮，使升降螺丝下移并推动弹性钢片下移，使双金属片稍向下弯曲，才能断开。

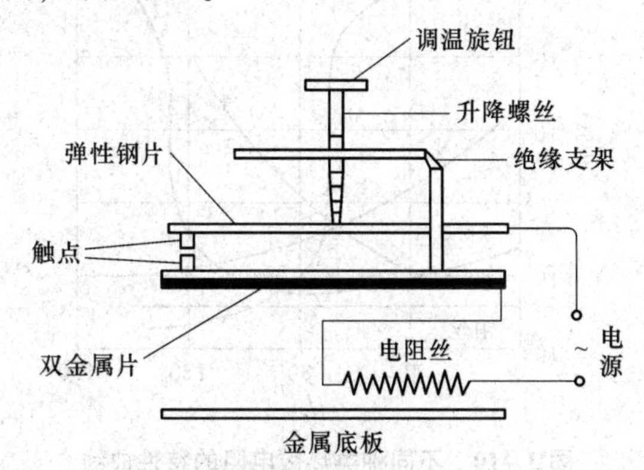

图 3-8 双金属温度传感器控制电熨斗温度的示意图

4. 双金属温度传感器在室温测量中的应用

铂热电阻 Pt100 作为感温元件的室内温度测量电路包括电桥、放大电路及转换电路，如图 3-9 所示。当温度变化时，其阻值发生变化，电桥失去平衡，产生的电动势差经放大器放大后加到 A/D 转换器上，输出的数字信号与微机或其他设备相连。

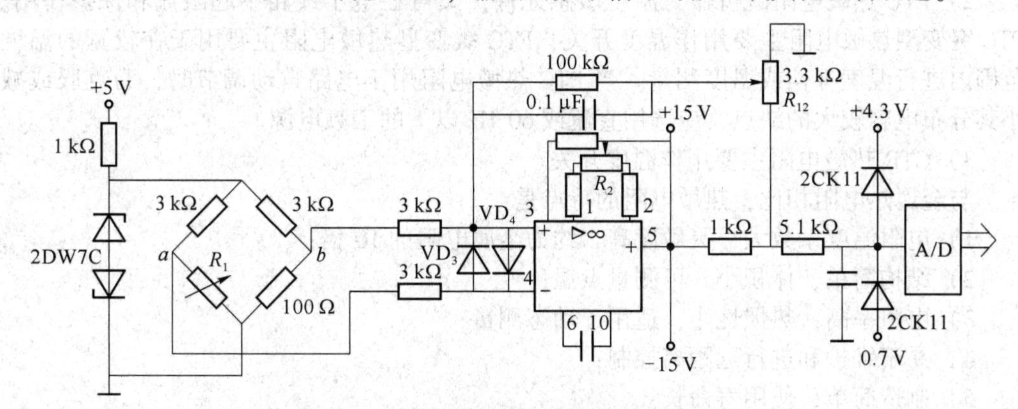

图 3-9 双金属温度传感器室温测量电路

3.1.3 半导体热敏电阻传感器

半导体热敏电阻简称热敏电阻，它是一种新型的半导体测温元件。热敏电阻是利用某些金属氧化物或单晶锗、硅等材料，按特定工艺制成的感温元件，分为3种类型，即正温度系数（PTC）热敏电阻（电阻的变化趋势与温度的变化趋势相同）、负温度系数（NTC）热敏电阻（电阻的变化趋势与温度的变化趋势相反），以及在某一特定温度下电阻值会发生突变的临界温度电阻器（CTR）。

1. 热敏电阻的 R_t-t 特性

不同种类热敏电阻的 R_t-t 特性曲线如图3-10所示。曲线1和曲线4为负温度系数（NTC型）曲线，曲线3和曲线2为正温度系数（PTC型）曲线，呈现出1、2特性曲线的热敏电阻适用于温度的测量，而符合3、4特性曲线的热敏电阻因特性曲线变化陡峭，更适用于组成控制开关电路。

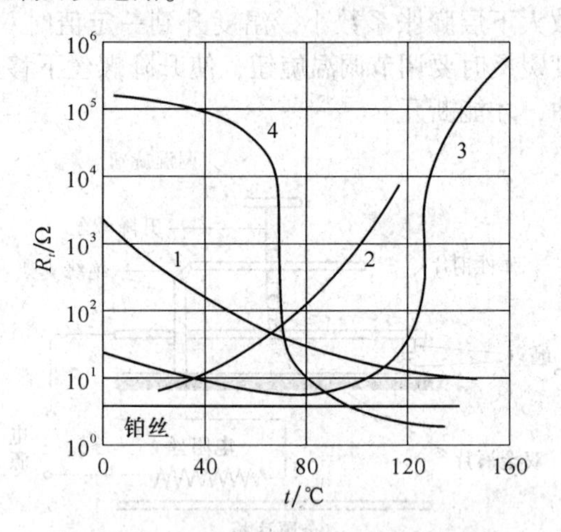

图3-10 不同种类热敏电阻的特性曲线

1—负温度系数NTC；2—线性正温度系数PTC；3—突变性正温度系数PTC；4—临界温度系数CTR

1）NTC热敏电阻主要用于温度测量和补偿，测温范围一般为-50~350 ℃，也可用于低温测量（-130~0 ℃）、中温测量（150~750 ℃），甚至更高温度，根据制造时的材料不同而不同。

2）PTC热敏电阻既可作为温度敏感元件，又可在电子线路中起限流和保护作用。PTC突变型热敏电阻主要用作温度开关，PTC缓变型热敏电阻主要用于在较宽的温度范围内进行温度补偿或温度测量。当PTC热敏电阻用于电路自动调节时，为克服或减小其分布电容较大的缺点，应选用直流或60 Hz以下的工频电源。

3）CTR热敏电阻主要用作温度开关。

与金属热电阻相比，热敏电阻的特点是：

1）电阻温度系数大，灵敏度高，约为金属电阻的10倍；

2）结构简单，体积小，可测量点温；

3）电阻率高，热惯性小，适用于动态测量；

4）易于维护和进行远距离控制；

5）制造简单，使用寿命长；

6）互换性差，非线性严重。

热敏电阻一般不适用于高精度温度测量和控制，但在测温范围很小时，也可获得较好的精度，适合在家用电器、空调器、复印机、电子体温计、点温度计、表面温度计、汽车等产品中用作测温控温和加热元件。

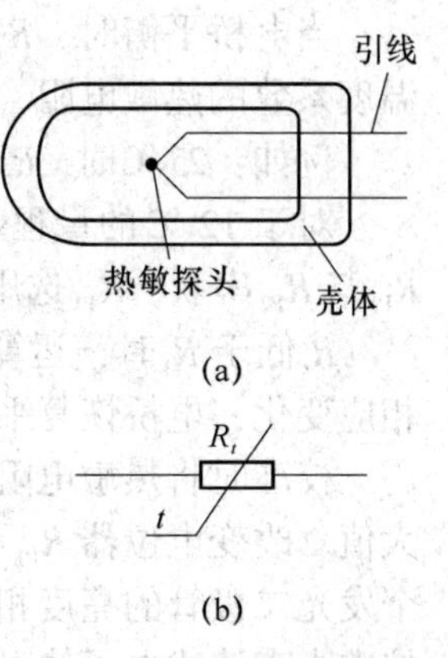

图3－11　热敏电阻的结构及符号

（a）结构；（b）符号

2. 热敏电阻的结构及符号

热敏电阻主要由热敏探头、引线、壳体组成，其结构及符号如图3－11所示。热敏电阻是由氧化铜、氧化铝、氧化镍、氧化铢等金属氧化物按照一定比例混合后，研磨、成型、煅烧成半导体，根据使用要求封装加工成各种形状的探头，如圆片形、薄膜式柱形、管形、平板形、珠形、扁状、垫圈状、杆形等，如图3－12所示，其引出线一般是银线。改变混合物的成分和比例可以改变热敏电阻的温度范围、阻值及温度系数。

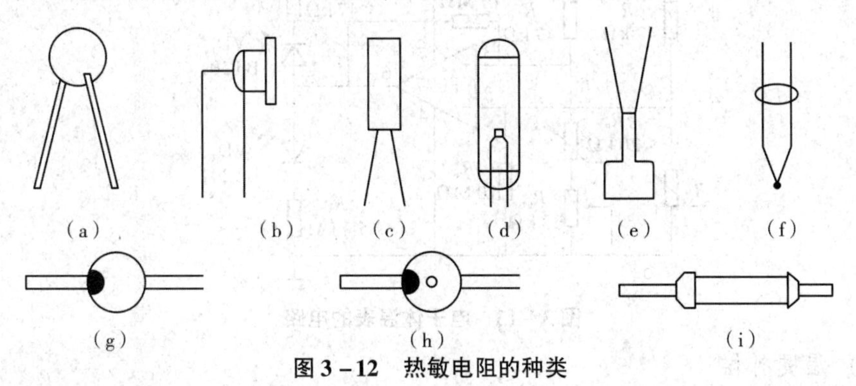

图3－12　热敏电阻的种类

（a）圆片形；（b）薄膜型；（c）柱形；（d）管形；（e）平板形；（f）珠形；（g）扁形；（h）垫圈状；（i）杆形

3. 热敏电阻的应用

热敏电阻具有尺寸小、响应速度快、灵敏度高等优点，在许多领域得到了广泛的应用，如温度测量、温度控制、温度补偿、稳压稳幅、自动增益调节、气体和液体分析、火灾报警、过热保护等。用于测量温度的热敏电阻一般结构较简单，价格较低廉。没有保护层的热敏电阻只能用在干燥的地方，密封的热敏电阻不怕湿气的侵蚀，可以用在较恶劣的环境中。由于热敏电阻的阻值较大，故其引线电阻和接触电阻可以忽略，使用时采用二线制接法即可。

（1）电子体温表测温

电子体温表的传感器采用热敏电阻 R_t，电路原理如图3－13所示。电路中 R_t 和电阻 R_1、R、电位器 R_{P1} 及微调电位器 R_{P2} 组成测量电桥。电桥输出经运算放大器（F007）放大后由两个发光二极管作平衡指示。当电桥平衡时，发光二极管 VD_1 与 VD_2 亮度相同。电位器 R_{P1} 用来调节电桥平衡。测量时将传感器放在人的腋下部位，由于人体的温度不同，R_t 阻值发生变化，电桥失去平衡，VD_1、VD_2 亮度不同，调节 R_{P1}，电桥重新达到平衡。R_{P1} 的变化值间接地反映出人体的温度，将其变化转换为刻度为温度的标示值，则可直观地反映体温。

当电桥平衡时，$R_1=R=R_t$。其中 R_1 为 R_{P1} 和 R_{P2} 的串联实际值，R_t 为短时间常数负温度系数的热敏电阻，使用温度范围内的阻值变化为 20 kΩ。

例如：25 ℃时，$R_t=47$ kΩ，即 $R=47$ kΩ；33 ℃时，$R_t=44.5$ kΩ；45 ℃时，$R_t=25$ kΩ。

对于 12 ℃的量程范围，$R_1=20$ kΩ，预定值为 20 kΩ，实际应用中以 25 kΩ 为宜。R_{P1} 与 R_{P2} 串联，R_{P1} 选用对数式电位器。电子体温表的量程可在 R 为定值的范围内变化。

R_t 低于 R_1 时，运算放大器的输出与电桥的不平衡量成正比，发光二极管亮度产生相应变化，电桥恢复平衡时发光二极管亮度相同，可以用来指示固定的点。

校准时将热敏电阻 R_t 放在水槽中，调整水的温度为要求的最低温度，R_1 固定在最大值。改变电位器 R_{P1} 可控制发光二极管的亮度，逐渐升温，每升高 1 ℃改变 R_{P1} 使两个发光二极管的亮度相同，在表盘上记下此时表针的位置，慢慢地逐一增加温度，可校准为直读式电子体温表。

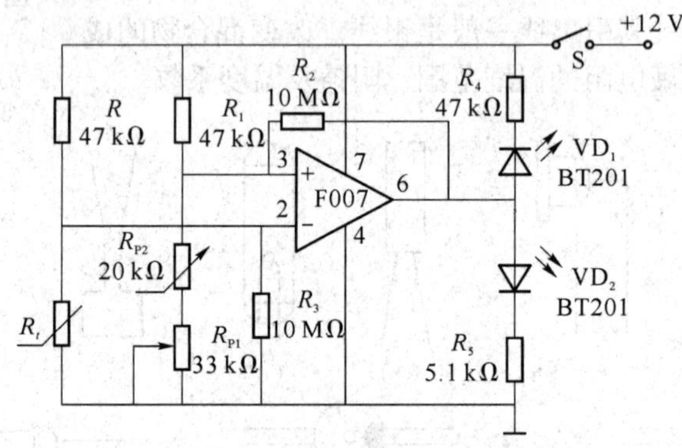

图 3－13　电子体温表的电路

（2）温度补偿

在电子线路中，如晶体管的偏流、石英晶体的振荡频率、电视机偏转线圈及很多用金属线绕元件的地方，由于环境温度的波动，线路工作很不正常，可以采用热敏电阻补偿温度波动带来的影响。温度补偿用的热敏电阻品种很多，主要有正温度系数热敏电阻和负温度系数热敏电阻两大类。它的工作原理可由图 3－14 所示的晶体管收音机工作点温度补偿予以说明。当环境温度升高或降低时，两个推挽管集电极总电流 I_e 增大或减小，温差越大，I_e 波动越大，收音机工作失常。负温度系数热敏电阻 R_t 和电阻 R_3 并联后串接基极回路，当环境温度升高或降低时，热敏电阻的阻值也分别降低或升高，使偏压、发射极正向电压和基极电流减小或增大，从而调节 I_e 的波动，保证收音机的收听效果。

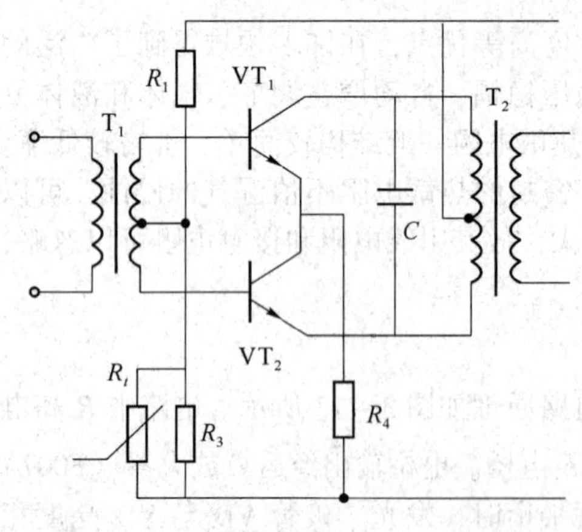

图 3－14　晶体管收音机工作点温度补偿

（3）温度控制

热敏电阻广泛用于空调、冰箱、热水器、节能灯等家用电器的温度测量和控制，以及国防、科技等领域。

1）用 PTC 传感器控制的恒温型电热毯自动控制电路。

用 PTC 传感器控制的恒温型电热毯自动控制电路如图 3－15 所示，PTC 传感器均匀分布在电热毯中，并串接在双向可控硅的触发极之间，VS_1 与 VS_2 的阳极连接后与电热毯的电热线串联在交流电源电路中，R 与 C 阻容元件用于对可控硅进行保护。

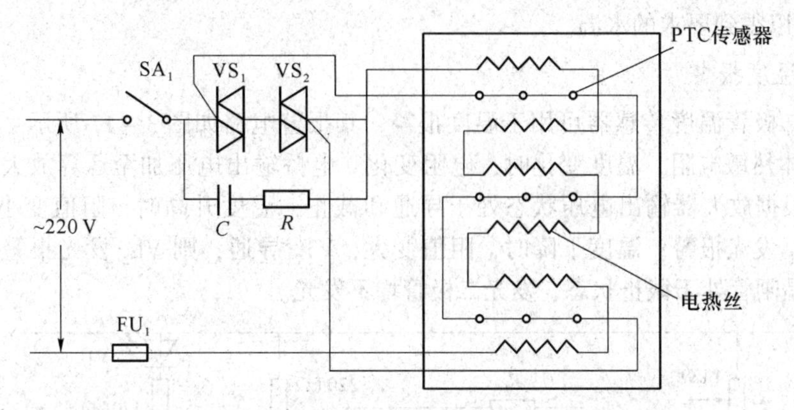

图 3－15　用 PTC 传感器控制的恒温型电热毯自动控制电路

当电热毯温度未达到居里点时，PTC 传感器元件总串联电阻值很小，VS_1 与 VS_2 的触发极之间等效为短路，由极间泄漏电流互相触发而导通，从而使电热毯继续得电加热升温。

随着加热时间的延长，当电热毯温度上升到 PTC 传感器元件的居里点时，PTC 的电阻值急剧增大，双向可控硅触发极的触发电流迅速减小，双向可控硅因此而关断，切断电热毯的供电，电热毯停止加温。

电热丝停止加温以后，电热毯热量逐渐下降，PTC 传感器元件的电阻值因此逐渐变小，到一定程度后，VS_1 与 VS_2 互相触发而导通。

以上过程反复进行，电热毯在 PTC 传感器元件的居里点附近保持恒温。

2）电热水器控温器。

电热水器控温器电路主要由热敏电阻、比较器、驱动电路及加热器 R_L 等组成，如图 3－16 所示。通过电路可自动控制加热器的断开与闭合，使水温保持在 90 ℃。

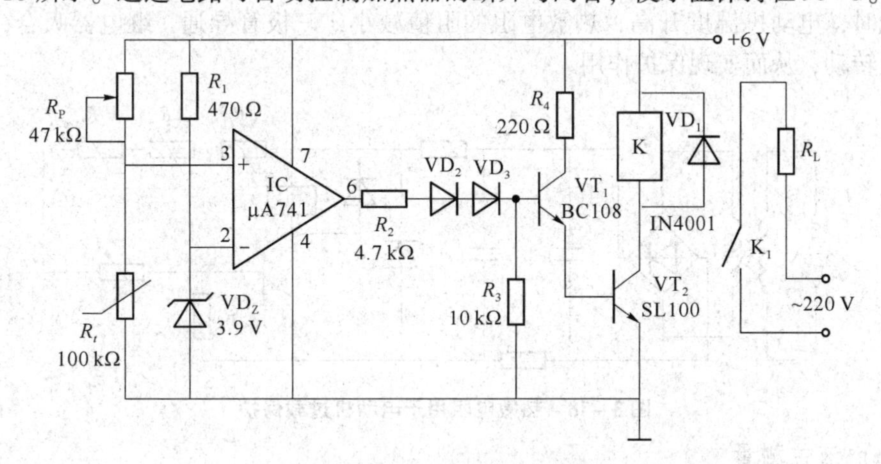

图 3－16　电热水器控温器电路

热敏电阻在 25 ℃时阻值为 100 kΩ，温度系数为 1 K/℃。在比较器 IC 的反相端加有3.9 V的基准电压，同相端加有 R_P 和热敏电阻 R_t 的分压电压。当水温低于 90 ℃时，比较器 IC 输出高电位，驱动 VT_1 和 VT_2 导通，使继电器 K 工作，闭合加热器电路；当水温高于90 ℃时，比较器 IC 输出低电位，VT_1 和 VT_2 截止，继电器断开加热器电路。调节 R_P 可以得到要求的水温。

（4）温度报警

热敏二极管温度传感器可用于温度报警，其报警电路如图 3－17 所示。此电路中 R_t 为半导体热敏电阻，温度变化时，电阻变化。电桥输出电压加至运算放大器上，两个晶体管根据放大器输出电压状态处于导通和截止，温度升高时，阻值变小，VT_1 导通，则 VL_1 发光报警；温度下降时，阻值变大，VT_2 导通，则 VL_2 发光报警；温度不变时两个晶闸管处于截止状态，发光二极管均不发光。

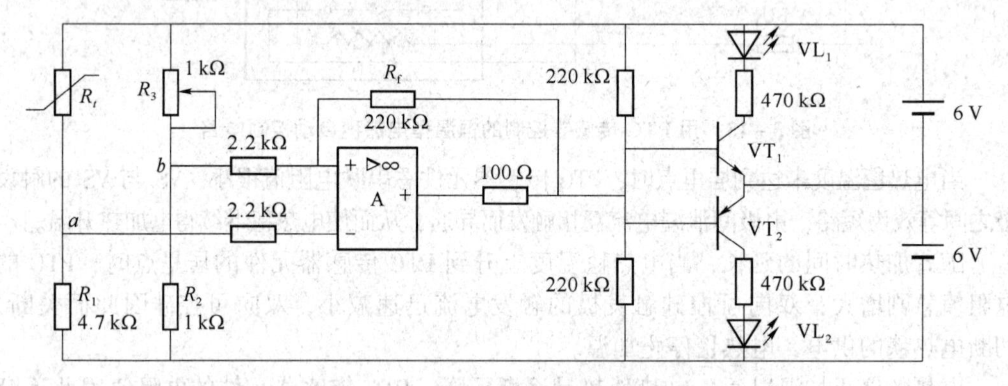

图 3－17 热敏二极管温度报警电路

（5）电动机过载保护

热敏电阻可用于电动机过载保护，其电路如图 3－18 所示，R_{t_1}、R_{t_2}、R_{t_3} 是热电特性相同的 3 个热敏电阻，安装在三相绕组附近。电动机正常运行时，电动机温度降低，热敏电阻的阻值增加，三极管不导通，继电器不吸合，电动机保持正常运行。当电动机过载时，电动机温度升高，热敏电阻的阻值减小，三极管导通，继电器吸合，电动机停止转动，从而实现保护作用。

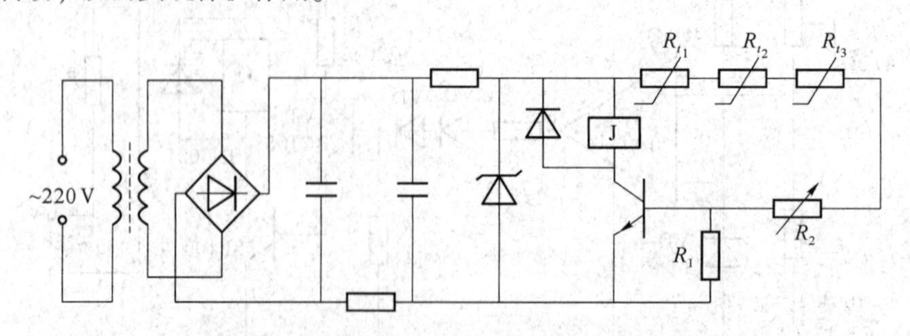

图 3－18 热敏电阻用于电动机过载保护

（6）液位测量

热敏电阻液位报警器原理图如图 3－19 所示。给热敏电阻施加一定的加热电流，它的表面温度将高于周围空气的温度，此时它的阻值相对较小。当液面高于其安装高度时，液体将带走它的热量，使之温度下降，阻值升高。根据热敏电阻的阻值变化，可以知道液面是否低于设定值。汽车车厢中的油位报警传感器就是利用以上原理制作的。

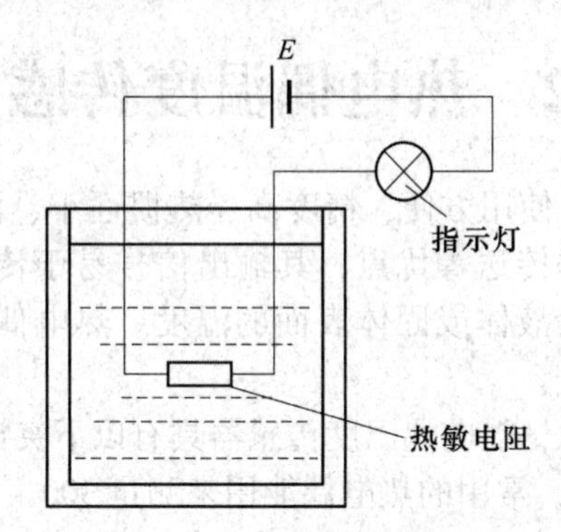

图3-19 热敏电阻液位报警器原理图

3.1.4 利用热敏电阻制作温度传感器

1. 任务的提出

让学生理解掌握负温度系数热敏电阻器的电阻-温度特性，即在工作温度范围内，电阻阻值随温度的增加而减小，锻炼学生的动手能力和分析能力，设计制作温度自动控制小装置。

2. 制作所需器材

热敏电阻、学生用电源、小灯泡、继电器、电吹风、冷水、导线、开关。

3. 操作步骤

1）按图3-20所示连接电路。

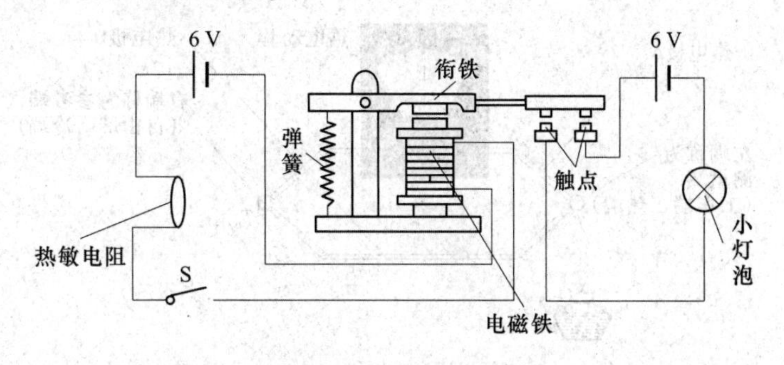

图3-20 自动控制电路

2）合上开关S，由于热敏电阻阻值较大，左侧电路电流较小，电磁铁磁性较弱，无法吸住衔铁，小灯泡不亮。

3）用电吹风对热敏电阻进行加热，使其阻值变小，电路中的电流将增大，此时电磁铁吸住衔铁，小灯泡变亮。

4）停止加热时，由于热敏电阻温度仍然较高，小灯泡不会立刻熄灭；把热敏电阻放入冷水中使其加速降温，小灯泡熄灭。

如果有数字化系统，可以将利用热敏电阻制作的温度传感器与数据采集器、计算机连接，测量并记录温度变化，描绘出温度变化曲线，让学生认识实验电路，分析实验原理，并讨论实验现象，感受温度传感器的应用和优点。

3.2 热电偶温度传感器

热电偶具有结构简单、使用方便、精度高、热惯性小、测温范围宽、测温上限高、可测量局部温度和便于远程传送等优点，其输出信号易于传输和变换，可以用来测量一个点的温度，也可以测量液体或固体表面的温度。热电偶的热容量较小，可用于动态温度的测量。

与其他温度传感器相比，热电偶温度传感器具有以下突出的优点：

1）能测量较高的温度，常用的热电偶能用来测量 300 ~ 1 300 ℃的温度，一般可达 -270 ~ 2 800 ℃，可满足一般工程测温的要求。

2）热电偶把温度转换为电动势，测量方便，便于远距离传输，有利于集中检测和控制。

3）结构简单，准确可靠，性能稳定，维护方便。

4）热容量和热惯性都很小，能用于快速测量。

3.2.1 热电偶温度传感器的工作原理

将两种不同材料的导体 A 和 B 两端焊接或铰接在一起，形成一个闭合回路，如图 3 - 21所示。若接点 1 和接点 2 的温度不同，如 $T > T_0$，在回路中就会产生一个电动势，并在回路中有一定大小的电流，此种现象称为热电效应。两种不同材料的导体所组成的回路称为热电偶，组成热电偶的导体 A、B 称为热电极，热电偶所产生的电动势称为热电动势，记为 E_{AB}。热电偶的两个接点中，置于温度 T 的被测对象中的接点称为测量端，又称为工作端或热端，而置于参考温度 T_0 的另一个接点称为参考端，又称自由端或冷端。

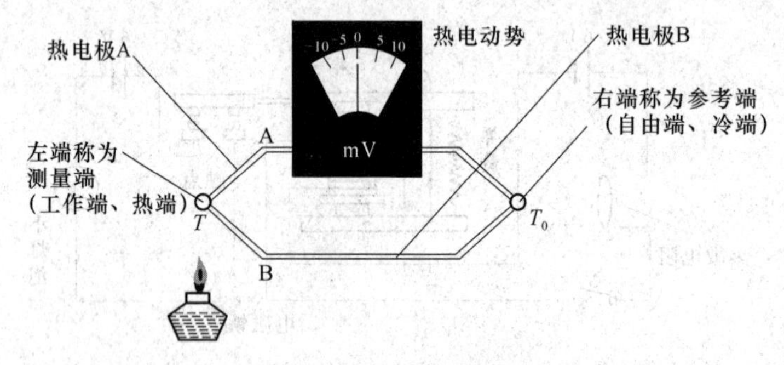

图 3 - 21 热电偶回路

1. 热电动势的组成

热电动势是由两种导体的接触电动势和单一导体的温差电动势所组成的。

（1）两种导体的接触电动势

导体内部的电子密度是不同的，当两种电子密度不同的导体 A 与 B 接触时，接触面发生电子扩散，电子从电子密度高的导体流向密度低的导体，如图 3 - 22 所示。电子扩散的速率与导体的电子密度有关，与接触区的温度成正比。设导体 A 和 B 的自由

电子密度为 N_A 和 N_B，且 $N_A > N_B$，电子扩散的结果使导体 A 失去电子而带正电，导体 B 则获得电子而带负电，在接触面形成电场，从而阻碍电子的扩散，达到动平衡时，在接触区形成一个稳定的电位差，即接触电动势，其大小为

$$E_{AB} = \frac{kT}{q}\ln\frac{N_A}{N_B} \tag{3-9}$$

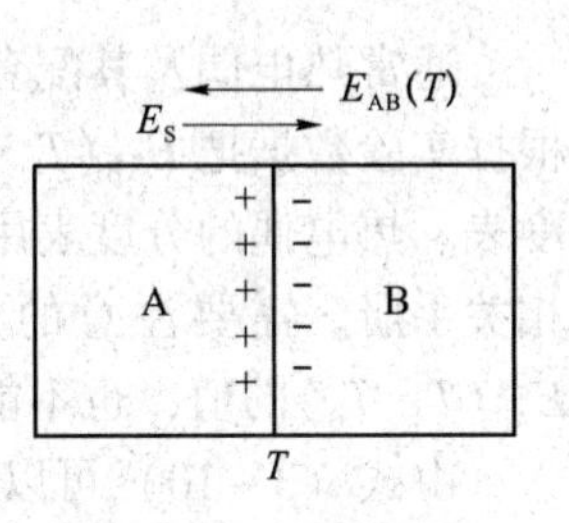

图 3-22 两种导体的接触电动势

式中：k——玻耳兹曼常数，$k = 1.38 \times 10^{-23}$ J/K；

q——电子电荷量，$q = 1.6 \times 10^{-19}$ C；

T——接触处的温度（K）；

N_A，N_B——分别为导体 A 和 B 的自由电子密度。

（2）单一导体的温差电动势

同一导体中，如果两端温度不同，在两端间会产生电动势，即产生单一导体的温差电动势，如图 3-23 所示。这是由于导体内的自由电子在高温端具有较大的动能，因而向低温端扩散。高温端因失去电子而带正电，低温端因获得电子而带负电，在高低温端之间形成一个电位差，阻止电子从高温端向低温端扩散，于是电子扩散形成动平衡，此时所建立的电位差称为温差电动势。温差电动势的大小与导体的性质和两端的温差有关。温差电动势与温度的关系为

$$E = \int_{T_0}^{T} \sigma \mathrm{d}T$$

式中：σ——汤姆逊系数，表示温差为 1 ℃所产生的电动势，其大小与材料的性质及两端的温度有关。

导体 A 和 B 组成的热电偶闭合回路在两个接点处有两个接触电动势 $E_{AB}(T)$ 与 $E_{AB}(T_0)$，如图 3-24 所示；又因为 $T > T_0$，在导体 A 和 B 中还各有一个温差电动势，所以闭合回路的总热电动势 $E_{AB}(T, T_0)$ 应为接触电动势和温差电动势的代数和，即

$$E_{AB}(T,T_0) = E_{AB}(T) - E_{AB}(T_0) - \int_{T_0}^{T} (\sigma_A - \sigma_B)\mathrm{d}T \tag{3-10}$$

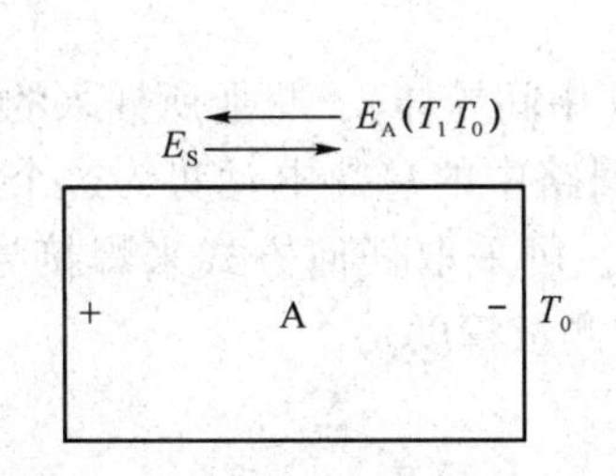

图 3-23 单一导体的温差电动势

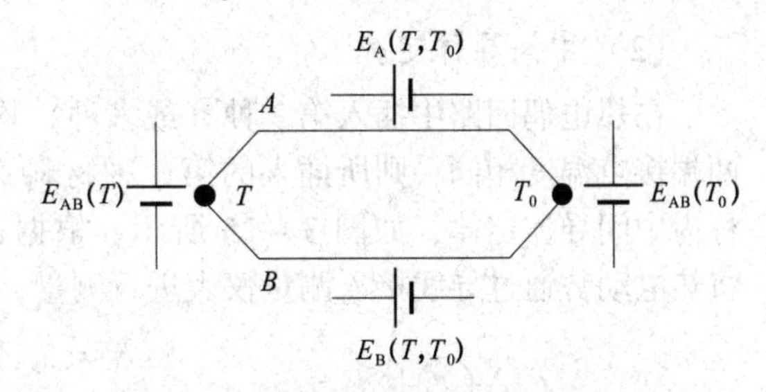

图 3-24 热电偶闭合回路的总热电动势

由于金属中的自由电子数目很多，温度对自由电子密度的影响很小，故温差电动势可以忽略不计，在热电偶回路中起主要作用的是接触电动势，即

$$E_{AB}(T,T_0) \approx E_{AB}(T) - E_{AB}(T_0) \tag{3-11}$$

对于已经选定的热电偶，当参考温度恒定时，即 $f(T_0) = C$（常数），总热电动势变成测量端温度 T 的单值函数，即 $E_{AB}(T, T_0) = f(T) + C$。这就是热电偶测量温度的基本原理。

通常热电偶及其配套使用的仪表都是在冷端温度保持为 0 ℃时刻度的，这时如果根据实验数据把 $E_{AB}(T, 0)$ 与 T 的关系列成表格的形式，就成为各种标准热电偶的分度表。热电偶的分度表用于表示热电偶的热电特性，几种常用热电偶的分度表可参考相关手册。需要注意的是，冷端温度 T_0 不等于 0 ℃时，不能使用分度表直接查询 $E_{AB}(T, T_0)$的值，也不能直接由 $E_{AB}(T, T_0)$ 的值确定被测温度 T。

由式（3－10）可以得出以下结论：

1）热电偶闭合回路热电动势的大小只与组成热电偶的导体材料及材料两端连接点所处的温度有关，而与热电极的直径、长度及沿热电极的温度分布无关。

2）热电偶两个热电极材料相同时，无论热电偶两端温度如何变化，热电偶回路的热电动势总为零。

3）热电偶两端温度相同时，即使两个热电极材料不同，热电偶回路的热电动势也总为零。

4）热电偶热电极的极性由导体材料的电子密度大小确定，电子密度大的导体为正极，而电子密度小的导体为负极，从冷端来看，热电动势的方向由热电偶的正极指向负极。

2. 热电偶的基本定律

在实际使用热电偶测量温度时，闭合回路中必然要引入测量热电动势的显示仪表及相应的连接导线。为了不影响原来的热电动势数值，保证热电偶测量温度的准确性，在掌握热电偶的工作原理之后要进一步掌握热电偶的基本定律，并在实际测量温度的过程中灵活而熟练地运用。

（1）均质导体定律

由同一种均质材料（导体或半导体）两端焊接组成的闭合回路，无论导体截面、长度及温度分布如何，将不产生接触电动势，而温差电动势相抵消，回路中总电动势为零，这个定律称为均质导体定律。如果材质不均匀，则当热电极上各处温度不同时，温度梯度的存在将产生附加热电动势，造成测量误差。因此，热电偶必须由两种不同的均质导体或半导体构成。

（2）中间导体定律

在热电偶回路中插入第 3 种（或多种）均质材料（中间导体），只要所插入的材料两端接点温度相同，则所插入的第 3 种材料不影响原回路中的总热电动势，这个定律称为中间导体定律，如图 3－25 所示。根据这个定律，可采取任何方式来焊接导线，将热电动势通过导线接入测量仪表进行测量，且不影响测量精度。

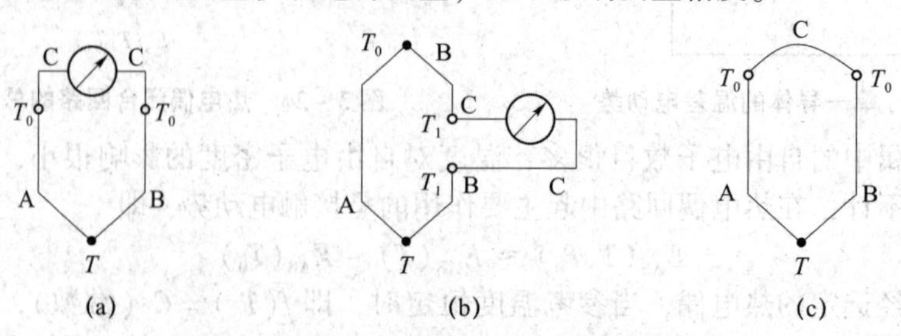

图 3－25　插入中间导体的热电偶测温回路

（a）接点温度 T_0 处插入测量仪表；（b）接点温度 T_1 处插入测量仪表；（c）接点温度 T_0 处插入第 3 种均质材料

(3) 中间温度定律

中间温度定律示意如图3-26所示，热电偶回路两接点温度分别为（T、T_0）时的热电动势等于热电偶在接点温度为（T、T_n）和（T_n、T_0）时相应的热电动势的代数和，T_n 称为中间温度（在实际测量和变换时也称参考端温度或自由端温度），即

$$E_{AB}(T,T_n)+E_{AB}(T_n,T_0)=E_{AB}(T,T_0) \tag{3-12}$$

热电偶测温时通常依据分度表来确定，热电偶分度表则以中间温度定律为理论依据。在实际测量中，当冷端温度为0 ℃时，可通过测得的热电动势值直接查询相应的分度表，得到被测物体的实际温度值；当冷端温度不是0 ℃时，需要应用中间温度定律来修正测量的结果，则可视冷端温度 T_0 为中间温度 T_n，根据式（3-13）计算出结果，得出实际的温度值。

$$E_{AB}(T,0)=E_{AB}(T,T_0)+E_{AB}(T_0,0) \tag{3-13}$$

根据中间温度定律连接与热电偶热电特性相近的导体，将热电偶冷端延伸到温度恒定的地方，能够为热电偶回路中的应用补偿导线提供理论依据。中间温度定律是参考端温度计算修正法的理论依据。

(4) 标准电极定律

若两种导体A、B分别与第3种导体C组成热电偶，并且已知其热电动势，那么由导体A、B组成的热电偶热电动势可用标准电极定律来确定，如图3-27所示。在相同结点温度（T，T_0）下，如果已知热电极A和B分别与热电极C（称为标准电极）组成的热电偶所产生的热电动势，则由热电极A和B组成的热电偶的热电动势可按式（3-14）求出。

$$E_{AB}(T,T_0)=E_{AC}(T,T_0)+E_{CB}(T,T_0) \tag{3-14}$$

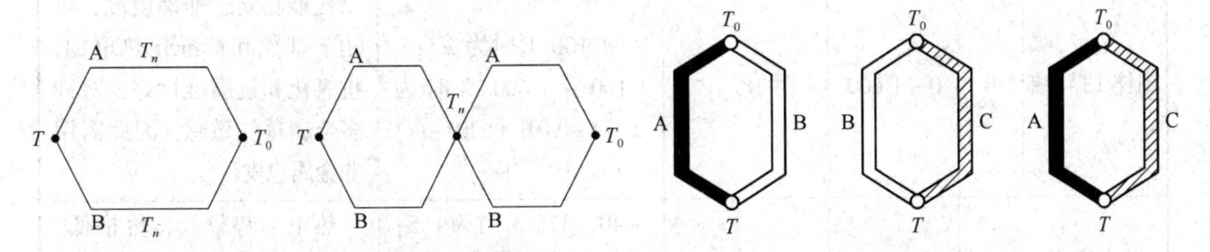

图3-26 中间温度定律示意图　　图3-27 由三种导体分别组成的热电偶

由于铂的物理化学性质稳定、熔点高、易提纯，所以多采用高纯铂作为标准电极。利用标准电极定律可大大简化热电偶选配工作，只要已知任意两种电极分别与标准电极配对的热电动势，即可求出这两种热电极配对的热电偶电动势，而不需要逐个进行测定。

3.2.2 热电偶的材料、类型和结构形式

1. 热电偶材料的基本要求

从应用的角度看，并不是任何两种导体都可以构成热电偶。为了保证测温具有一定的准确度和可靠性，一般要求热电极材料满足下列基本要求：

1）物理性质稳定，在测温范围内，热电特性不随时间变化。

2）化学性质稳定，不易被氧化和腐蚀。

3）组成的热电偶产生的热电动势大，且热电动势与被测温度呈线性或近似线性关系。

4）电阻温度系数小，这样热电偶的内阻随温度变化就小。

5）复制性好，即同样材料制成的热电偶的热电特性基本相同。

6）材料来源丰富，价格便宜。

2. 热电偶的类型

按照不同的测温条件和要求选择不同的材料。根据使用的热电偶的特性，常用的热电偶可分为标准化热电偶和非标准化热电偶两大类。

（1）标准化热电偶

国际电工委员会（IEC）推荐的工业标准热电偶为8种，我国均已采用。

标准化热电偶的工艺比较成熟，应用广泛，性能优良稳定，能够成批生产。同一型号可以互换和统一分度，并且有配套显示仪表。国产标准化热电偶有铂铑10－铂（分度号为S）、铂铑30－铂铑6（分度号为B）、铂铑13－铂（分度号为R）、镍铬－镍硅（分度号为K）、镍铬－康铜（分度号为E）、铁－康铜（分度号为J）、镍铬硅－镍硅（分度号为N）和铜－康铜（分度号为T）。组成热电偶的两种材料写在前面的导体为热电动势的正极，后面的导体为负极，即前者材料的电子密度大于后者。几种常用标准化热电偶的测温范围及特点见表3－3。

表3－3　几种常用标准化热电偶的测温范围及特点

热电偶的材料	分度号	工作温度/℃	灵敏度/(μV·℃$^{-1}$)	1级允差/℃	主要特点
铂铑13－铂	R	0～1 600	8	0～1 100 ℃时为±1；1 100～1 600 ℃时为±[1+0.003(1 100－t)]	性能稳定，准确度高，可用于基准和标准化热电偶，抗氧化和抗腐蚀性好，对许多金属蒸气敏感，因此需用非金属包皮
铁－康铜	J	－20～700	54	－40～375 ℃时为1.5；375～700 ℃时为±0.004｜t｜	热电动势较高，价格低，还原气氛影响小，应防止潮湿、含氧和含硫气体
铜－康铜	T	－185～400	46	－40～125 ℃时为0.5；125～350 ℃时为±0.004｜t｜	低温和零下温度推荐使用，价格较低，铜在高温时抗氧化差，测温上限低
镍铬－镍硅	K	0～1 100	42	－40～375 ℃时为1.5；375～1 000 ℃时为±0.004｜t｜	工业应用最多，适用于氧化和中性条件，线性度好，在含硫气氛快速污染，不适于还原气氛

（2）非标准化热电偶

除了标准化热电偶之外，在某些特殊条件下，如超高温、超低温等，也应用一些特殊热电偶，因目前还没有达到国际标准化程度，非标准化热电偶在使用范围或数量级上均不及标准化热电偶，一般没有统一的分度表。

铱铑 40 - 铱热电偶是目前唯一能在氧化气氛中测到 2 000 ℃高温的热电偶，因此成为宇航火箭技术中的重要测温元件。钨铼热电偶最高测量温度可达 2 800 ℃。

镍铬 - 金铁是一种较为理想的低温热电偶，可在 - 271 ~0 ℃内使用。

此外，利用石墨和难熔化合物等非金属材料熔点高、在 2 000 ℃以上的高温条件下性能稳定的特点，高温热电偶材料可以解决金属热电偶材料无法解决的问题。目前已研制出碳 - 石墨、石墨 - 碳化硅、石墨 - 碳化钼及硼化碳 - 碳等非金属热电偶。

3. 热电偶的结构

（1）普通热电偶

普通热电偶主要用来测量气体、蒸汽和液体等介质的温度。根据测温范围及环境的不同，所用的热电偶电极和保护套管的材料也不同，但因使用条件基本类似，这类热电偶已标准化、系列化。

普通热电偶一般由热电极、绝缘套管、保护套管、工作端和接线盒组成，如图 3 - 28 所示。按其安装时的连接形式可分为固定螺纹连接、固定法兰连接、活动法兰连接、无固定装置等多种形式。

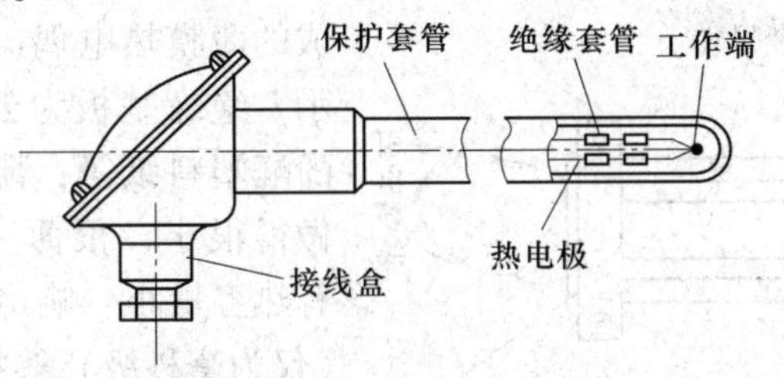

图 3 - 28　普通热电偶的结构

1）热电极。热电极直径的大小由材料的价格、机械强度、电导率、热电偶的用途及测量范围等决定。贵金属热电极的直径为 0.3 ~0.65 mm，普通金属热电极的直径一般为0.5 ~3.2 mm。热电偶的长度主要由安装条件和插入深度决定，通常为 350 ~2 000 mm。

2）绝缘套管。绝缘套管装在热电极上，用以防止热电极短路，保证测量正常进行。绝缘材料根据使用温度的范围来定，常用的有陶瓷、石英、聚乙烯等。

3）保护套管。为防止机械损伤和化学腐蚀，通常将热电极（包括绝缘套管）装入保护套管内，套管的材料和形状由被测介质的性能、安装方式等决定，常见的材料有高温耐热钢、不锈钢、石英、陶瓷、铜、铁等，形状有圆柱形、锥形、直角形等。

4）接线盒。接线盒是用来固定接线座和作为连接补偿导线的装置，根据用途的不同有普通式、防溅式、防水式和插座式等结构形式。

（2）铠装热电偶

铠装热电偶也称缆式热电偶，它将热电偶丝与电熔氧化镁绝缘物熔铸在一起，外表再套不锈钢管等构成。这种热电偶耐高压、反应时间短、结构坚固，是由热电极、接线盒、固定装置、绝缘材料和金属套管组合加工而成的坚实组合体，如图 3 - 29 所示。铠装热电偶的种类较多，可制成单芯、双芯和四芯等。铠装热电偶的主要特点是动态响应快，外径很细(1 mm)，测量端热容量小，绝缘材料和金属套管经过退火处理，有良好的柔性，结构坚实，机械强度高，耐压、耐强烈振动和冲击，适用于多种工作条件。

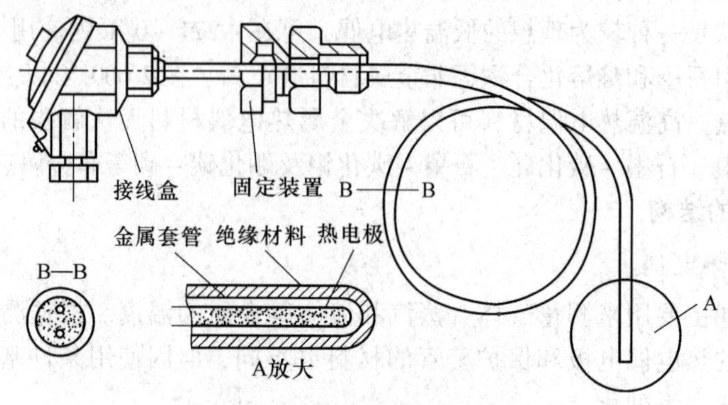

图 3－29 铠装热电偶的结构

(3) 薄膜热电偶

薄膜热电偶是用真空蒸镀、溅射等方法使两种热电极材料沉积到绝缘基板上而形成的薄膜热电偶，其结构如图 3－30 所示。绝缘基板为云母、陶瓷片、玻璃及酚醛塑料纸等；薄膜热电偶的接点可以做得很小、很薄（0.01～0.1 μm），具有热容量小、响应速度快、反应时间短（仅为毫秒级）等特点，适用于微小面积上的表面温度及快速变化的动态温度的测量，安装时，用粘接剂将它粘贴在被测物体壁面上，所以热损失很小，测量精度高。由于使用温度受粘接剂和衬垫材料限制，薄膜热电偶目前只能用于－200～300 ℃的温度测量。

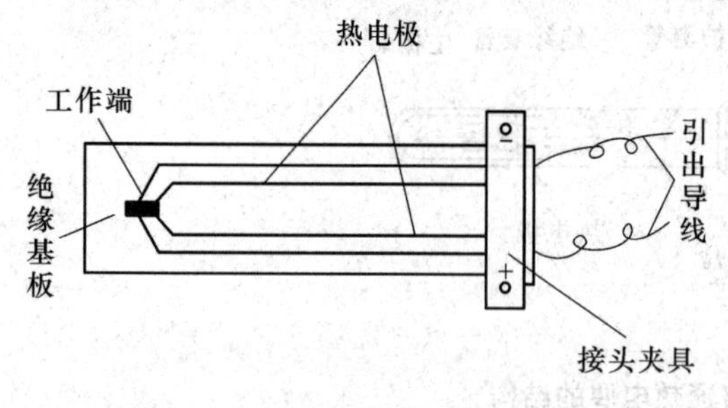

图 3－30 薄膜型热电偶的结构

(4) 快速消耗微型热电偶

快速消耗微型热电偶是一种专为测量钢水及熔融金属温度而设计的特殊热电偶，使用一次就焚化，其热电极由直径为 0.05～0.1 mm 的铂铑 10－铂铑 30 或钨铼 6－钨铼 20 等材料制成，且装在外径为 1 mm 的 U 形石英管内，构成测温的敏感元件。快速消耗微型热电偶外部用绝缘良好的纸管、保护管及高温绝热水泥加以保护和固定，插入钢水后，保护帽瞬间熔化，使热电偶工作端暴露于钢水中。

由于石英管和热电偶的热容量都很小，因此能快速地反映钢水的温度，反应时间一般为 4～6 s。在测量出温度后，热电偶和石英保护管被烧坏，只能一次性使用。快速消耗微型热电偶的热惯性小，测量精度可达 ±5～±7 ℃。

3.2.3 热电偶冷端的温度补偿

根据热电偶测温原理，只有当热电偶冷端的温度保持不变时，热电动势才是被测温度的单值函数。但是在实际使用中，因热电偶长度受到一定限制，冷端的温度直接受到被测介质与环境温度的影响，不仅很难保持0 ℃，而且往往随环境温度波动，从而产生测量误差。为了使测量更准确，以消除误差，使变化很大的冷端温度恒定，必须采取措施进行冷端温度补偿。另外，经常使用的分度表及显示仪表都是以热电偶冷端的温度为0 ℃测得的，如果冷端温度不为零，测得的热电动势就不能直接用于查询相应的分度表。

1. 冷端恒温方式

把冰屑和清洁的水相混合，放在保温瓶中，并使水面略低于冰屑面，然后把热电偶的冷端置于其中，在一个大气压的条件下，即可使冰水保持在0 ℃，这时热电偶输出的热电动势符合分度表的对应关系，如图3－31所示。这种方法称为冰浴法，适用于实验室。

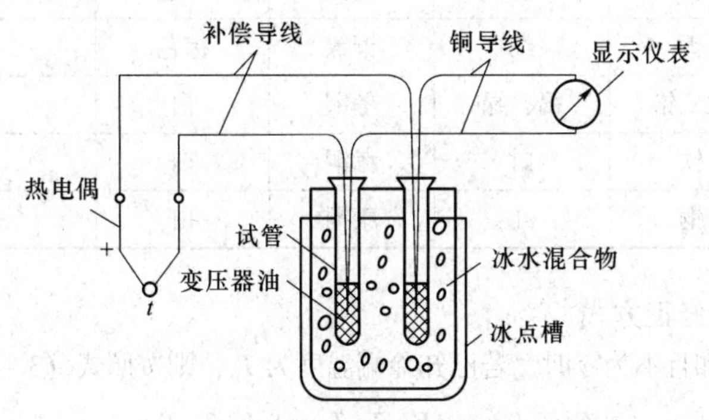

图3－31　冰点槽冷端恒温

为使冷端保持恒温，也可以将冷端置于冰点槽中，使冷端恒温值略高于环境最高温度。还可将冷端置于温度变化缓慢的容器中、深埋于地下的铁盒或充满绝热体的铁管中等。

2. 延伸补偿导线方式

工业测温时，被测点与指示仪表之间往往有很长的距离，为了避免冷端温度受被测点温度变化的影响，需要使热电偶的冷端远离工作端。然而热电偶材料昂贵，热电偶尺寸不能过长（一般为1 m左右）。为了解决这一问题，一般采用廉价的合金丝导线将热电偶的冷端延伸出来，如图3－32所示。用补偿导线连接热电偶和显示仪表，使用补偿导线相当于将热电极延伸至显示仪表的接线端，使回路热电动势仅与热端、补偿导线及仪表接线端（新冷端）温度有关，而与热电偶接线盒处（原冷端）温度的变化无关。

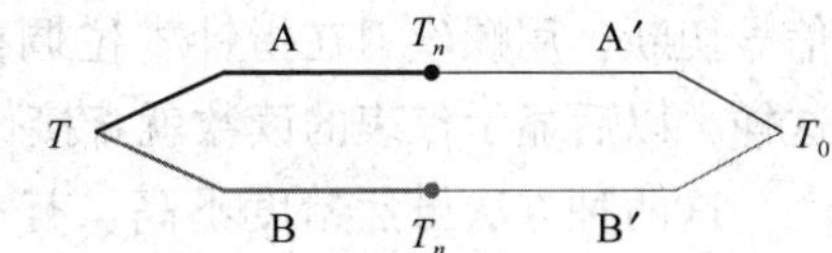

图3－32　冷端延长线连接示意图

补偿导线具有延伸热电极的作用，能够达到移动热电偶冷端位置的目的。补偿导线的使用在测温回路中产生了新的电动势，在一定程度上实现了冷端温度自动补偿。

应当指出，补偿导线只能把热电偶的冷端从热电偶的接线盒延伸出来，使之远离被测热源，而延伸后的冷端 T_0 仍须采取恒温措施，不能误以为采用补偿导线可以补偿冷端温度波动对指示值的影响。

应用延长线应注意：

1）延长线只能与相应型号的热电偶配合使用（专用）。

2）延长线正负极与热电偶正负极对应连接，不能接反，否则会造成更大的误差。

3）延长线和热电偶连接处与两接点温度必须相同。

常用的补偿导线见表3－4。

表3－4　常用的补偿导线

热电偶	补偿导线				热端为100 ℃，冷端为0 ℃时的标准热电动势/mV
	正极		负极		
	材料	护套颜色	材料	护套颜色	
铂铑－铂	铜	红	铜镍	绿色	0.64 ±0.03
镍铬－镍硅	铜	红	铜镍	棕色	4.10 ±0.15
镍铬－考铜	镍、铬	褐、绿	考铜	白	6.95 ±0.30
铁－考铜	铁	白	考铜	白	5.75 ±0.25
铜－康铜	铜	红	康铜	白	4.10 ±0.15

3. 冷端温度的修正方式

当冷端温度已知且不为零时，若已知冷端温度为T_0，则按照式（3－15）进行修正。

$$E(T,0) = E(T, T_0) + E(T_0,0) \tag{3-15}$$

式中：$E(T, T_0)$——回路实际热电动势。

先测出$E_{AB}(T, T_0)$，然后从分度表上查出与已知对应的$E_{AB}(T_0, 0)$，再计算出$E_{AB}(T, 0)$，最后从分度表中查出与$E_{AB}(T, 0)$对应的温度T。

也可以采用机械零位调整法，把仪表的机械零点调整到T_0。对于具有零位调整的显示仪表（如动圈指示调节仪表）的机械零点调整方法为：将显示仪表的电源和输入信号切断，用螺丝刀在指针零位调整器上将仪表指针调整到已知的冷端温度点T_0上。这样，以后显示仪表的读数就直接代表热电偶测量端的温度T。

这两种方法虽然精度不高，有一定的误差，但简单方便，因此在工业生产过程中经常使用。

4. 电桥补偿方式

电桥补偿方式利用不平衡电桥产生的不平衡电动势来补偿因冷端温度变化而引起的热电动势变化值，可以自动地将冷端温度校正到补偿电桥的平衡点温度上。

如图3－33所示，补偿电桥的3个桥臂电阻R_1、R_2、R_3用电阻温度系数极小的锰铜丝制成，可以认为其阻值是定值；桥臂电阻R_t用电阻温度系数大的铜丝制成；R_4为限流电阻。使用时，用延伸导线将热电偶冷端延伸至补偿电桥处，使补偿电桥与热电偶冷端感受同一温度T_n。当冷端温度T_n变化时，补偿电桥中的R_t随T_n变化，补偿电桥的电源E为如图3－33所示的方向时，补偿电桥便可输出一个不平衡电压U_{ab}。U_{ab}与热电偶输出的热电动势E_{AB}（T，T_n）叠加成U_o输入到测量仪表，即

$$U_o = E_{AB}(T,T_n) + U_{ab} \tag{3-16}$$

选择适当的桥臂电阻和桥臂电流，使补偿电桥满足以下条件：当 $T_n = T_0$ 时，$U_{ab} = 0$；当 $T_n \neq T_0$ 时，$U_{ab} \approx E_{AB}(T_n,T_0)$。无论 $T_n = T_0$ 还是 $T_n \neq T_0$，都能使

$$U_o = E_{AB}(T,T_n) + U_{ab} \approx E_{AB}(T,T_n) + E_{AB}(T_n,T_0) \approx E_{AB}(T,T_0) \tag{3-17}$$

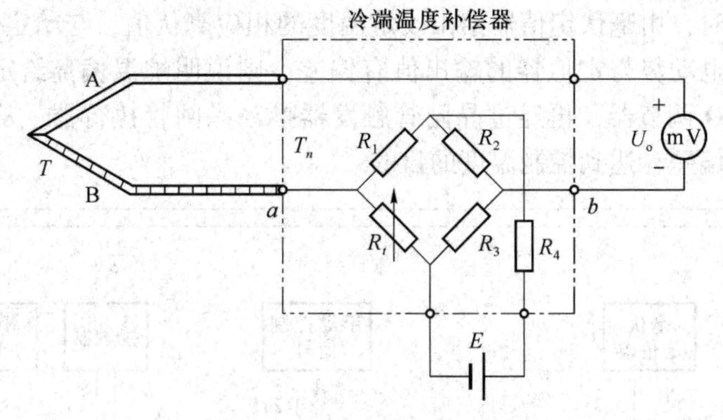

图 3-33　电桥补偿方式原理

只要 T 不变，尽管 T_n 波动，测量仪表驱动电压 U_o 及仪表指示值都不会改变。这种补偿电桥通常称为冷端温度补偿器。冷端补偿电桥可以单独制成补偿器，通过外线连接热电偶和后续仪表，更多的是作为后续仪表的输入回路，与热电偶连接。

3.2.4 热电偶温度传感器的应用

热电偶温度传感器是工业中使用最为普遍的接触式测温装置，机械、冶金、能源国防等行业的锻件表面、气体或蒸汽管道表面、炉壁表面温度测量等场合采用直接接触法测量，很方便且测温范围合适。同时它在恒温炉控制、检测燃气火焰等方面也很适用，但在一般家用电器中很少用，多用于工业恒温控制，如烘炉、烘箱、高低温实验室等。

1. 金属表面温度的测量

热电偶用于金属表面温度测量一般采用直接接触测量方法。当被测金属表面温度较低时，采用粘接剂将热电偶的接点黏附于金属表面，工艺比较简单；当被测金属表面温度较高时，采用焊接的方法将热电偶的头部焊于金属表面，如图 3-34 所示。

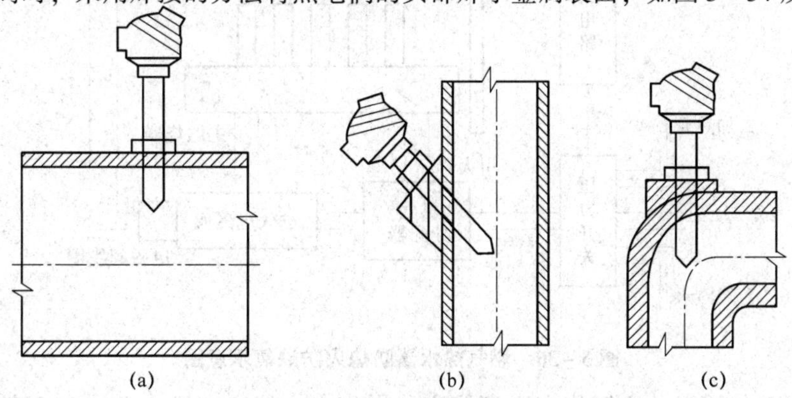

(a)　(b)　(c)

图 3-34　利用热电偶测量管道内的温度

（a）水平管道温度检测；（b）竖直管道温度检测；（c）弯管道温度检测

2. 炉温测量控制系统

炉温测量采用的热电偶测量控制系统如图 3 - 35 所示。炉温测量控制系统根据炉温对给定温度的偏差，自动接通或断开供给炉子的热源能量，或连续改变热源能量的大小，使炉温稳定在给定的温度范围内，以满足热处理工艺的需要。炉温自动控制用热电偶测量温度时，由毫伏定值器给出设定温度的相应毫伏值，与给定温度进行比较，如果热电偶的热电动势与定值器的输出值有偏差，则说明炉温偏离给定温度，此偏差经放大器送入 PIO 调节器，再经过晶闸管触发器推动晶闸管执行器，从而调整炉丝的加热功率，消除偏差，达到控制温度的目的。

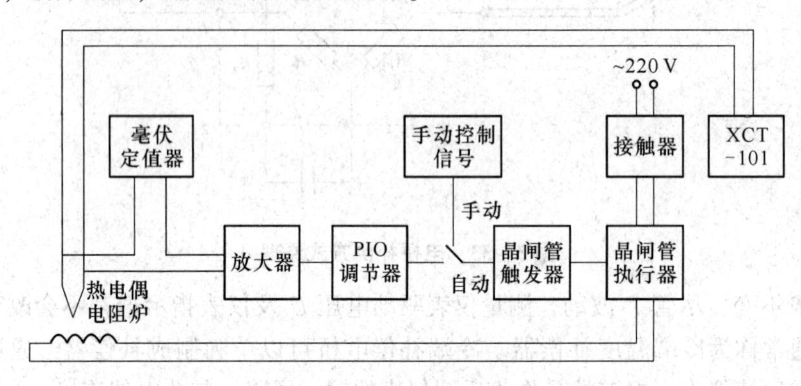

图 3 - 35 采用热电偶测量的炉温测量控制系统

3. 热电偶在燃气热水器中的应用

如图 3 - 36 所示，打开热水龙头，水压力使燃气分配器中的引火管输气孔在较短的一段时间里与燃气管道接通，喷射出燃气，同时高压点火电路发出 10 ~ 20 kV 的高电压，通过放电针点燃主燃烧室火焰。热电偶 1 被烧红，产生正的热电动势，使电磁阀线圈得电，燃气改由电磁阀进入主燃烧室。

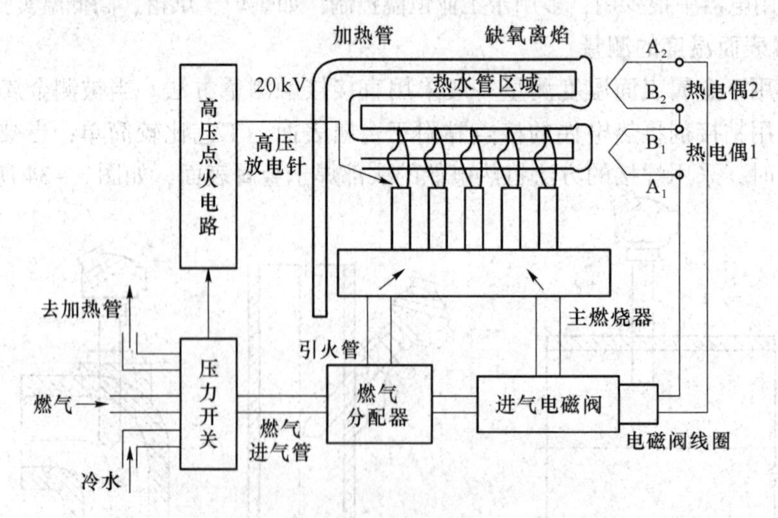

图 3 - 36 燃气热水器防熄火防缺氧示意图

若外界氧气不足，主燃烧室则不能充分燃烧，火焰变红且上升，在远离火孔的地方燃烧（离焰），此时热电偶1的温度降低，热电动势减小，而热电偶2被加热，温度上升。热电偶2产生的热电动势与热电偶1反向串联，相互抵消，流过电磁阀线圈的电流小于额定电流，甚至产生反向电流，电磁阀关闭，起到缺氧保护作用。

当启动燃气热水器时，若无法点燃火焰，电磁阀线圈则由于得不到热电偶1提供的电流而处于关闭状态，从而避免煤气泄漏，起到安全作用。

3.2.5　热电偶的选型

1. 热电偶的选型标准

选择热电偶要根据使用的温度范围、所需精度、使用气氛、测定对象的性能、响应时间和经济效益等综合考虑。

（1）使用的温度范围、所需精度的选择

使用温度在1 300 ~ 1 800 ℃且要求精度比较高时，一般选用B型热电偶；要求精度不高且气氛允许时可以使用钨铼热电偶。高于1 800 ℃时一般选用钨铼热电偶；使用温度在1 000 ~ 1 300 ℃且要求精度比较高时可以使用S型热电偶和N型热电偶；在1 000 ℃以下时一般用K型热电偶和N型热电偶。低于400 ℃时一般用E型热电偶；250 ℃下及负温测量时一般用T型电偶，在低温时T型热电偶稳定且精度高。

（2）使用气氛的选择

S型、B型、K型热电偶适合在强氧化和弱还原气氛中使用，J型和T型热电偶适合于弱氧化和还原气氛。若使用气密性比较好的保护管，对气氛的要求就不太严格。

（3）耐久性及热响应性的选择

线径大的热电偶耐久性好，但响应较慢。热容量大的热电偶响应慢，在温度控制的情况下，测量梯度大的温度控温差。要求响应时间快且有一定的耐久性时，应选择铠装热电偶。

（4）测量对象的性能和状态对热电偶的选择

运动物体、振动物体、高压容器的测温要求机械强度高，有化学污染的气氛要求有保护管，有电气干扰的情况下要求绝缘性比较高。

2. 热电偶的选型方法

在进行热电偶选型时依次选择热电偶的型号、分度号、防爆等级、精度等级、安装固定形式、保护管材质、长度或插入深度。

在产品选型及订货时要注明如下信息。

1）产品型号。产品型号包括分度号，保护管的材料、直径、总长及插入深度，固定安装形式，产品实际测量范围等。

2）螺纹式固定装置型式在订货时若不标注则均为固定外螺纹M27 ×2，其余螺纹固定型式均需注明。

3）因用户特殊需要而与上述产品型号不符者，需要专门制造的产品，并注明特殊技术要求。

3.2.6 热电偶温度传感器的使用注意事项

1. 插入深度

热电偶测温点的选择是最重要的。对于生产工艺过程而言，测温点的位置一定要具有典型性和代表性，否则将失去测量与控制的意义。热电偶插入被测场所时，沿着传感器的长度方向将产生热流。当环境温度低时会有热损失，使热电偶温度传感器与被测对象的温度不一致而产生测温误差。总之，由热传导而引起的误差与插入深度有关，而插入深度又与保护管材质有关。金属保护管因其导热性能好，其插入深度应该深一些，陶瓷材料绝热性能好，可插入浅一些。对于工程测温，其插入深度还与测量对象是静止或流动等状态有关，如流动的液体或高速气流温度的测量将不受上述限制，插入深度可以浅一些，具体数值由实验确定。

2. 响应时间

接触法测温要求测温元件要与被测对象达到热平衡，因此，在测温时需要保持一定时间，才能使两者达到热平衡，而保持时间的长短与测温元件的热响应时间有关。热响应时间主要取决于传感器的结构及测量条件，差别极大。气体介质，尤其是静止气体，至少应保持 30 min 以上才能达到平衡；液体最快也要 5 min 以上。对于温度不断变化的被测场所，尤其是瞬间变化过程，全过程仅 1 s，则要求传感器的响应时间在毫秒级。普通的温度传感器不仅因为跟不上被测对象的温度变化速度出现滞后，而且也会因达不到热平衡而产生测量误差，因此最好选择响应快的传感器。对热电偶而言，除保护管影响外，热电偶的测量端直径也是其主要影响因素，即偶丝越细，测量端直径越小，其热响应时间也越短。

3. 热阻抗

在高温下使用热电偶温度传感器，如果被测介质为气态，保护管表面沉积的灰尘等将烧熔在表面上，使保护管的热阻抗增大；如果被测介质是熔体，在使用过程中将有炉渣沉积，不仅会增加热电偶的响应时间，还会使指示温度偏低。因此，除了定期检定外，为了减少误差，经常抽检也是必要的。例如，进口铜熔炼炉不仅安装了连续测温热电偶温度传感器，还配备了消耗型热电偶测温装置，用于及时校准连续测温用热电偶的准确度。

4. 热辐射

插入炉内用于测温的热电偶温度传感器被高温物体发出的热辐射加热，如果炉内气体是透明的，而且热电偶与炉壁的温差较大，将因能量交换而产生测温误差。一般情况下，为了减少热辐射误差，应增大热传导，并使炉壁温度尽可能接近热电偶的温度。另外，热电偶的安装位置应尽可能避开从固体发出的热辐射，使其不能辐射到热电偶表面，因此热电偶最好带有热辐射遮蔽套。

以上就是影响热电偶温度传感器测量的 4 个因素，在使用时应当注意根据实际情况保证最佳的测量效果。

3.2.7 热电偶的测量电路

合理安排热电偶的测温线路对提高测温精度、经济效益和维修方面都有意义。

1. 一支热电偶配一台显示仪表的测量线路

一支热电偶配一台显示仪表的测量线路如图3－37所示。显示仪表如果是电位差计，则不必考虑测量线路的电阻对测温精度的影响；如果是动圈式仪表，则必须考虑测量线路的电阻对测温精度的影响。

2. 多支热电偶共用一台显示仪表的测量线路

在需要测量多点温度时，为了节省显示仪表，可通过转换开关将各支热电偶的信号依次接到同一台显示仪表上，如图3－38所示。测温时，为了使接线盒位于温度波动较小的场合，每支热电偶都要接相当长的补偿导线，既不经济，又不利于使用。因此，在多支热电偶共用一台显示仪表的线路中，可采用补偿热电偶。补偿热电偶的材料一般与所用热电偶材料相同，有时也用相应的补偿导线代替。

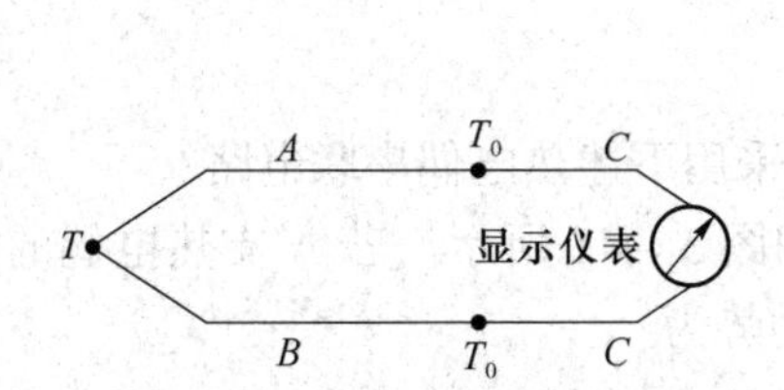

图3－37　一支热电偶配一台显示仪表的测量线路

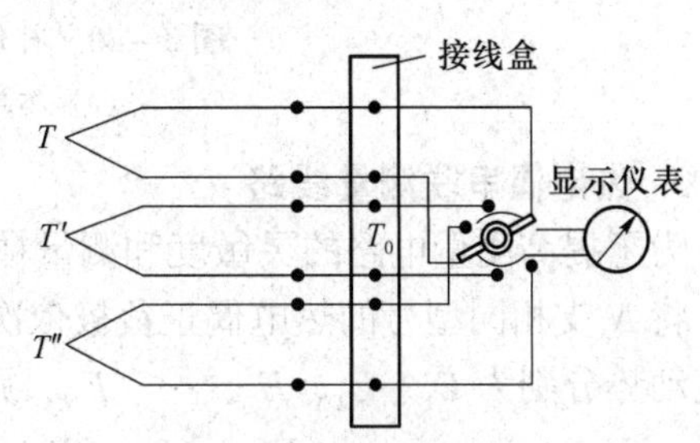

图3－38　多支热电偶共用一台显示仪表的测量线路

补偿热电偶有两种方法。一种是将补偿热电偶的测量端置于恒温器，其温度为T_n，参考温度恒定在T_0，通过连接导线接入测量线路中，如图3－39（a）所示。当转换开关在某位置时，简化后的线路如图3－39（b）所示。

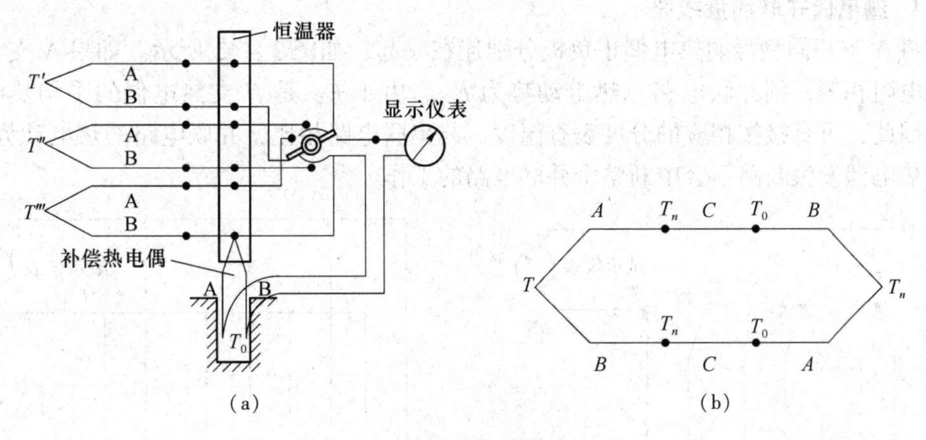

图3－39　补偿热电偶连接方法一

（a）示意图；（b）简图

另一种连接方法如图3－40所示，补偿热电偶的测量端温度恒定在T_0，参考端置于温度为T_n的恒温器内。多点式仪表本身带有转换机构，不需要另加转换开关。多支热电偶还可由计算机控制自动选择采样。

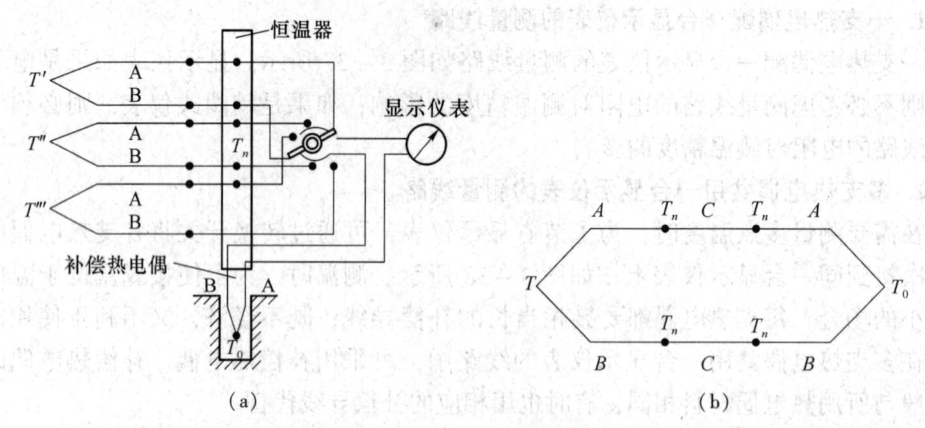

图 3-40 补偿热电偶连接方法二

(a) 示意图；(b) 简图

3. 热电偶串联测量线路

为了提高测量电路的灵敏度和测量精度，也可采用下述热电偶串联电路。

将 N 支相同型号的热电偶正负极依次相连，如图 3-41 所示。若 N 支热电偶的各热电动势分别为 E_1、E_2、E_3、…、E_N，则总热电动势为

$$E_{串} = E_1 + E_2 + E_3 + \cdots + E_N = NE$$

式中：E——N 支热电偶的平均热电动势。

串联电路的总热电动势为 E 的 N 倍，E_0 所对应的温度可由 $E_{串}-T$ 关系求得，也可根据平均热电动势 E 在相应的分度表上查温度。串联电路的主要优点是热电动势大，精度比单支高；主要缺点是只要有一支热电偶断开，整个线路就不能工作，引起个别短路示值显著偏低。

4. 热电偶并联测量线路

将 N 支相同型号的热电偶正负极分别连在一起，如图 3-42 所示。如果 N 支热电偶的电阻相等，则并联电路总热电动势为 $E_{并}$，由于 $E_{并}$ 是 N 支热电偶的平均热电动势，因此，可直接按相应的分度表查温度。与串联电路相比，并联电路的热电动势小，部分热电偶发生断路不会中断整个并联电路的工作。

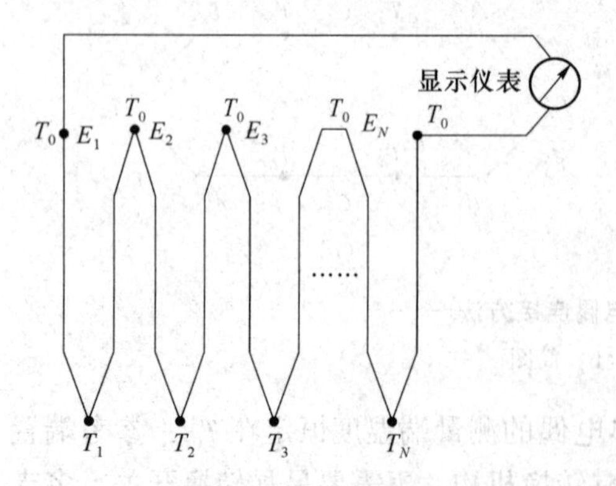

图 3-41 热电偶串联测量线路

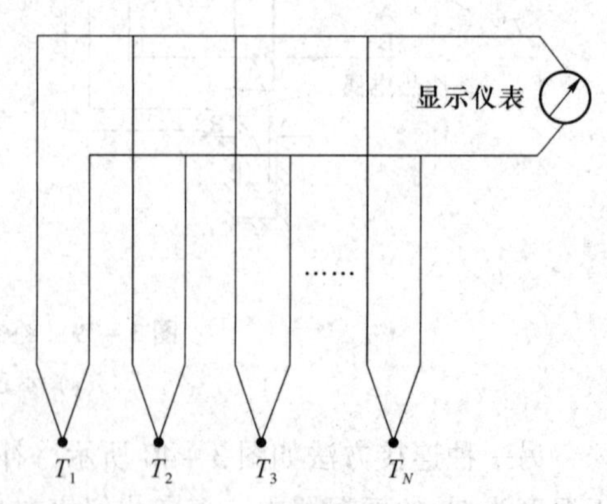

图 3-42 热电偶并联测量线路

5. 温差测量线路

实际工作中常需要测量两处的温差，可选用两种方法进行测量：一种是用两支热电偶分别测量两处的温度，然后求温差；另一种是将两支同型号的热电偶反串连接，如图3-43所示，直接测量温差电动势，然后求温差。前一种测量比后一种测量精度差，对于要求较精确的小温差测量，应采用后一种测量方法。

6. 一支热电偶配两台显示仪表测量线路

1）一支热电偶配两台动圈式显示仪表测量线路如图3-44所示。流过两台动圈式显示仪表的电流分别为I_1、I_2，它们都小于I，因此这两台动圈式显示仪表的指示值都比配一台时的指示值低。

2）一支热电偶配一台动圈式仪表和一台电子电位差计，只要在热电偶与显示仪表之间接上转换开关，工作时只与一台显示仪表连接即可消除指示值偏低或不稳定的现象。

3）一支热电偶配两台电子电位差计，当两台电子电位差计的指示稳定后，测量线路的电流都等于零，仪表的工作状态与一支热电偶配一台仪表相同。这种接法不经济，因此很少采用。

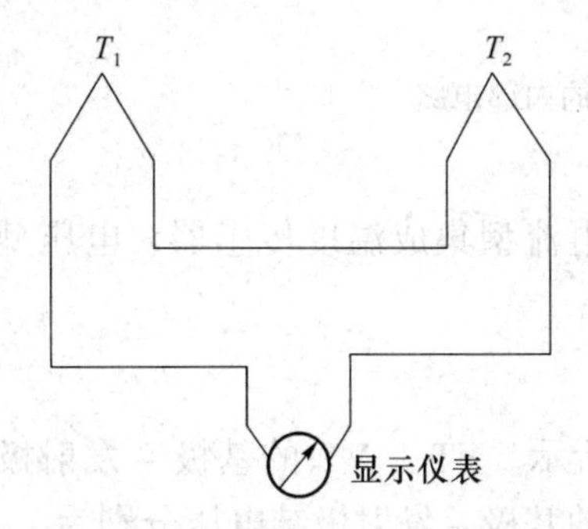

图3-43　热电偶反串连接测量线路

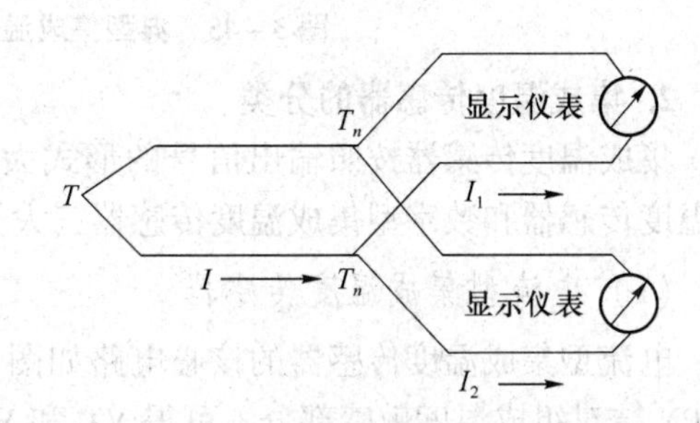

图3-44　一支热电偶配两台动圈式显示仪表测量线路

3.3　其他温度传感器

3.3.1　集成温度传感器

1. 集成温度传感器的测温原理

一种典型集成温度传感器的内部电路如图3-45所示，图中的两只晶体三极管VT_1与VT_2为温度检测晶体管对管，其偏置电流比为6:1，精密运放的反馈达到平衡后，两个晶体管b、e极的正向电压差ΔU_{be}加至R_2的两端，并经R_3接地。VT_2发射极电压U_{e2}具有2.2 mV/℃的正温度系数，而VT_1发射极电压具有-2.2 mV/℃的负温度系数，这样在IC1-1运放的U_{ref}输出端产生零温度系数基准电压，而IC1-2在TempOUT端提供精确的10 mV/℃输出。

硅型PN结集成温度传感器工作的温度在700 ℃以下，集成温度传感器一般用于测量其封装所处的温度。若其封装在其他集成电路内，可用来测量该集成电路自身的温度，实现温度保护。集成温度传感器是一种有源传感器，可以很方便地测量远距离目标的温度。

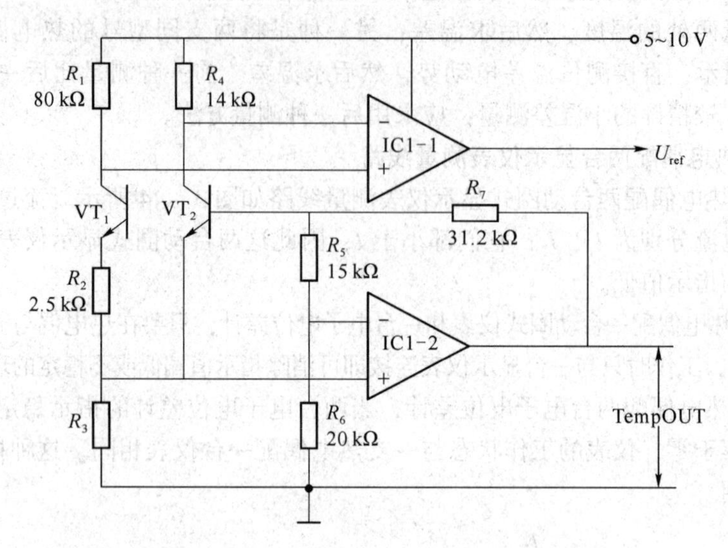

图 3-45　典型集成温度传感器的内部电路

2. 集成温度传感器的分类

集成温度传感器按照输出信号的形式大致分为电流型集成温度传感器、电压型集成温度传感器和数字型集成温度传感器三大类。

（1）电流型集成温度传感器

电流型集成温度传感器的核心电路如图 3-46 所示。VT_1、VT_2的基极－发射极结为 PN 结对组成温度敏感部分，可得 VT_1和 VT_2对管的基极－发射极结电压分别为

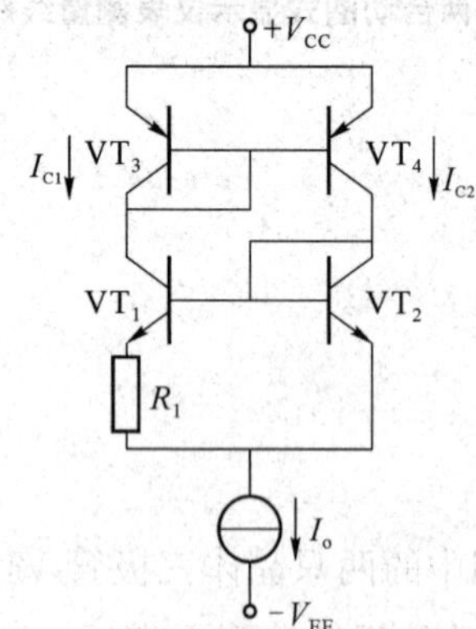

图 3-46　电流型集成温度传感器的核心电路

$$U_{be1} = \frac{kT}{q}\ln\frac{I_{C1}}{J_{S1}} \tag{3-18}$$

$$U_{be2} = \frac{kT}{q}\ln\frac{I_{C2}}{J_{S2}} \tag{3-19}$$

电阻 R_1上的电压应为 VT_1与 VT_2的基极－发射极结电压差，即

$$\Delta U_{be} = U_{be1} - U_{be2} = \frac{kT}{q}\ln\left(\frac{I_{C1}}{I_{C2}}\frac{J_{S2}}{J_{S1}}\right) \tag{3-20}$$

由于 VT_1和 VT_2的基极－发射极结是以同一工艺过程用同样材料制成的对管，故反向饱和电流密度相等（$J_{S1} = J_{S2}$），而 VT_3和 VT_4也是对管，组成恒流源电路，为 VT_1和 VT_2提供相等的电流，即 $I_{C1} = I_{C2}$。由此可得：

$$\Delta U_{be} = \frac{kT}{q}\ln\frac{A_2}{A_1} \tag{3-21}$$

式中：A_1，A_2——VT_1和 VT_2的基极－发射极结面积；

k——玻耳兹曼常数；

q——电子的电荷量。

因为通过 VT_1 和 VT_2 的电流相等，所以电路总输出电流 I_o 为通过 R_1 两端电流的2倍，即

$$I_o = 2\frac{\Delta U_{be}}{R_1} = \frac{2kT}{R_1 q}\ln\frac{A_2}{A_1} = C_1 T = I_{o0} + C_1 t \tag{3-22}$$

式中：I_{o0}——0 ℃时的输出电流；

C_1——电流温度系数，$C_1 = \frac{2k}{R_1 q}\ln\frac{A_2}{A_1}$。

由式（3-22）可知，若电阻 R_1 的温度系数为零，则总电流 I_o 与绝对温度 T 成正比，与摄氏温度 t 呈线性关系。

为了保证温度的稳定性和线性，要严格控制工艺，以保证电阻 R_1 的精度和两个PN结对面积的精确比。电流型集成温度传感器同电压型集成温度传感器相比，由于输出阻抗的存在，抗干扰能力强，适用于远距离温度检测控制系统，而且可以改变终端取样电阻，将电流型集成温度传感器转换为电压型集成温度传感器。

目前市场上的电流型集成温度传感器有LM134、AD590、AD592、TMP17等。温度范围最宽是 -55 ~ 150 ℃，电流温度系数 C_1 一般为1 μA/K或1 μA/℃，I_{o0} 为273.15 μA。

（2）电压型集成温度传感器

电压型集成温度传感器由集成PN结对、基准电压和运算放大电路三部分组成，如图3-47（a）所示。

电压型集成温度传感器的核心电路如图3-47（b）所示，图中 VT_5 的基极-发射极结电压和基极-发射极结面积与 VT_3、VT_4 相同，所以流过 VT_5 和 R_2 的电流与流过 VT_3、VT_2、R_1 及 VT_4、VT_1 的电流相同，输出电压为

$$U_o = R_2\frac{\Delta U_{be}}{R_1} = \frac{R_2}{R_1}\frac{kT}{q}\ln\frac{A_2}{A_1} = C_v T \tag{3-23}$$

式中：C_v——电压温度系数，$C_v = \frac{R_2}{R_1}\frac{k}{q}\ln\frac{A_2}{A_1}$。

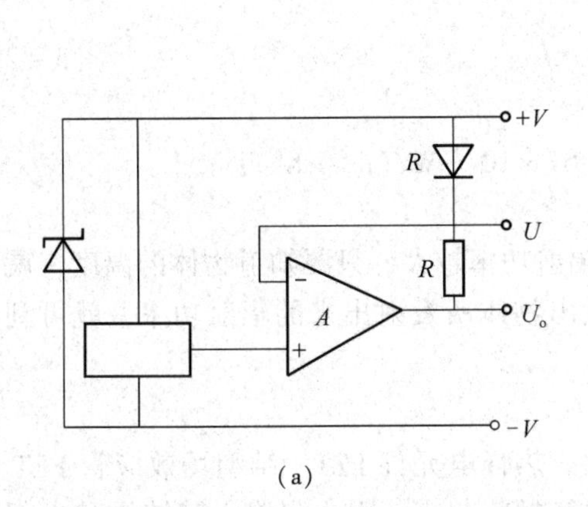

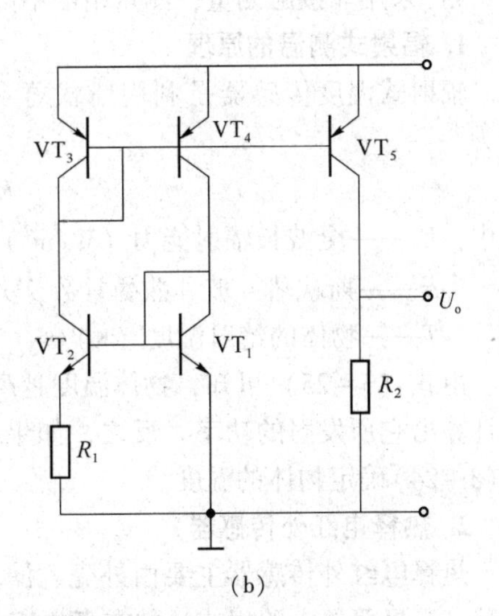

图3-47 电压型集成温度传感器核心电路

（a）结构；（b）核心电路

由式（3－23）可见，$\frac{R_2}{R_1}$为常数时，输出电压U_o与绝对温度T成正比。

目前市场上的电压型集成温度传感器有TMP35、TMP36、TMP37、LM50等，使用温度范围最大的是－55～150 ℃，输出电压与摄氏温度t成线性关系，即

$$U_o = U_{o0} + C_v t \tag{3-24}$$

式中：U_{o0}——0 ℃时的输出电压，大小为0 mV或500 mV；

电压温度系数C_v为20 mV/℃或10 mV/℃。

（3）数字型集成温度传感器

数字型集成温度传感器是将温度转换成对应二进制数码串行输出的新型集成温度传感器，其数字转换方式有模数转换式和脉冲计数式两种。模数转换式传感器将温度传感器和模数转换器集成在同一芯片上，典型产品有AD7418和LM74。脉冲计数式传感器的典型产品有DS1820等。详细内容请参考有关资料。

3.3.2 辐射式温度传感器

辐射式温度传感器是利用物体的辐射随温度变化的原理制成的，它采用非接触式测温方法，只要将传感器与被测对象对准即可测量其温度的变化。与接触式温度传感器相比，辐射式温度传感器具有以下特点：

1）传感器与被测对象不接触，不会干扰被测对象的温度场，故可测量运动物体的温度，且可进行遥测。

2）传感器与被测对象不在同一环境中，不会受到被测介质性质的影响，可以用来测量腐蚀性、有毒物体及带电体的温度，测温范围广，理论上无测温上限。

3）在检测时传感器不必和被测对象进行热量交换，所以其测量速度快、响应时间短，适于快速测温。

4）采用非接触测量，测量精度不高，测温误差大。

1. 辐射式测温的原理

辐射式温度传感器是利用斯忒藩－玻耳兹曼全辐射定理研制出的，其数学表达式为

$$E_0 = \sigma T^4 \tag{3-25}$$

式中：E_0——全波长辐射能力（W/m^2）；

σ——斯忒藩－玻耳兹曼常数，$\sigma = 5.67 \times 10^{-8}\ W/(m^2 \cdot K^4)$；

T——物体的绝对温度（K）。

由式（3－25）可知，物体温度越高，辐射功率越大。只要知道物体的温度，就可以计算出它所发射的功率。反之，如果测量出物体所发射出来的辐射功率，就可利用式(3－24)确定物体的温度。

2. 热释电红外传感器

热释电红外传感器主要由外壳、滤光片、热释电元件PZT、结型场效应管FET和电阻、二极管等电路组成，并在壳内充入氮气封装起来，引出引脚，其结构和内部电路如图3－48所示。其中滤光片设置在窗口处，组成红外线通过的窗口。滤光片为

6 μm多层膜干涉滤光片，它对5 μm以下的短波长光有高反射率，而对人体发出来的红外热源有高的透过性，其光谱响应为6 μm 以上，人体发射出来的红外线波长为10 μm，有高穿透性，阻抗变换用的 FET 和电路元件放在管底部分。敏感元件用热释电红外材料 PZT（或其他材料）制成很小的薄片，再在薄片两面镀上电极，构成两个反向串联的有极性的小电容。当入射的能量顺序地射到两个元件时，其输出是单元件的两倍，同时输入的能量会相互抵消。双元件红外敏感元件的以上特性可以防止因太阳光等红外线所引起的误差或误动作；由于周围环境温度的变化导致敏感元件产生温度变化时，两个元件产生的热释电信号互相抵消，起到补偿作用供测温用的热释电红外传感器，其响应波长范围为 2 ~ 15 μm，测温范围可达 -80 ~ 1 500 ℃。

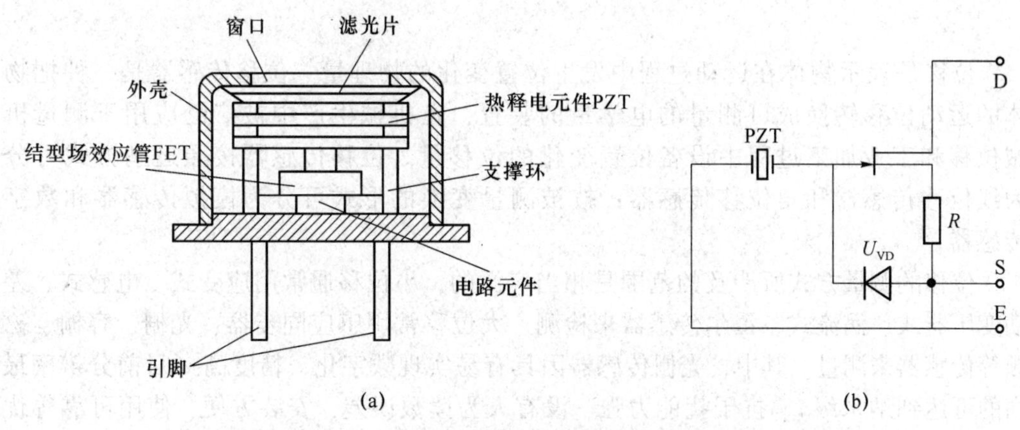

图 3-48 热释电红外传感器的结构及内部电路

（a）结构；（b）内部电路

3. 比色温度传感器

比色温度传感器是以两个波长的辐射亮度之比随温度变化的原理来进行温度测量的，光电比色温度传感器的工作原理如图 3-49 所示。被测对象的辐射射线经过透镜射到由电动机带动的旋转调制盘上，在调制盘的开孔上附有红、蓝两种颜色的滤光片。当电动机转动时，光敏器件上接收到的光线为红、蓝两色交替的光线，光敏器件输出与红、蓝光对应的电信号，经过放大器放大处理后，送到显示仪表，从而得到被测物体的温度。

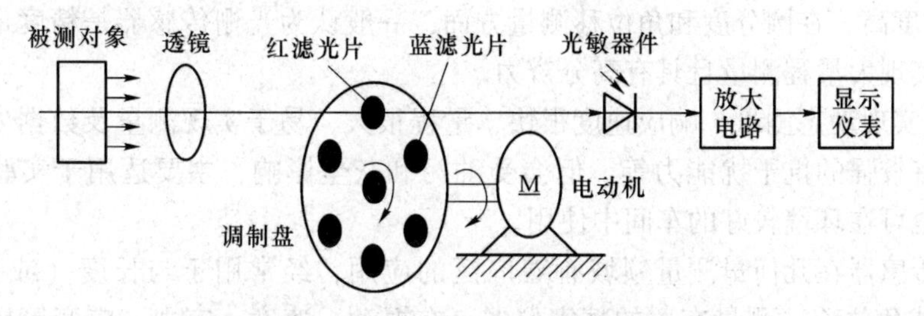

图 3-49 光电比色温度传感器的工作原理

第 4 章

位移传感器

位移是表示物体在运动过程中发生位置变化的物理量。位移传感器是一种把物体的运动位移转换成可测量的电学量的装置，在机械生产中被广泛应用于测量机械位移和工业加工过程中设备位置变化的位移量。位移传感器按照运动方式可分为线位移传感器和角位移传感器；按被测量变换的形式可分为模拟传感器和数字传感器。

位移的测量方式所涉及的范围是相当广泛的，小位移通常用应变式、电感式、差动变压器式、涡流式、霍尔传感器来检测，大位移常用感应同步器、光栅、容栅、磁栅等传感器来测量。其中，光栅传感器因具有易实现数字化、精度高（目前分辨率最高的可达到纳米级）、抗干扰能力强、没有人为读数误差、安装方便、使用可靠等优点，在机床加工、检测仪表等行业中得到广泛的应用。

应变式传感器、电感式传感器、差动变压器式传感器、霍尔传感器原理前面章节已讲过，此处不再赘述。

4.1 光栅传感器

常见的光栅传感器

光栅传感器是利用计量光栅的莫尔条纹现象来进行测量的，可用于长度和角度的精密测量，也可用于测量可转换成长度或角度的其他物理量，如位移、尺寸、转速、力、质量、扭矩、振动、速度和加速度等。

光栅传感器具有以下优点。

1）精度高。在圆分度和角位移测量方面，一般认为光栅传感器是精度最高的方法之一，可实现大量程测量且具有高分辨力。

2）可实现动态测量，响应速度很快，量程很大，易于实现测量及数据处理的自动化，且具有较强的抗干扰能力等，但会受油污和灰尘影响，主要适用于实验室条件下的工作，也可在环境较好的车间中使用。

光栅传感器在几何量测量领域有着广泛的应用，经常用于与长度（或直线位移）和角度（或角位移）测量有关的精密仪器，在振动、速度、应力、应变等机械量测量中也有应用。

4.1.1　光栅的类型

在玻璃、镀膜玻璃或金属上进行刻线，得到黑白相间且间隔细小的平行条纹，这就是光栅，如图4－1所示。光栅上栅线的宽度为a，线间宽度为b，一般取$a=b$，而$W=a+b$，W称为栅距。通常将在计量工作中使用的光栅称为计量光栅。计量光栅由主光栅和指示光栅组成，按形状和用途可分为长光栅和圆光栅两类。

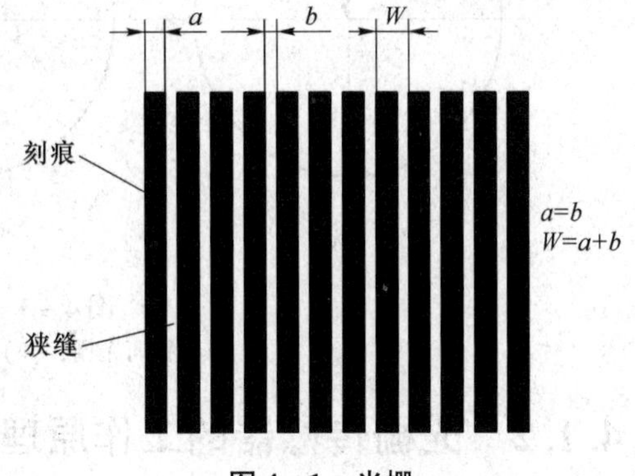

图4－1　光栅

1. 长光栅

长光栅又称光栅尺，由长短两块光栅组成，主要用于长度或直线位移的测量。长的一块称为主光栅，短的一块称为指示光栅，二者的刻线密度相同，刻线密度由测量精度决定，国产光栅的栅线密度一般有25条/毫米、50条/毫米、100条/毫米、250条/毫米等。

长光栅按照光栅的走向，可分为透射光栅和反射光栅，如图4－2所示。透射光栅将栅线刻在透明的工业用普通白玻璃上。反射光栅将栅线刻在有强反射能力的金属或玻璃镀膜上，也可刻在钢带上。金属光栅可以减小温度误差，适用于生产场合。

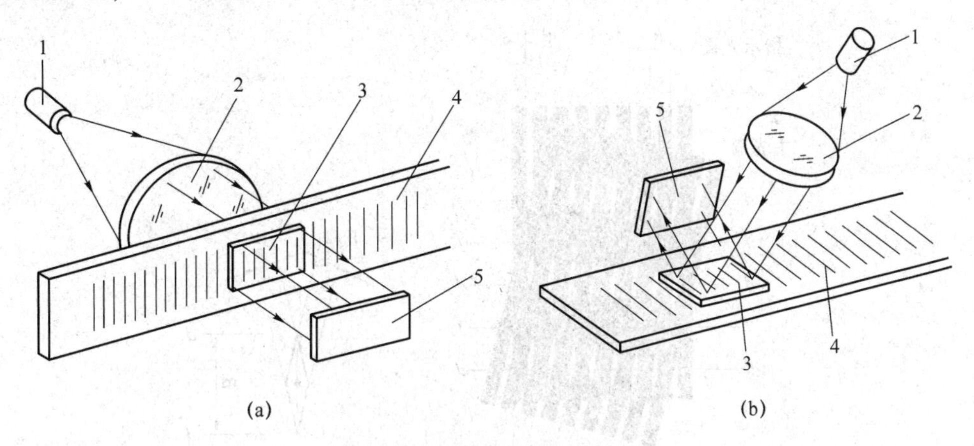

图4－2　透射光栅和反射光栅

（a）透射光栅；（b）反射光栅

1—光源；2—透镜；3—指示光栅；4—主光栅；5—光敏元件

2. 圆光栅

圆光栅又称为光栅盘，用来测量角度或角位移，根据刻线的方向可分为径向光栅、切向光栅和环形光栅，如图4－3所示。径向光栅的栅线延长线通过光栅盘的圆心，切向光栅的栅线延长线与光栅盘中心的一个小圆（直径为零点几毫米到几毫米）相切，环形光栅的栅线由一簇等间距的同心圆组成。

圆光栅由大小两块光栅组成，大的称为主光栅，小的称为指示光栅，二者刻线密度相同。圆光栅只有透射光栅。

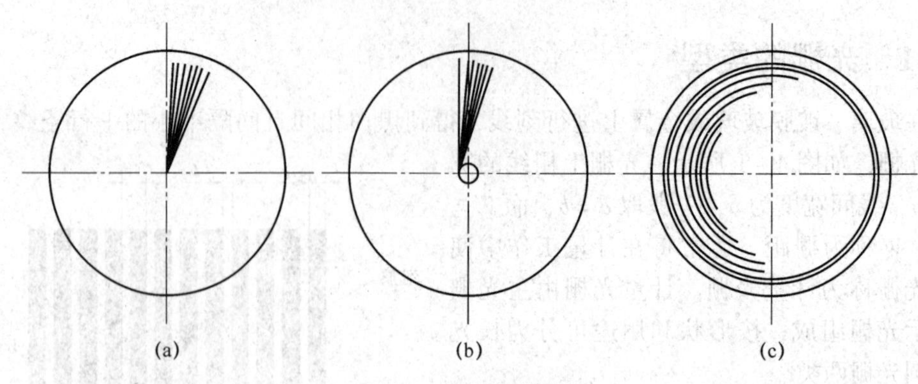

图 4-3 圆光栅的种类

(a) 径向光栅；(b) 切向光栅；(c) 环形光栅

4.1.2 光栅传感器的工作原理

光栅传感器是根据莫尔条纹原理制成的一种脉冲输出的数字式传感器。

1. 莫尔条纹

如果把两块栅距 W 相等的光栅面平行安装，并且让它们的刻痕之间有较小的夹角 θ，光栅上会出现若干条明暗相间的条纹，这种条纹称为莫尔条纹，如图 4-4 所示。莫尔条纹是光栅非重合部分光线透过而形成的亮带，它由一系列四棱形图案组成，如 $d-d$线区所示，$f-f$线区则是由光栅的遮光效应形成的。

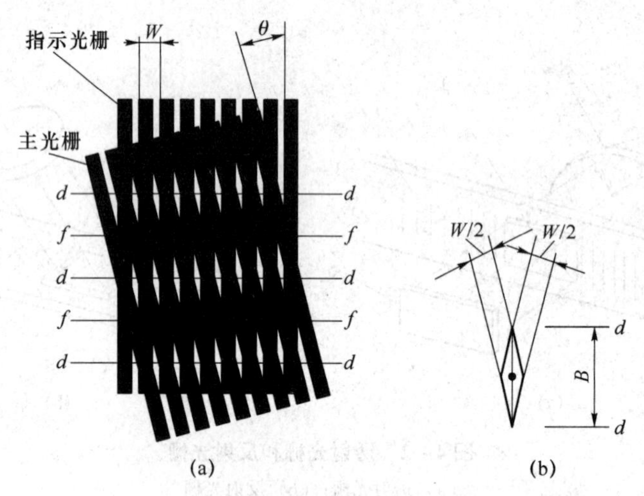

图 4-4 莫尔条纹

(a) 莫尔条纹；(b) 莫尔条纹中的一个四棱形

2. 莫尔条纹两个重要的特性

1）当指示光栅不动，主光栅左右平移时，莫尔条纹将沿着指示光栅的方向上下移动。根据莫尔条纹的移动方向，即可确定主光栅左右移动的方向。

2）莫尔条纹有放大位移的作用。当主光栅沿着与刻线垂直的方向移动一个栅距 W 时，莫尔条纹随之移动一个条纹间距 B。当两个等距光栅的栅间夹角 θ 较小时，主光栅移动一个栅距 W 时，莫尔条纹移动 KW 距离，K 为莫尔条纹的放大系数，可由式

（4-1）确定，即

$$K = \frac{B}{W} \approx \frac{1}{\theta} \tag{4-1}$$

其中，条纹间距与栅距的关系为

$$B = \frac{W}{\theta} \tag{4-2}$$

由式（4-1）可以看出，当 θ 较小时，莫尔条纹的放大倍数相当大。

这样，就可把肉眼看不见的光栅位移变成清晰可见的莫尔条纹移动，通过测量条纹的移动来检测光栅的位移，从而实现高灵敏度的位移测量。

3. 光栅传感器的结构与原理

（1）光栅传感器的结构

光栅传感器是由光源、透镜、主光栅、指示光栅和光电元件构成的，如图 4-5所示。

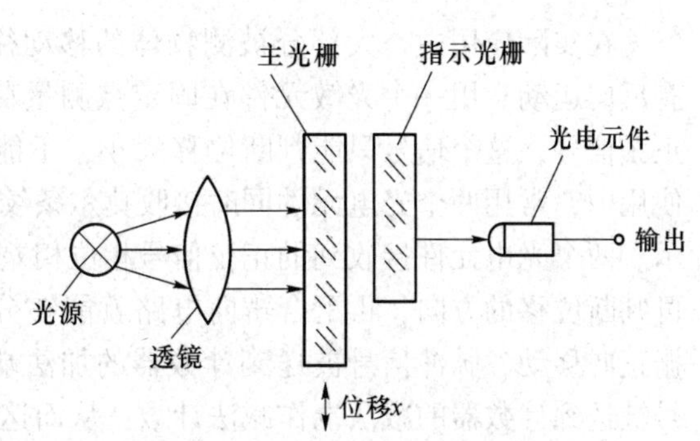

图 4-5　光栅传感器的结构

1）光源：供给光栅传感器工作时所需的光能。

2）透镜：将光源发出的光转换成平行光。

3）主光栅和指示光栅：主光栅又称标尺光栅，是测量的基准。指示光栅一般比主光栅短。光栅测量系统中的指示光栅一般固定不动，主光栅随测量对象（工作台或主轴）移动（或转动）。但在使用长光栅尺的数控机床中，主光栅往往固定在床身上不动，而指示光栅随拖板移动。主光栅的尺寸常由测量范围确定，指示光栅则为一小块，只要能满足测量所需的莫尔条纹数量即可。整个测量装置的精度主要由主光栅的精度来决定。两块光栅互相重叠但错开一个小角度 θ，以便获得莫尔条纹。

4）光电元件：将莫尔条纹的明暗强弱变化转换为电量输出。

（2）莫尔条纹位移测量的原理

根据莫尔条纹的性质，在理想情况下，固定点的光强随着主光栅相对于指示光栅的位移 x 变化而变化的关系如图 4-6（a）所示。由于主光栅与指示光栅之间的间隙、光栅的衍射效应、栅线质量等因素的影响，光电元件输出信号为近似于图 4-6（b）所示的正弦波。

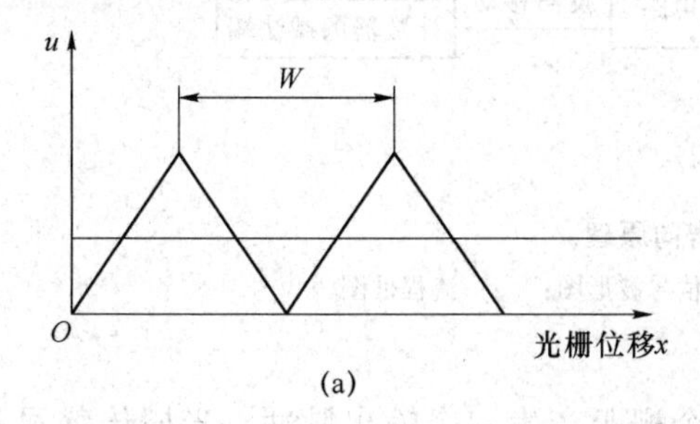

(a)

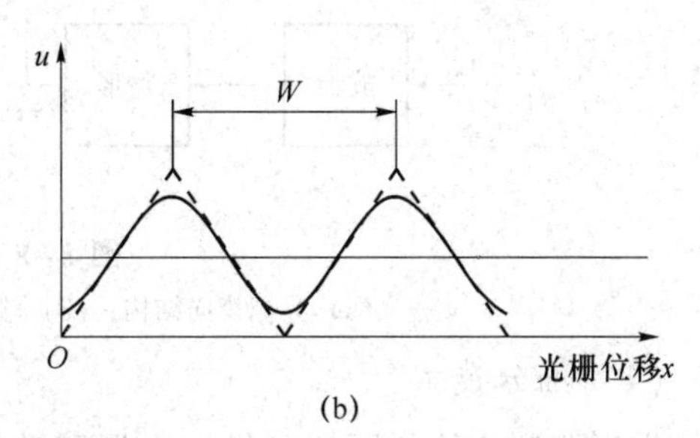

(b)

图 4-6　光强与位移的关系

（a）理想输出；（b）实际输出

主光栅移动一个栅距 W，莫尔条纹随之产生位移，若用光电元件检测出明、暗的变化，表明输出信号 u 变化一个周期 2π。输出信号经整形变为脉冲，脉冲数、条纹数、光栅移动的距数是一一对应的，因此位移量为 $x=NW$，其中 N 为条纹数。莫尔条纹测量位移框图如图 4－7所示。

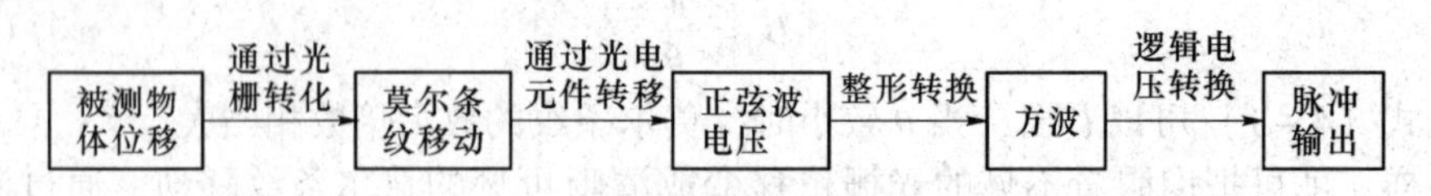

图 4－7　计量光栅测量位移框图

(3) 辨向原理

在实际应用中，大部分被测物体的移动往往不是单向的，而是既有正向运动，又有反向运动。用一个光敏元件在固定点测量莫尔条纹，得到的是图 4－6（b）所示的正弦信号，这个信号只能判断位移大小，不能判断位移方向。为了辨别方向，在实际使用中，常用两个光电元件同时接收莫尔条纹，二者距离相差 $B/4$，如图 4－8（a）所示。两个光电元件接收到的正弦信号相位相差 90°，根据两个信号超前或落后的情况即可判断位移的方向，再配合辨向电路就能够分辨方向了，如图 4－8（b）所示。若光栅正向移动，脉冲信号被送到计数器的加法端作加法计数；若光栅反向移动，脉冲信号被送到计数器的减法端作减法计数，从而达到辨别光栅移动方向的目的。

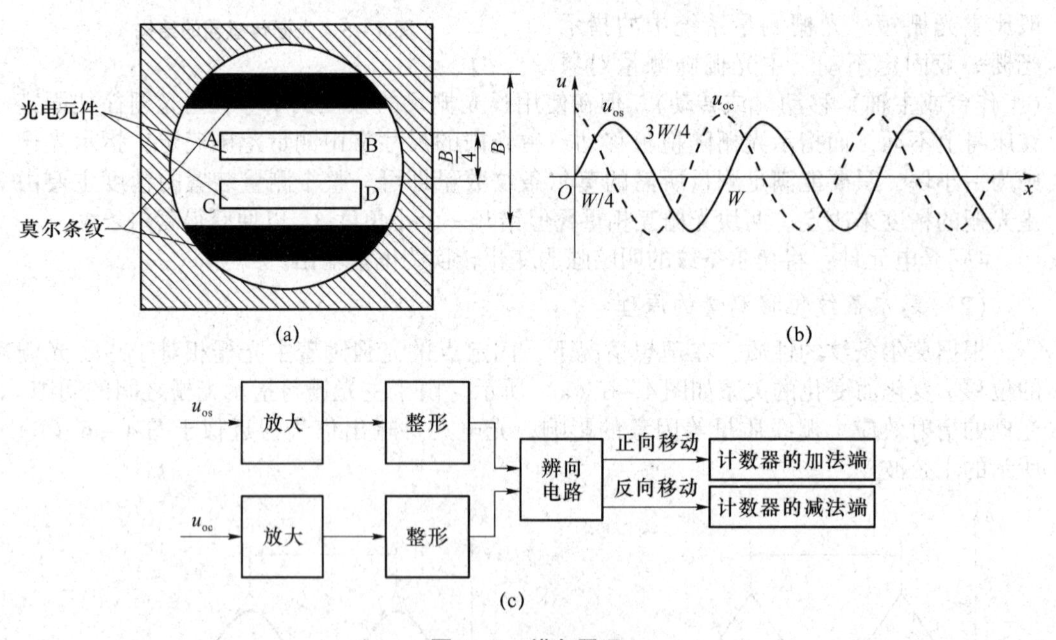

图 4－8　辨向原理

（a）光栅辨向结构；（b）输出信号波形图；（c）流程框图

(4) 细分技术

由光栅测位移的原理可知，光栅移动一个栅距产生一个输出脉冲，光栅传感器的精度就是一个栅距，这样的精度往往达不到要求。为了提高精度，引入了细分技术。

细分就是在光栅移动一个栅距、莫尔条纹变化一个周期时输出多个脉冲的方法，通过减小脉冲当量来提高分辨力，从而检测比光栅距小的位移量及被测物体的移动方向。另外，莫尔条纹是由光栅的多个刻线形成的，对刻线误差有平均作用，能在很大程度上消除刻线不均匀引起的误差。

4.1.3　光栅传感器的应用

1. 光栅传感器在机床进给运动中的应用

光栅传感器在机床进给运动中的应用如图4－9所示。在机床操作过程中，由于用数字显示方式代替了传统的标尺刻度读数，大大提高了加工精度和加工效率。以横向进给为例，将光栅读数头固定在工作台上，尺身固定在床鞍上，当工作台沿着床鞍左右运动时，工作台移动的位移量（相对值/绝对值）可通过数字显示装置显示出来。同理，床鞍前后移动的位移量可用同样的方法来测量。

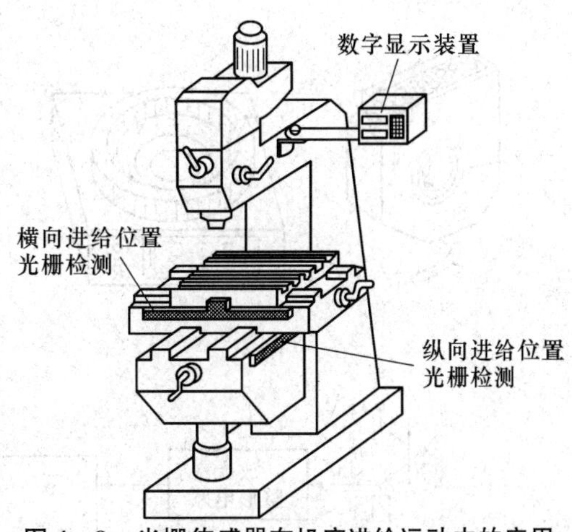

图4－9　光栅传感器在机床进给运动中的应用

2. 光栅传感器在数控机床位置控制中的应用

光栅传感器是用于数控机床的精密检测装置，采用非接触式测量。光栅位置检测装置的主要作用是检测位移量，并将检测的反馈信号和数控装置发出的指令信号进行比较，若有偏差，则经放大后控制执行部件，使其向着消除偏差的方向运动，直到偏差为零，如图4－10所示。

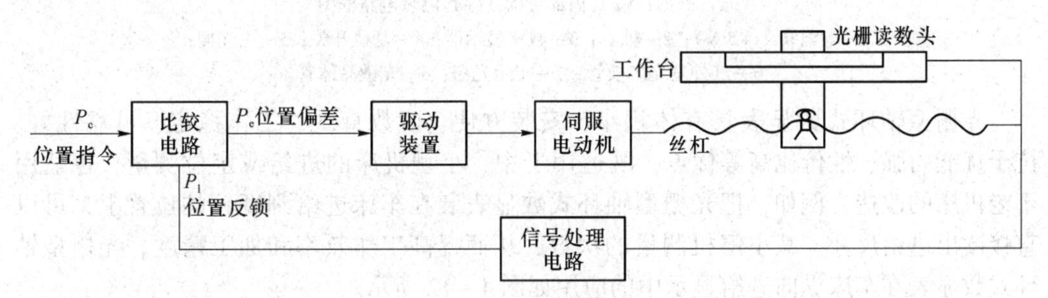

图4－10　数控机床位置控制框图

3. 光栅型轴环式数显表在车床纵向进给显示中的应用

ZBS型光栅型轴环式数显表的外形如图4－11（a）所示。光栅型轴环式数显表的主光栅由不锈钢圆薄片制成，可用于角位移的测量。定片（指示光栅）固定，动片（主光栅）可与外界旋转轴相连并转动。动片表面均匀地镂空500条透光条纹，如图4－11（b）所示；定片为圆弧形薄片，在其表面刻有两组透光条纹（每组3条），定片上的条纹与动片上的条纹成一角度θ。两组条纹分别与两组红外发光二极管和光敏晶体管相对应。当动片旋转时，产生的莫尔条纹亮暗信号由光敏晶体管接收，相位正好相差$\pi/2$，即第一个光敏晶体管接收到正弦信号，第二个光敏晶体管接收到余弦信号。

经整形电路处理后，两者仍保持相差 1/4 周期的相位关系，再经过细分及辨向电路，根据运动的方向来控制可逆计数器进行加法或减法计数。测量显示的零点由外部复位开关完成，测量电路框图如图 4－11（c）所示。

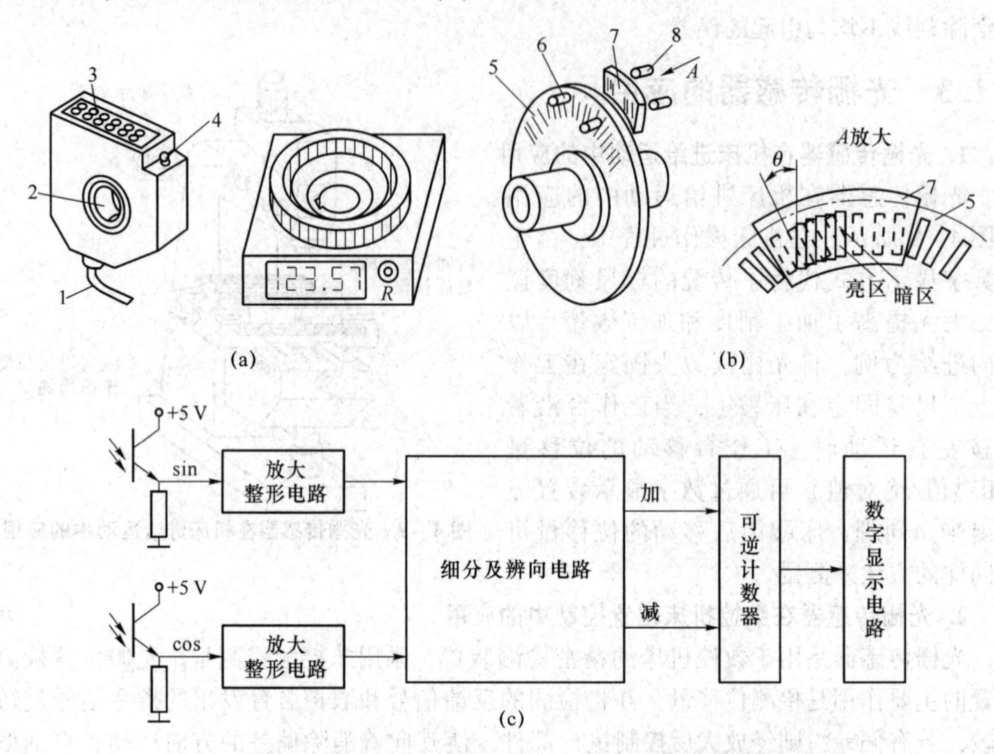

图 4－11　ZBS 型轴环式数显表的外形、内部结构及测量电路框图

（a）外形；（b）内部结构；（c）测量电路框图

1—电源线（+5 V）；2—轴套；3—数字显示器；4—复位开关；5—主光栅；6—红外发光二极管；7—指示光栅；8—光敏晶体管

光栅型轴环式数显表具有体积小、安装方便、读数直观、工作稳定、可靠性好、抗干扰能力强、性价比高等优点，既适用于中、小型机床的进给或定位测量，也适用于老机床的改造。例如，把光栅型轴环式数显表装在车床进给刻度轮的位置上，可以直接读出进给尺寸，减小停机测量的次数，从而提高工作效率和加工精度。光栅型轴环式数显表在车床纵向进给显示中的应用如图 4－12 所示。

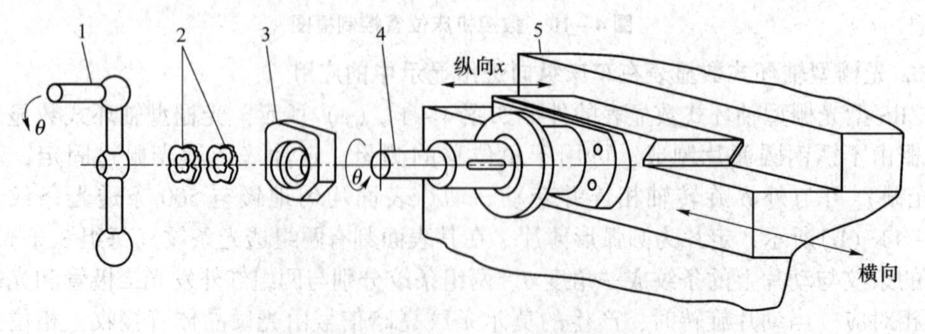

图 4－12　光栅型轴环式数显表在车床纵向进给显示中的应用

1—手柄；2—紧固螺母；3—光栅型轴环式数显表拖板；4—丝杠轴；5—溜板

4.1.4 光栅传感器的使用注意事项

1）光栅传感器与数显表插头插拔时应在关闭电源后进行。

2）尽可能外加保护罩，并及时清理溅落在光栅尺上的切屑和油液，防止异物进入光栅传感器壳体内部。

3）定期检查各连接螺钉是否松动。

4）为延长防尘密封条的寿命，可在密封条上均匀涂上一薄层硅油，注意勿溅落在玻璃光栅刻划面上。

5）为保证光栅传感器使用的可靠性，可每隔一定时间用乙醚和无水乙醇混合液（各50%）清洗擦拭光栅尺面及指示光栅面，保持玻璃光栅尺面清洁。

6）光栅传感器严禁剧烈振动及摔打，以免破坏光栅尺。如果光栅尺断裂，光栅传感器便会失效。

7）不要自行拆开光栅传感器，更不能任意改动主栅尺与指示栅尺的相对间距，否则，可能影响光栅传感器的精度，还可能造成主栅尺与指示栅尺的相对摩擦，损坏铬层，从而损坏栅线，导致光栅尺报废。

8）注意防止油污及水污染光栅尺面，以免破坏光栅尺条纹分布，引起测量误差。

9）避免在有严重腐蚀作用的环境中使用光栅传感器，以免腐蚀光栅铬层及光栅尺表面，破坏光栅尺质量。

4.2 磁栅传感器

磁栅传感器是一种利用拾磁原理工作的位移测量元件，在磁体上录有等节距的磁信号。测量时，磁头与磁体发生相对位移，在位移过程中，磁头把磁体上的磁信号检测出来并转换成电信号。

磁栅传感器具有精度高、制造简单、成本低廉、测量范围广（可达十几米）、不需接长、复制方便、安装调整使用方便，以及对环境条件要求较低、抗干扰能力强等优点。需要时，可以将磁栅上的磁信号抹去，重新录制，还可以将其安装在机床上之后录制磁信号，对于消除安装误差和机床本身的几何误差，以及提高测量精度都十分有利。磁栅传感器在大型机床的数控、精密机床的自动控制和各种测量仪器等方面得到了广泛的应用，使用时要注意防止退磁，定期更换磁头。

磁栅传感器根据用途可分为长磁栅式和圆磁栅式两种，分别用来测量线位移和角位移。

4.2.1 磁栅传感器的工作原理

磁栅传感器由磁尺、磁栅、磁头和信号处理电路组成。

1. 磁尺

磁尺按基体形状分为带形磁尺、线形磁尺（又称同轴型）和圆形磁尺，如图4-13所示。当量程较大或安装面不好安排时，用带形磁尺；线形磁尺的结构特别小巧，可用于结构紧凑的场合或小型测量装置中；圆形磁尺主要用于测量角位移。

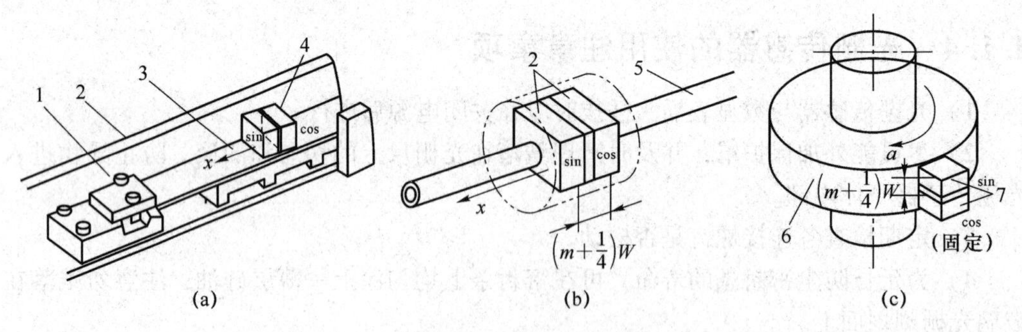

图 4-13　磁尺的结构

（a）带形磁尺；（b）线形磁尺；（c）圆形磁尺

1—带形磁尺；2—磁头；3—框架；4—预紧固定螺丝；5—同轴形（线形）磁尺；6—圆形磁尺；7—圆磁头

2. 磁栅

磁栅是在制成尺形的非金属材料表面上镀一层磁性材料薄膜，并录上间距相等、极性正负交错的磁信号栅条制成的。录音磁头沿长度方向按一定波长记录一个周期性信号，以剩磁的形式将信号保留在磁尺上，信号可以是正弦波或方波，其节距有 0.05 mm、0.1 mm 和0.2 mm。

3. 磁头

磁头是进行磁-电转换的变换器，其作用类似于磁带机的磁头，用来读取磁尺上的记录信号，能把反映空间位置的磁信号转换为电信号输送到检测电路中。

按读取方式的不同，磁头可分为动态磁头和静态磁头两大类。

（1）动态磁头

动态磁头又称速度响应磁头，它是由铁镍合金材料制成的铁芯和一组线圈组成，只有当磁头和磁栅有相对运动时才有信号输出，输出信号随运动速度变化，且只能在恒速下检测，如普通录音机上的磁头；机床进行间歇运动，速度不均匀，故不能使用。

动态磁头读取信号的原理如图 4-14（b）所示。此信号表明磁铁的磁分子被排列成 SN、NS、…状态，磁信号在 N、N 相重叠处为正最强，磁信号在 S、S 重叠处为负最强，图中的 W 是磁信号节距。当磁头沿着磁栅表面做相对位移时，由于各位置处的磁通不同，在磁头的线圈中感应的电动势也不同，从而输出正弦信号，若输出信号的周期数为 n，则位移 $s=nW$。

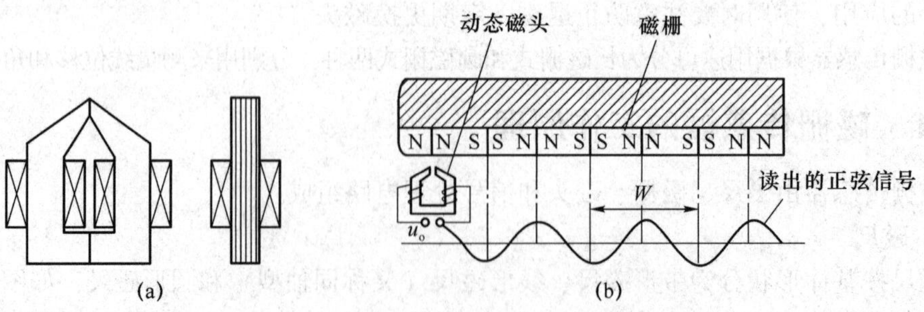

图 4-14　动态磁头的外形与读出信号原理

（a）动态磁头的外形；（b）读出信号原理图

（2）静态磁头

静态磁头又称磁通响应式磁头，静态磁头是用铁镍合金片叠成的有效截面不等的多间隙铁芯，有激磁和输出两个绕组，在磁头与磁栅间没有相对运动时，也有信号输出，其应用广泛。为了在低速运动和静止时对数控机床进行位置检测，必须采用静态磁头。

静态磁头的工作原理如图 4－15 所示。由图 4－15 可知，每个静态磁头由铁芯、两个串联的激磁绕组 N_1 和两个串联的输出绕组 N_2 组成。当绕组 N_1 通入激磁电流时，磁通的一部分通过铁芯，在 N_2 绕组中产生电动势信号。如果铁芯空隙中同时受到磁栅剩余磁通的影响，N_2 中产生的电动势的振幅则由于磁栅剩余磁通极性的变化受到调制。

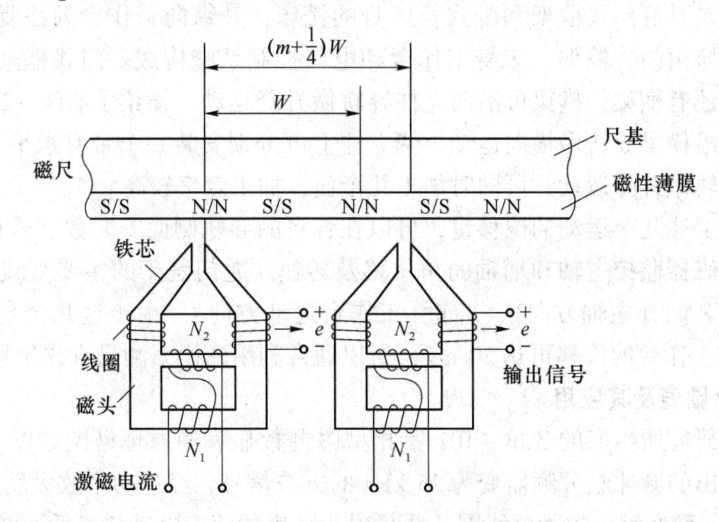

图 4－15　静态磁头的工作原理示意图

实际上，静态磁头中的激磁绕组 N_1 起到磁路开关的作用。当激磁绕组 N_1 中无电流通过时，磁路处于不饱和状态，磁栅上的磁力线通过磁头铁芯而闭合，磁路中的磁感应强度取决于磁头与磁栅的相对位置。如果在绕组 N_1 中通入交变电流，铁芯截面较小的一段磁路每个周期两次被激励而产生磁饱和，使磁栅所产生的磁力线不能通过铁芯；只有当激磁电流每个周期两次过零时，铁芯不饱和，磁栅的磁力线才能通过铁芯，此时输出绕组有感应电动势输出，其频率为激磁电流频率的 2 倍，输出电压的幅度与进入铁芯的磁通量成正比，即与磁头相对于磁栅的位置有关。磁头制成多间隙是为了增大输出，输出信号是多个间隙信号的平均值，因此可以提高输出精度。

为了辨别方向，静态磁头总是成对使用的，其间距为（$m+1/4$）W，其中 m 为正整数，W 为磁栅栅条的间距。为了保证距离的准确性，通常将两个磁头做成一体，两个磁头输出信号的载频相位差为 90°，通过两个磁头输出信号的超前或滞后来辨别磁头在磁栅上的移动方向。

4.2.2　磁栅传感器的应用

目前，磁栅传感器主要作为高精度测量长度和角度的测量仪器，以及自动控制系统中的检测元件。

1）磁栅传感器可采用激光定位录磁，而不需要采用感光、腐蚀等工艺，可以得到较高的精度。目前，系统的精度为±0.01 mm/m，分辨力为1~5 μm，可以与数显表构成数字位置测量系统。

2）磁栅传感器可以做成全封闭的位移测量传感器，耐水、耐油污、耐粉尘、耐振动性，量程可达30 m，长度在2 m以上，性价比优势明显，长度越长优势越明显，在大型金属切削机床应用方面有明显优势，如大型镗床、铣床、水下测量、木材或石材加工机床（工作环境粉尘很重）、金属板材压轧设备（大型成套设备）、三坐标测量计等。

1. 磁栅在龙门铣床进给测控中的应用

龙门铣床是具有门式框架和卧式长床身的铣床，其纵向工作台的往复运动是进给运动。龙门铣床由门式框架、床身工作台和电气控制系统构成。门式框架由立柱和顶梁构成，中间还有横梁，横梁可沿两立柱导轨做升降运动。横梁上有1~2个带垂直主轴的铣头，可沿横梁导轨做横向运动。两立柱上可分别安装一个带有水平主轴的铣头，铣头可沿立导轨做升降运动，可同时加工几个面，加工效率较高。

为了监控上述几个运动的位移量，可以在各自的导轨侧面安装数字式位移传感器。通常利用角编码器监控主轴和辅轴的角位移及转速。龙门铣床的主要直线位移有 X 向（横梁方向）、Z 向（主轴方向）、Y 向（工作台运动方向）。由于这几个自由度的直线位移较大（如工作台的位移可达20 m），所以通常利用磁栅来测量直线位移。

2. 磁栅数显表及其应用

上海机床研究所生产的ZCB－101鉴相型磁栅数显表的原理框图如图4－16所示。晶体振荡器输出的脉冲经分频器变为25 kHz的方波信号，经过功率放大后同时送入sin静态磁头和cos静态磁头的励磁线圈。两只磁头产生的感应电动势经低通滤波器和前置放大器送到求和放大电路，得到的相位能反映位移量的电动势。带通滤波器除去求和信号中的高次谐波、干扰等无用信号，取出角频率为 ω（10 kHz或50 kHz）的正弦信号，并由整形电路将其整形为方波。为了检测比一个磁栅节距更小的位移量，需要在一个节距内进行电气细分，每当位移 x 使整形后的方波相位变化1.8°时，鉴相细分电路就输出一个计数脉冲，此脉冲表示磁头相对移动了1 μm，并由可逆计数器计数，计数结果由多位十进制数码管（数字显示器）显示。

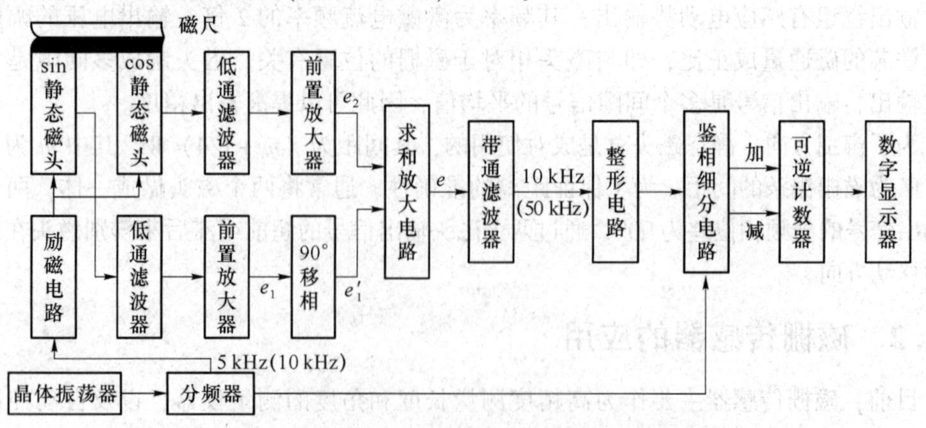

图4－16 ZCB－101鉴相型磁栅数显表的原理框图

目前，磁栅数显表多采用微机来实现图4－16所示框图中的功能，硬件的数量大大减少而功能却优于普通数显表。

随着材料技术的进步，目前带状磁栅数显表可做成开放式的，长度可达几十米，并可卷曲。安装时可直接用特殊的材料粘贴在被测对象的基座上，读数头与控制器（如可编程控制器）相连并进行数据通信，可随时对行程进行显示和控制。

4.3　感应同步器

感应同步器

感应同步器是利用电磁感应原理把位移量转换成数字量的传感器，它由两个平面印制电路绕组构成，与变压器的初级和次级绕组类似，故又称为平面变压器。

感应同步器一般由1～10 kHz、几伏到几十伏的交流电压励磁，输出电压一般为几毫伏。

感应同步器具有检测精度高、抗干扰性强、寿命长、维护方便、成本低、工艺性好等优点，广泛应用于数控机床及各类机床数控改造中。

4.3.1　感应同步器的结构

按照测量位移对象的不同，感应同步器可分为用于测量直线位移的直线式感应同步器和用于测量角位移的旋转式感应同步器。前者由定尺和滑尺组成，后者由转子和定子组成。

1. 直线式感应同步器的结构

直线式感应同步器的制造方法一般为：首先用绝缘粘接剂把铜箔粘牢在金属（或玻璃）基板上，然后按设计要求利用光刻或化学腐蚀工艺将铜箔膜蚀刻成不同曲折形状的平面绕组，这种绕组一般称为印制电路绕组。定尺是连续绕组，节距（周期）W为2 mm；滑尺则是分段绕组，分段绕组分为两组，两组节距相等，W_1为1.5 mm，空间相差90°相角（即1/4节距），分别称为正弦绕组和余弦绕组，如图4－17所示。直线式感应同步器的连续绕组和分段绕组相当于变压器的初级侧和次级侧绕组，利用交变电磁场和互感原理工作。

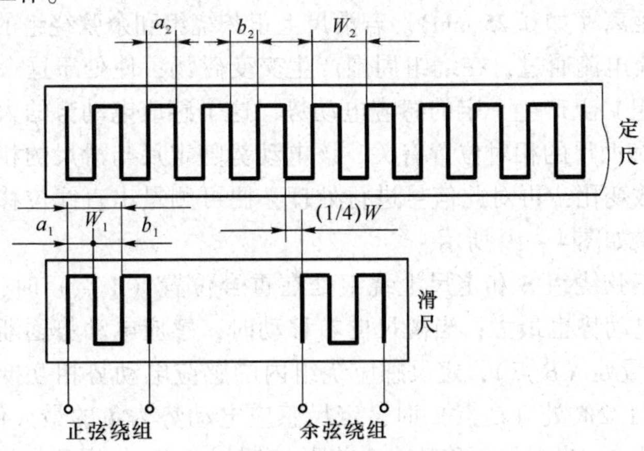

图4－17　直线式感应同步器

定尺一般安装在设备的固定部件上（如机床床身），滑尺则安装在移动部件上。根据运行方式、精度要求、测量范围及安装条件等，直线式感应同步器有不同的尺寸、形状和种类。

2. 旋转式感应同步器的结构

旋转式感应同步器的转子相当于直线式感应同步器的定尺，定子相当于滑尺。旋转式感应同步器的定子绕组也做成正弦、余弦绕组形式，两者要相差90°相角，转子为连续绕组，如图 4 – 18 所示。目前旋转式感应同步器的直径有 50 mm、76 mm、178 mm、302 mm 四种，其径向导体数（也称极数）有 360、512、720 和 1 080 等几种。一般来说，在极数相同的情况下，旋转式感应同步器的直径做得越大，精度越高。

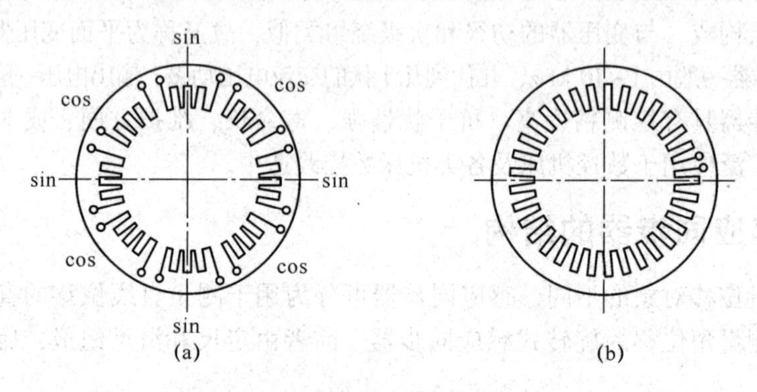

图 4 – 18　旋转式感应同步器的绕组

（a）定子绕组；（b）转子绕组

4.3.2　感应同步器的工作原理及特点

1. 感应同步器的工作原理

感应同步器是利用电磁感应原理来测量位移的一种数字传感器，下面以直线式感应同步器为例介绍它的工作原理。在实际使用中，感应同步器的定尺和滑尺分别安装在机械设备的固定部件和运动部件上工作时，定尺和滑尺处于相互平行和相对的位置，中间保持很小的距离（如 0. 25 mm）。若滑尺上正弦绕组和余弦绕组的两端接入交流电压，绕组中有交流电流通过，在绕组周围产生交变磁场，使处于这个交变磁场中的定尺绕组（感应绕组）上产生一定的感应电动势，这个感应电动势的大小与接入交流电压（激磁电压）和两尺的相对位置有关。该电动势随定尺与滑尺的相对位置的不同而呈正弦或余弦函数变化，再对此信号进行处理，便可测量出直线位移量。感应电动势与绕组位置的关系如图 4 – 19 所示。

当滑尺上的正弦绕组 S 和定尺上绕组处在重合位置（*A* 点）时，耦合磁通最大，定尺绕组的感应电动势也最大；当滑尺向右移动时，感应电动势逐渐减小，在移动到 $1/4W$（节距）位置处（*B* 点），定尺感应绕组内的感应电动势相互抵消，总电动势为 0；继续向右移动 $1/2W$ 处（*C* 点）时，定尺感应电动势为负的最大值；在移至 $3/4W$ 处（*D* 点）又变为 0；当滑尺再移动一个节距 W 时（*E* 点），回到与初始位置完全相同的耦合状态，感应电动势最大。这样感应电动势随着滑尺相对定尺的移动而呈周期性

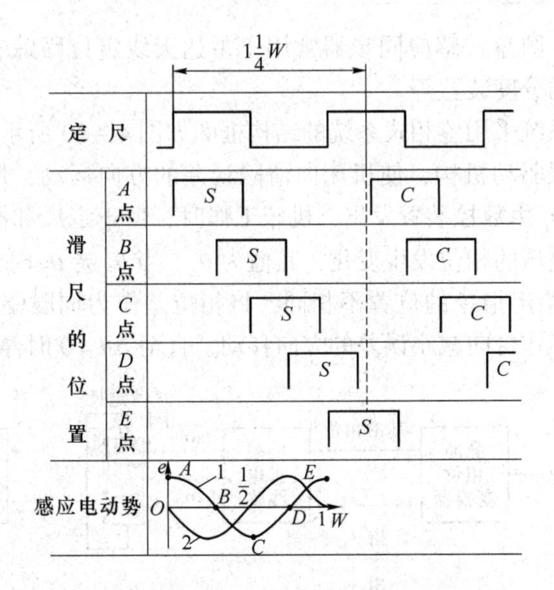

图4-19 感应电动势与绕组位置的对应关系

1—由 S 激磁的感应电动势曲线；2—由 C 激磁的感应电动势曲线

变化，其变化如图4-19中曲线所示。同理，余弦绕组接入交流电压时，定尺绕组中也将产生感应电动势，定尺上产生的总的感应电动势是正弦绕组和余弦绕组分别接入交流电压（激磁电压）时产生的感应电动势之和。加大激磁电压，可获得较大的感应电动势值，但过高的激磁电压会使激磁电流过大而无法正常工作，一般取1~2 V。激磁频率一般为1~2 kHz，频率越大，允许测量的速度就越高，但会导致效率降低。由此可见，在励磁绕组中加上一定的交变励磁电压时，感应绕组中会感应出相同频率的感应电压，其幅值大小随着滑尺移动做周期性规律变化。滑尺移动一个节距，感应电压变化一个周期。感应同步器就是利用感应电压的变化进行位置检测的。

2. 感应同步器的特点

感应同步器具有以下特点。

1）感应同步器基于电磁感应原理，感应电动势仅取决于磁通量的变化率，几乎不受环境因素（温度、油污、尘埃等）影响。

2）感应同步器的输出信号是由滑尺与定尺之间的相对位移产生的，不经过任何机械传动机构，因而测量精度和分辨力较高。

3）感应同步器的滑尺与定尺之间的相对位移是非接触式的，使用寿命长，工作可靠，抗干扰能力强，便于维护，非常适合恶劣的工作环境。

4）直线式感应同步器的测量范围可以根据需要将若干个定尺接长使用，长度可达20 m。目前，国产行程几米到十几米的大、中型数控机床的位置检测大多采用感应同步器。

4.3.3 感应同步器的应用

感应同步器的应用非常广泛，可用于大量程的线位移、角位移的静态和动态测量。直线式感应同步器广泛应用于大型精密坐标镗床、坐标铣床及其他数控机床的定位，数控和数字显示器；圆盘式感应同步器常用于雷达天线定位跟踪、导弹制导、精密机床或测量仪器设备的分度装置等。

数控机床闭环系统采用鉴相式系统的结构框图如图 4－20 所示。误差信号 $\Delta\theta$ 用来控制数控机床的伺服驱动机构，使机床向清除误差的方向运动，形成位置反馈。基准相位 θ_0、指令相位 θ_1 由数控装置发出，机床工作时，由于定尺和滑尺之间产生了相对运动，定尺上感应电压的相位发生变化，其值为 θ_2。当 $\theta_1 \neq \theta_2$ 时，即感应同步器的实际位移与 CNC 装置给定指令的位置不相同，将相位差作为伺服驱动机构的控制信号，控制执行机构带动工作台向减小误差的方向移动，直至 $\Delta\theta = 0$ 时停止移动。

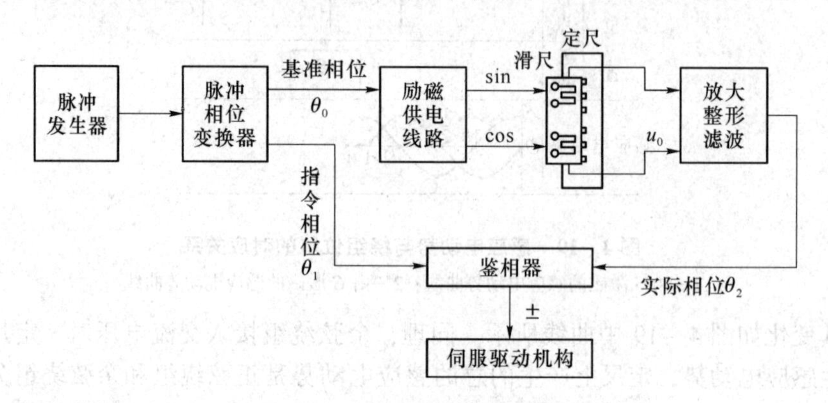

图 4－20 感应同步器鉴相测量控制系统框图

4.3.4 感应同步器安装使用的注意事项

1）感应同步器在安装时必须保持定尺与滑尺平行，两平面间的间隙约为0.25 mm，倾斜度小于 0.5°，装配面波纹度在 0.01 mm/250 mm 以内。滑尺移动时，晃动的间隙及不平行度误差的变化小于 0.1 mm。

2）感应同步器大多安装在容易被切屑及切屑液易浸入的地方，所以必须加以防护，否则切屑夹在间隙内，会刮伤滑尺和定尺的绕组甚至造成短路，使装置发生误动作及损坏。

3）同步回路中的阻抗和激磁电压不对称及激磁电流失真度超过 2%，将对检测精度造成很大的影响，因此在调整系统时，应加以注意。

4）由于感应同步器感应电动势低、阻抗低，应加强屏蔽以防止干扰。

4.4 脉冲编码器

脉冲编码器分为光电式、接触式、电磁感应式 3 种。光电式脉冲编码器精度和可靠性优于其他两种脉冲编码器，所以数控机床主要使用光电式脉冲编码器。

光电式脉冲编码器是一种光学式位置检测元件，编码盘直接安装在转轴上，能把机械转角变换成电脉冲信号，是数控机床上使用很广泛的位置检测装置。光电式脉冲编码器还可以用于速度检测。

4.4.1　光电式脉冲编码器的分类

光电式脉冲编码器按编码方式分为增量式和绝对值式两种。

增量式光电脉冲编码器结构简单、成本低、使用方便，应用最广，但可能由于噪声或其他外界干扰产生计数误差，因停电或故障而停机，事故排除后无法找到事故发生前执行部件的正确位置。

绝对值式光电脉冲编码器利用圆盘上的图案来表示数值，坐标值可以从绝对编码盘中直接读出，没有累计进程中的误计数，故障排除后或通电后仍可找到原先的绝对坐标位置。绝对值式光电脉冲编码器的缺点是，当进给转数大于一转时，需做特殊处理，如用减速齿轮将两个以上的编码器连接起来组成多级检测装置，但其结构变得复杂，成本高，常用于有特殊要求的场合。

4.4.2　光电式脉冲编码器的工作原理

1. 增量式光电脉冲编码器的工作原理

增量式光电脉冲编码盘也称光电码盘，它结构简单，广泛用于各种数控机床、工业控制设备及仪器中。增量式光电脉冲编码盘分为玻璃光栅盘式、金属光栅盘式和脉冲测速电机式三种。增量式光电脉冲编码器由 LED（带聚光镜的发光二极管）光源、光栏板、光电码盘、光敏元件及印制电路板（信号处理电路）组成，如图 4－21（a）所示。光电码盘与转轴连接，光电码盘的边缘制成向心的透光狭缝，数量 n 从几百条到几千条不等，将整个码盘的圆周等分成 n 个透光槽。增量式光电码盘后侧有 3 个光敏元件 A、B、C，其中 A 和 B 也分别称为正弦信号元件和余弦信号元件。

增量式光电脉冲编码器的工作原理示意图如图 4－21（b）所示。脉冲编码器光源产生的光经光学系统形成一束平行光投射在光电码盘上，当光电码盘随工作轴一起转动时，每转过一个缝隙就发生一次光线的明暗变化。光敏元件接收明暗相间的光信号并将其转换为交替变化的电信号，该信号为两组近似于正弦波的电流信号 A 和 B，A 信号和 B 信号相位相差 90°，经过放大和整形变成方波，如图 4－22 所示。通过两个光栅信号，光电码盘每转一圈，光敏元件 C 就产生一个脉冲的“一转脉冲”（“零度脉冲”），称为 Z 相脉冲，该脉冲是用来产生机床的基准点。从图 4－22 中可以看出，可以根据信号 A 和信号 B 的发生顺序判断光电式编码器轴的旋转方向，若信号 A 超前信号 B 则为正转，反之则为反转。数控系统正是利用这一原理来判断旋转方向的。

在数控机床上，为了提高光电式编码器输出信号传输时的抗干扰能力，要利用 4 个特定的电路把输出信号 A、B、Z 进行差分处理，从而得到差分信号，波形如图 4－23所示，其特点是两两反相。

增量式光电脉冲编码器的测量精度取决于它所能分辨的最小角度，光电与光电码盘圆周内的狭缝数有关，其分辨角 $a = 360°/$狭缝数。增量式光电脉冲编码器除了可以测量角位移外，还可以通过测量光电脉冲的频率测得转速。如果通过机械装置，将直线位移转换成角位移，还可以用来测量直线位移。

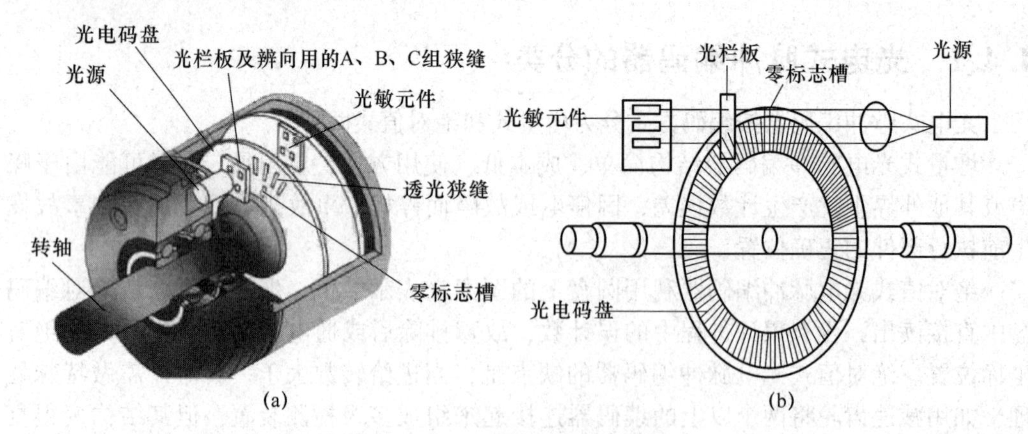

图 4－21　增量式光电脉冲编码器

(a) 组成；(b) 工作原理示意图

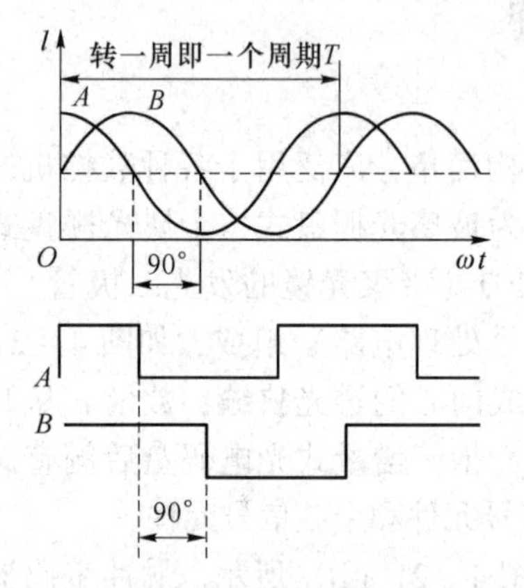

图 4－22　增量式光电脉冲编码器的输出波形

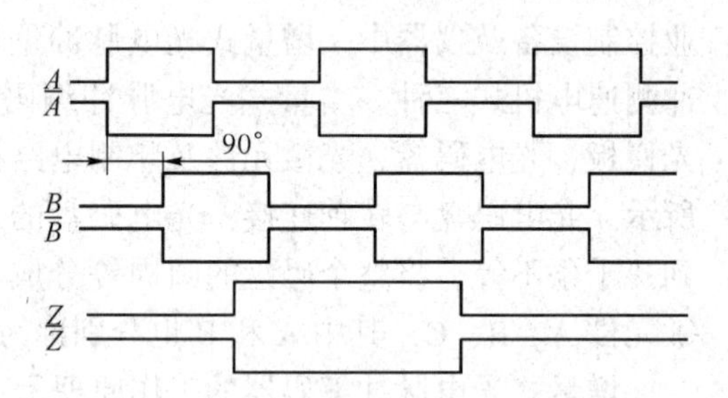

图 4－23　差分信号波形图

2. 绝对值式光电脉冲编码器的工作原理

绝对值式光电脉冲编码器是通过读取光电码盘上的二进制的编码信息来表示绝对位置信息的。与被测轴同心装置的编码盘上沿径向有若干同心码道，刻制了按一定编码规则形成的遮光和透光部分的组合，如图 4－24 所示。图中空白部分是透光的，用“0”来表示；涂黑的部分是不透光的，用“1”来表示。每个码道表示二进制数的 1 位，其中最外侧的是最低位，最内侧的是最高位。如果编码盘有 4 个码道，则由里向外的码道分别表示为二进制的 23、22、21 和 20，4 位二进制可形成 16 个二进制数，从而将圆盘划分成 16 个扇区，每个扇区对应一个 4 位二进制数，如 0000、0001、1111。编码顺序遵循特定的规律，由此在整个编码盘上形成如图 4－24（a）所示的码道。在编码盘的一边配置发光二极管光源和透镜，另一边配置光电元件和驱动电子线路，如图 4－25 所示。当编码盘转到某一角度时，光源发出的光线经透镜变成一条平行光照射到编码盘上，通过扇区中透光的码道经狭缝射到对应的光敏二极管，使其导通，输出低电平“0”；遮光的码道对应的光敏二极管不导通，输出高电平“1”，从而形成与编码方式一致的高、低电平输出。编码盘随着被测轴的转动使得透过编码盘的光束产生间断，通过光电元件的接收和电子线路的处理后，经过数字计算即可得到转动位置或速度的信息。

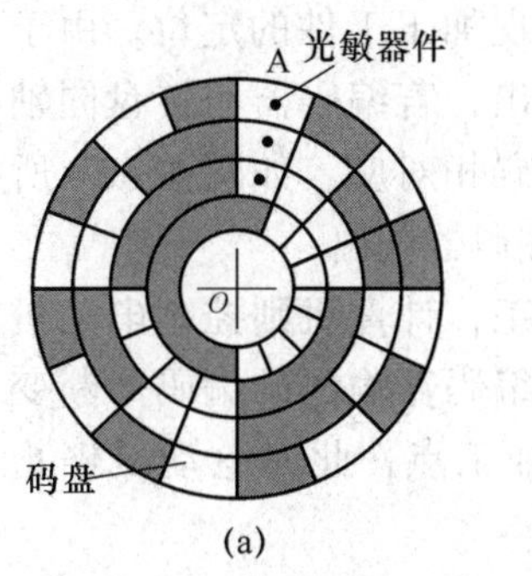

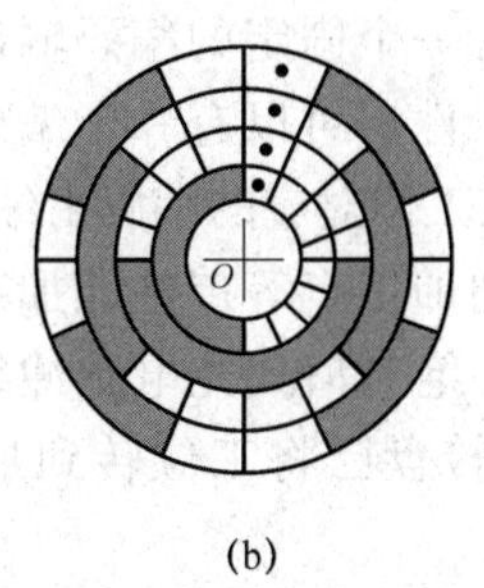

图 4－24　绝对值式光电脉冲编码器的编码盘

（a）标准二进制编码；（b）格雷码

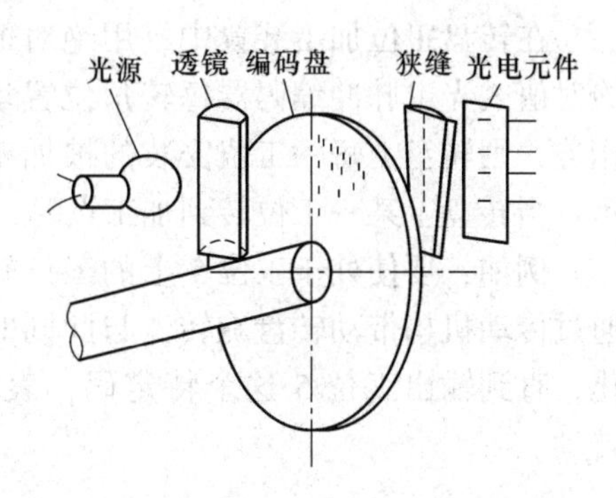

图 4－25　绝对值式光电脉冲编码器的组成

目前，绝对值式光电脉冲编码器大多采用格雷码盘，如图 4－24（b）所示。格雷码盘旋转时，任何两个相邻数码间只有 1 位变化，输出信号可用硬件或软件进行二进制转换，4 位二进制码与循环码之间的关系见表 4－1。光源采用发光二极管，光敏元件采用硅光电池或光电晶体管，光敏元件的输出信号经过放大及整形电路，得到具有足够高的电平与接近理想方波的信号。为了尽可能地减少干扰噪声，放大及整形电路通常安装在编码器的壳体内。此外，光敏元件及电路的滞后特性使输出波形具有一定时间的滞后，限制了最大使用转速。

表 4－1　4 位二进制码与格雷码之间的关系

十进制	标准二进制码	格雷码	十进制	标准二进制码	格雷码
0	0000	0000	8	1000	1100
1	0001	0001	9	1001	1101
2	0010	0011	10	1010	1111
3	0011	0010	11	1011	1110
4	0100	0110	12	1100	1010
5	0101	0111	13	1101	1011
6	0110	0101	14	1110	1001
7	0111	0100	15	1111	1000

4.4.3　光电式脉冲编码器的应用

1. 控制机床的纵向进给速度

将光电式脉冲编码器安装在机床的主轴上检测其转速，经脉冲分配器和数控逻辑运算，输出进给速度指令控制丝杆进给电动机，达到控制机床纵向进给速度的目的，如图 4－26所示。半闭环控制的精度受光电式脉冲编码器的分辨力和进给丝杆的累积误差影响较大。

2. 控制转盘工位加工

在转盘工位加工装置中，用绝对值式光电脉冲编码器实现加工工件的定位。由于绝对值式光电脉冲编码器每转角位置均有一个固定的编码输出，若编码器与转盘同轴相连，则转盘上每一工位安装的被加工工件均可以有一个编码相对应，如图 4－27 所示。当转盘上某一工位转到加工点时，该工位对应的编码由编码器输出。

例如，要使处于工位5 上的工件转到加工点等待钻孔加工，计算机则控制电动机通过传动机构带动转盘旋转，与此同时，绝对值式光电脉冲编码器输出的编码不断变化，直到输出工位 5 这个特定码，表示转盘已将工位转到加工点，此时电动机停止转动。

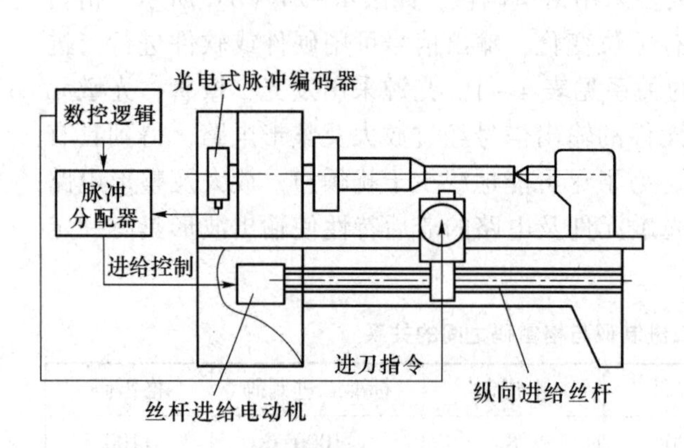

图 4－26　机床纵向进给速度控制原理图

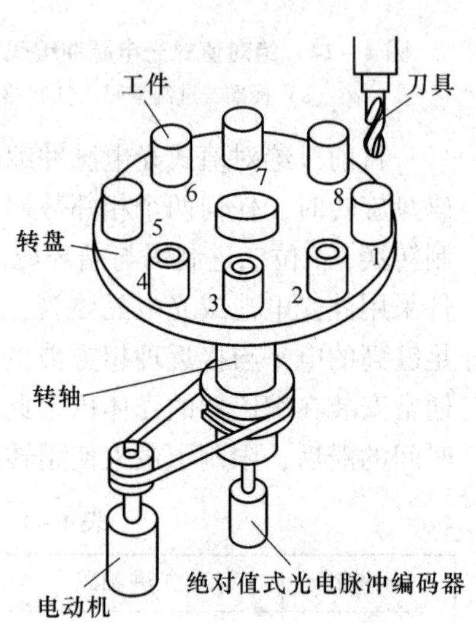

图 4－27　转盘工位编码

4.4.4　光电式脉冲编码器安装使用的注意事项

光电式脉冲编码器由精密器件构成，当受到较大冲击时，可能被损坏，使用时应充分注意。

1. 光电式脉冲编码器的安装要求

安装光电式脉冲编码器时要注意以下几点：

1）安装时，不要给轴施加直接的冲击力，光电式脉冲编码器实心轴与外部连接时应避免刚性连接，而应使用弹性联轴器、尼龙齿轮或同步带连接传动，避免因用户轴的窜动、跳动造成编码器轴系和码盘的损坏。

2）安装光电式脉冲编码器时空心轴与电动机轴是间隙配合的，不能过紧或过松，定位间也不得过紧，严禁敲打装入，以免损坏轴系和码盘。

3）有锁紧环的光电式脉冲编码器在装入电动机轴前，严禁锁紧，以防止轴壁永久变形。

4）长期使用时，要检查板弹簧相对光电式脉冲编码器是否松动，固定光电式脉冲编码器的螺钉是否松动。

5）在轴上安装连接器时，不要强行压入，安装不良可能会给轴施加比允许荷重还重的负荷，或造成拔芯现象。

2. 光电式脉冲编码器的环境要求

1）光电式脉冲编码器是精密仪器，使用时要注意周围有无振源及干扰源。

2）不是防漏结构的光电式脉冲编码器不要溅上水、油等，必要时要加上防护罩。

3）注意环境温度、湿度是否在仪器使用要求范围之内。

4）避免在强电磁波环境中使用。

3. 光电式脉冲编码器的电气要求

光电式脉冲编码器的接线应注意以下几点：

1）接地线应尽量粗，线径一般应大于3 mm。

2）不要将输出线与动力线等绕在一起，或在同一管道传输，也不宜在配线盘附近使用，以防干扰。

3）输出线彼此不要搭接，以免损坏输出电路。

4）信号线不要接到直流电源或交流电流上，以免损坏输出电路。

5）与光电式脉冲编码器相连的电动机等设备，应接地良好，不要有静电。

6）配线时应采用屏蔽电缆。

7）开机前应仔细检查产品说明书与光电式脉冲编码器型号是否相符。

8）接线务必要正确，错误接线会导致内部电路损坏。

9）在初次启动前，对未用电缆要进行绝缘处理。

10）长距离传输时，应考虑信号衰减因素，选用输出阻抗低、抗干扰能力强的输出方式。

4.5　电位器式位移传感器

电位器是人们经常用到的电子元件，它作为传感器可以把机械位移或者其他能够转换为位移的非电量转换为有一定函数关系的电阻值的变化，从而引起输出电压的变化，是一个机电传感元件。

电位器式位移传感器的可动电刷与被测物体相连，物体的位移引起电位器移动端的电阻变化，阻值的变化量反映了位移的数值，阻值的增大或减小则表明位移的方向。通常在电位器上施加电压，以把电阻变化转换为电压输出。

电位器式位移传感器具有精度高、量程范围大、移动平滑、分辨率高、寿命长的特点，在机械设备的行程控制及位置检测中占有很重要的地位，尤其在较大位移测量中得到了广泛的应用，如注塑机、成型机、压铸机、印刷机械、机床等。

4.5.1　电位器式位移传感器的工作原理

电位器式位移传感器工作原理示意如图4－28所示。

1. 直线位移型电位传感器的工作原理

当被测位移变化时，触点 C 沿电位器移动。如果移动距离为 x，则 C 点与 A 点之间的电阻为

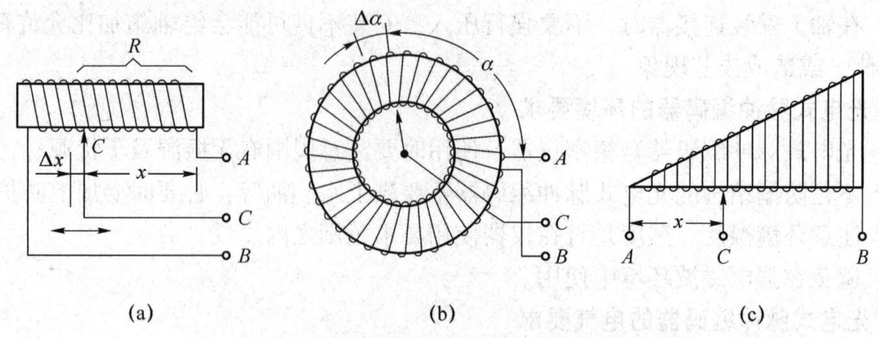

图4-28 电位器式位移传感器工作原理示意图

(a) 直线位移型；(b) 角位移型；(c) 非线性型

$$R_{AC} = \frac{R}{L} \cdot x = K_L x \tag{4-3}$$

式中：K_L——单位长度的电阻，当导线分布均匀时是常数，因此这种传感器的输出（电阻）与输入（位移）呈线性关系。

传感器的灵敏度为

$$S = \frac{dR}{dx} = K_L$$

式中：S——常数。

2. 角位移型电位传感器的工作原理

回转型变阻式传感器的电阻值随转角而变化，也为角位移型电位传感器。传感器的灵敏度为

$$S = \frac{dR}{d\alpha} = K_\alpha \tag{4-4}$$

式中：K_α——单位弧度对应的电阻值，当导线材质分布均匀时，K_α 为常数；

α——转角，单位为 rad。

3. 非线性电位器的工作原理

非线性电位器又称函数电位器，它是输出电阻（或电压）与电刷位移（包括线位移或角位移）之间具有非线性函数关系的一种电位器，即 $R_x = f(x)$。其非线性函数关系可以是指数函数、三角函数、对数函数等各种特定函数，也可以是其他任意函数。

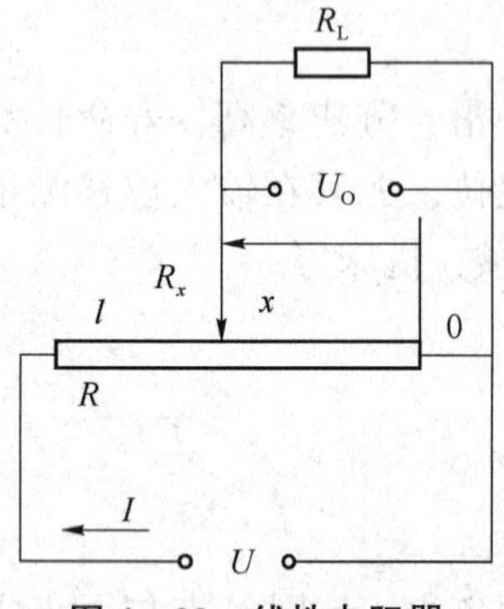

图4-29 线性电阻器的电阻测量电路

线性电阻器的电阻测量电路如图4-29所示，负载电阻为 R_L，电位器长度为 l，总电阻为 R，电刷位移为 x，相应的电阻为 R_x，电源电压为 U，则输出电压 U_o 为

$$U_o = \frac{U}{\dfrac{l}{x} + \dfrac{R}{R_L}\left(1 - \dfrac{x}{l}\right)} \tag{4-5}$$

当 $R_L \to \infty$ 时，输出电压为

$$U_o = \frac{U}{l}x = S_U x \tag{4-6}$$

式中：S_U——电位器的电压灵敏度。

由式（4-5）可以看出，当电位器输出端接有输出电

阻时，输出电压与电刷位移并不完全呈线性关系。只有 $R_L \to \infty$时，S_U 为常数，输出电压与电刷位移呈线性关系，线性电位器的理想空载特性曲线是一条严格的直线。

电位器式位移传感器的优点有：

1）输入/输出特性（即输入位移量与电压量之间的关系）可以是线性的，也可以根据需要选择其他任意函数关系的输入/输出特性。

2）输出信号选择范围很大，只需改变电阻器两端的基准电压，就可以得到比较小的或比较大的输出电压信号。

3）不会因为失电而破坏其已感觉到的信息，当电源因故障断开时，电位器的滑动触点将保持原来的位置不变，重新接通电源后，原有的位置信息就会重新出现。

4）它还具有性能稳定、结构简单、尺寸小、质量轻、精度高等优点。

电位器式位移传感器的一个主要缺点是容易磨损。由于滑动触点和电阻器表面的磨损，使电位器的可靠性和寿命受到一定的影响，正因如此，电位器式位移传感器在机器人上的应用受到了极大的局限。

4.5.2　电位器的选择

电位器的种类繁多，下面介绍几种工业位移传感器用的电位器。

1. 非线绕电位器

为了克服线绕电位器存在的缺点，人们在电阻的材料及制造工艺上下了很多工夫，发展了各种非线绕电位器。

（1）合成膜电位器

合成膜电位器的电阻是用包含某一电阻值的悬浮液喷涂在绝缘骨架上形成电阻膜而成的，具有分辨率高、阻值围宽（100 Ω～4.7 MΩ）、耐磨性好、工艺简单、成本低、输入－输出信号的线性度好等优点；主要缺点是接触电阻大、功率不够大、容易吸潮、噪声较大等。

（2）金属膜电位器

金属膜电位器是将合金、金属或金属氧化物等材料通过真空溅射或电镀方法，沉积在瓷基体上一层薄膜制成的。

金属膜电位器具有无限的分辨率，接触电阻很小，耐热性好，满负荷温度可达 70 ℃。和线绕电位器相比，它的分布电容和分布电感很小，特别适合在高频条件下使用；金属膜电位器的缺点是耐磨性较差、阻值范围窄，一般在 10～100 kΩ 之间，噪声信号仅高于线绕电位器，这些缺点限制了它的使用。

（3）导电塑料电位器

导电塑料电位器又称有机实心电位器，其电阻体是由塑料粉及导电材料的粉料经塑压而成。导电塑料电位器的耐磨性好，使用寿命长，电刷允许接触压力大，因此在振动、冲击等恶劣的环境下能够可靠地工作。除此以外，它的分辨率较高，线性度较好，阻值范围大，能承受较大的功率。导电塑料电位器的阻值易受温度和湿度的影响，精度不高。

(4) 导电玻璃釉电位器

导电玻璃釉电位器又称金属陶瓷电位器，它是以合金、金属化合物或难溶化合物等为导电材料，以玻璃釉为粘接剂，经混合烧结在玻璃基体上制成的。导电玻璃釉电位器的耐高温性好、耐磨性好、有较宽的阻值范围、电阻温度系数小且抗湿性强，但接触电阻变化大、噪声大、难以保证测量的高精度。

2. 线绕电位器

线绕电位器的电阻体由电阻丝缠绕在绝缘物上构成。电阻丝的种类很多，其材料根据电位器的结构、容纳电阻丝的空间、电阻值及温度系数来进行选择。电阻丝越细，在给定空间内越能获得较大的电阻值和分辨率。但电阻丝太细，在使用过程中容易断开，影响传感器的寿命。

3. 光电电位器

光电电位器是一种非接触式电位器，它用光束代替电刷，主要由电阻体、光电导层及导电电极组成。光电电位器的制作过程是：先在基体上沉积一层硫化镉或硒化镉的光电导层，然后在光电导层上沉积一条电阻体与一条导电电极。在电阻体和导电电极之间留有一个窄的间隙，平时无光照时，电阻体和导电电极之间由于光电导层电阻很大而处于绝缘状态；当光束照射在电阻体和导电电极的间隙上时，由于光电导层被照射部位的亮电阻很小，使得电阻体被照射部位和导电电极导通，光电电位器的输出端产生电压输出，从而实现了将光束位移转换为电压信号输出，输出电压的大小与光束位移照射的位置有关。

光电电位器是非接触的，不存在磨损问题，不会对传感器系统带来任何有害的摩擦力矩，从而提高了传感器的精度、寿命、可靠性及分辨率，但其接触电阻大，线性度差，输出阻抗较高，需要接高输入阻抗的放大器。尽管光电电位器有着不少缺点，但是它的优点是其他电位器无法比拟的，因此在很多重要场合仍得到应用。

4.5.3 电位器式位移传感器的应用

电位器式位移传感器的结构如图 4－30 所示，其测量轴与内部被测物接触，当有位移输入时，测量轴沿导轨移动，同时带动电刷在滑线变阻器上移动，电刷的位置变化产生电压输出，根据输出电压的变化就可以判断位移的大小。如果要求同时测量位移的大小和方向，可以将其中的精密无感电阻和滑线变阻器组成桥式测量电路。

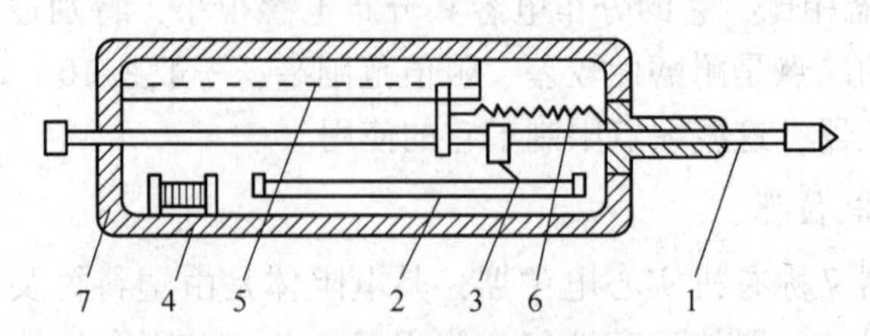

图 4－30 电位器式位移传感器的结构

1—测量轴；2—滑线变阻器；3—电刷；4—精密无感电阻；5—导轨；6—弹簧；7—壳体

4.5.4 设计与制作

该设计使用电位器式位移传感器测量位移，所需元件如下：

电位器式位移传感器 R_{P1}、运算放大器 LM324、与门 74LS08、8.2 kΩ 外接电位器 R_{P2}、2 kΩ 外接电位器 R_{P3}、5 V 稳压电源、实验板、电阻等，主要元件型号或参数见表 4－2。

表 4－2 主要元件型号或参数

元件名称	型号或参数
IC1A、IC1B、IC1C	运算放大器 LM324
R_{P1}	电位器式位移传感器
R_{P2}、R_{P3}	精密电位器
IC2A、IC2B	与门 74LS08
R_1	10 kΩ 电阻
R_2	8.2 kΩ 电阻
R_3	2 kΩ 电阻

按图 4－31 将电路焊接在实验板上，认真检查电路，正确无误后接好电位器式位移传感器 R_{P1} 和 5 V 稳压电源。

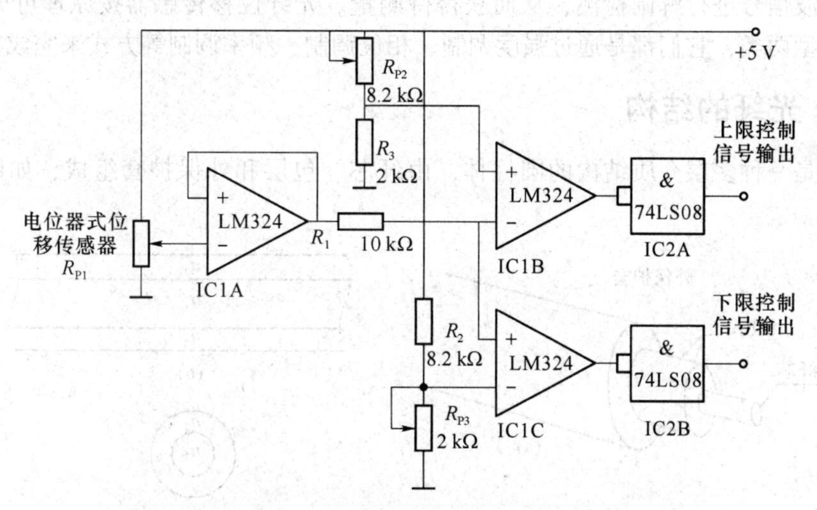

图 4－31 电位器式传感器在机械行程控制中位置检测电路

图 4－31 中 R_{P1} 为电位器式位移传感器，若总机械行程小于 100 mm，则可选用行程为100 mm的电位器式位移传感器；R_{P1} 滑动端输出电压经 IC1A 构成的电压跟随器送到由 IC1B 和 IC1C 组成的电压比较器，分别输出行程下限和上限控制信号。

R_{P1} 滑动端输出电压为 0～5 V，则 IC1A 输出也为 0～5 V 电压。对于 IC1C 来说，若实际行程小于下限行程（即 $U_+ < U_-$），则 IC1C 输出为0 V；若实际行程超过下限行

程（即$U_+ > U_-$），则 IC1C 输出和 IC1B 输出均为 5 V。

对于 IC1B 来说，当实际行程小于上限（即$U_+ > U_-$）时，输出的上限控制信号为 5 V；当实际行程超过上限（即$V_+ < V_-$）时，IC1B 输出的上限控制信号为 0 V，IC1C 则因$U_+ > U_-$，一直保持为 5 V。

图 4－31 中R_{P2}用于调节上限位置，其调节范围是 20～100 mm；R_{P3}用于调节下限位置，其调节范围是 0～20 mm。

1）下限位置调节：将电位器式位移传感器R_{P1}调节到下限位置（如 5 mm 的位置），此时调节R_{P3}使 IC2B 输出为低电平。在工作过程中，当电位器式位移传感器的位移小于 5 mm 时，IC2B 输出为低电平。

2）上限位置调节：将电位器式位移传感器R_{P1}调节到上限位置（如 80 mm），此时调节R_{P2}使 IC2A 输出为低电平。在工作过程中，当电位器式位移传感器的位移超过 80 mm时，IC2A 输出为低电平。

该电路输出的两个信号可作为系统工作的上、下限位置检测信号，此信号类似于机械运动中的行程开关。可将此信号送到控制电路，作为往复运动的控制信号；也可将此信号送到 MCU，作为工件的位置信号。

4.6 光纤位移传感器

光纤位移传感器利用光纤将待测量对光纤内传输的光波参量进行调制，并对被调制过的光波信号进行解调检测，从而获得待测量。光纤位移传感器按原理可分为传光型和功能型两类，它们都是通过强度调制、相位调制、频率调制等方式来完成检测的。

4.6.1 光纤的结构

光纤是一种多层介质结构的圆柱体，由纤芯、包层和外保护套组成，如图 4－32（a）所示。

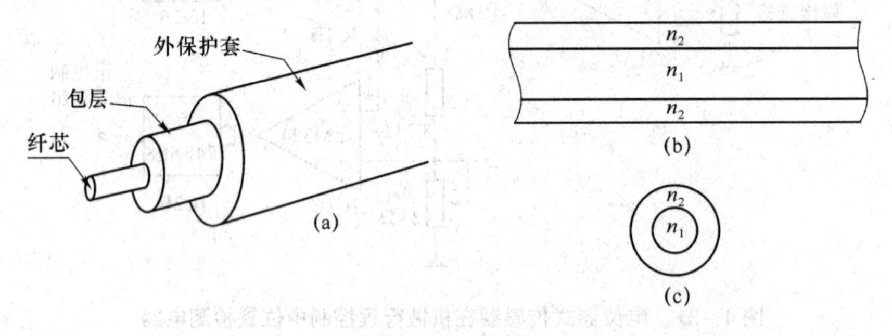

图 4－32 光纤

（a）结构；（b）轴截面图；（c）端面图

1. 纤芯

纤芯的主体材料是二氧化硅或塑料，有时为了提高光的折射率，可以在主体材料中掺入微量杂质，如二氧化锗或五氧化二磷等，制成很细的圆柱体，直径一般为 5～75 μm。

2. 包层

包层包裹在纤芯的外面，根据需要可制成单层或多层，包层的材料一般为二氧化硅，掺入微量三氧化二硼或四氧化硅，以降低其对光的折射率。

纤芯的折射率 n_1 大于包层的折射率 n_2 ，以保证光线在纤芯中进行全反射，从而进行光的传播，如图 4－33 所示。

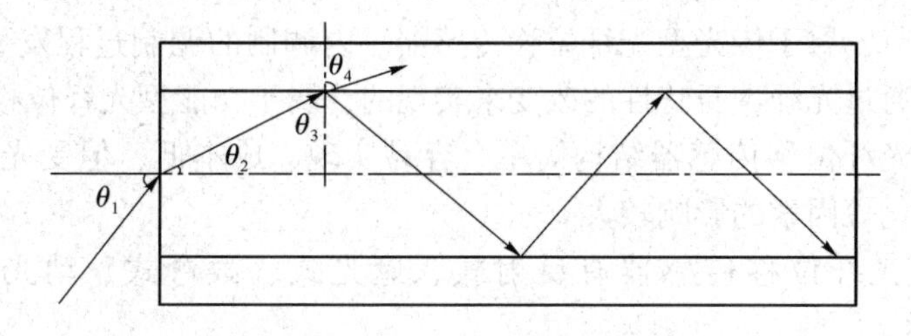

图 4－33　光在光纤中的传播

3. 外保护套

外保护套处于光纤的最外层，是一层塑料保护管，既可以增加光纤的机械强度，又可以防止外面的光线进入其中。外保护套的颜色用以区分光缆中各种不同的光纤。

4.6.2　光纤位移传感器的类型

1. 功能型光纤位移传感器和传光型光纤位移传感器

按光纤的作用，光纤位移传感器可分为功能型和传光型两大类，如图 4－34 所示。

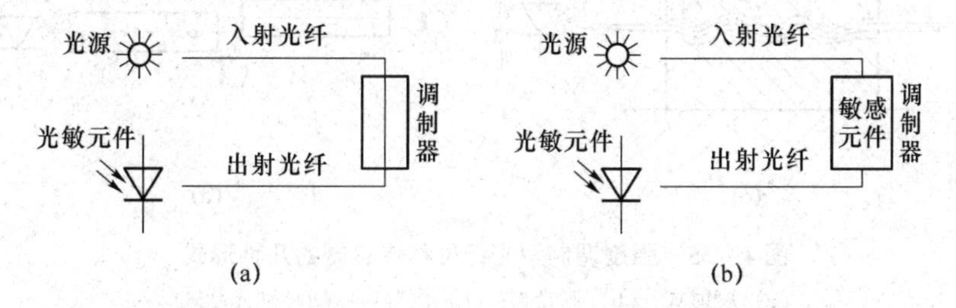

图 4－34　功能型光纤位移传感器和传光型光纤位移传感器
(a) 功能型光纤位移传感器；(b) 传光型光纤位移传感器

功能型光纤位移传感器利用外界因素改变光纤中光波的特征参量，从而对外界因素进行计量和数据传输，其光纤不仅传输光波，还可以作为敏感元件使用，具有传光、传感合一的特点。传光型光纤位移传感器利用其他敏感元件测得的特征量，由光纤进行数据传输，可以充分利用现有的传感器，便于传感器的推广应用。

一般来说，传光型光纤位移传感器应用较多，也便于使用。功能型光纤位移传感器的构思和工作原理往往比较复杂，但测量灵敏度比较高，能解决一些特别棘手的测量难题。

2. 强度调制型光纤位移传感器、相位调制型光纤位移传感器和波长调制型光纤位移传感器

根据光受被测对象的调制形式，光纤位移传感器可分为强度调制型、相位调制型和波长（频率）调制型三大类。

（1）强度调制型光纤位移传感器

利用被测对象的因素改变光纤中光的强度，再通过光强的变化来测量外界物理量的光纤位移传感器，称为强度调制型光纤位移传感器。光强度调制方法有外调制和内调制两种。外调制时光纤仅具有传光作用，光纤本身特性不发生变化，调制过程发生在光纤以外的环节，属于传光型光纤位移传感器。内调制的调制过程发生在光纤内部，光强度的调制是通过光纤本身特性的改变来实现的，属于功能型光纤位移传感器。

强度调制型光纤位移传感器结构简单、容易实现、成本低，但受光源强度的波动和连接器损耗变化等因素的影响较大。

强度调制型光纤位移传感器有反射式、遮光式、微弯式、动光纤式等形式，如图 4 – 35 所示。

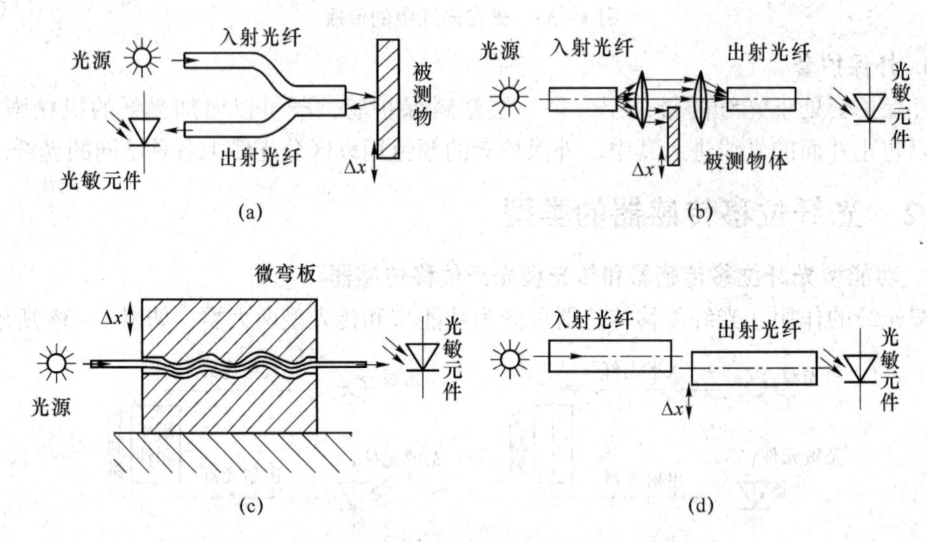

图 4 – 35　强度调制型光纤位移传感器的几种形式

（a）反射式；（b）遮光式；（c）微弯式；（d）动光纤式

1）反射式强度调制型光纤位移传感器。当被测物体表面前后移动时引起反射光强度变化，利用该原理可进行位移、转速、振动、压力等参数的测量。

2）遮光式强度调制型光纤位移传感器。不透光的被测物体部分遮挡在两根传感臂光纤的聚焦透镜之间，当被测物体上下移动时，另一根传感臂光纤接收到的光强发生变化。利用该原理也可进行位移、振动、压力、转速等参数的测量。

3）微弯式强度调制型光纤位移传感器。将一根光纤放在两块微弯板之间，其中一块固定，另一块可随被测量活动。当被测量的变化引起可动微弯板上下移动时，将使夹在其间的光纤产生微弯曲变形，引起传播光的散射损耗。通过检测光纤中光强度的变化，就能确定微弯板位移量的大小或微弯板承受压力的大小。

4）动光纤式强度调制型光纤位移传感器。入射光纤和出射光纤的间距为 2 ~ 3 μm，端面为平面，两者对置。通常入射光纤不动，外界因素（如压力、张力等）使出射光纤做横向或纵向位移，输出的光强被位移所调制。

（2）相位调制型光纤位移传感器

相位调制型光纤位移传感器利用被测对象对敏感元件的作用，使敏感元件的折射率或传播常数发生变化，从而导致光的相位发生变化，然后由相位的变化得到被测对象的信息。由于光的相位变化难以用光电元件直接检测出来，通常要利用光的干涉效应将光相位的变化量转换成光干涉条纹的变化来检测，因此也称为干涉型光纤位移传感器，其结构如图 4－36 所示。

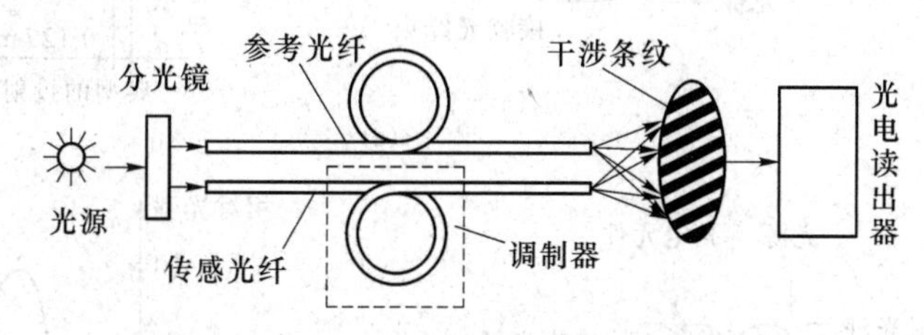

图 4－36　相位调制型光纤位移传感器的结构

相位调制型光纤位移传感器通常将通过光纤的光分成两束，一束作为参考光，它的光程固定不变；另一束光通过敏感元件，相位受被测量调制。在两束光的汇合投影处，参考光束与调制光束因相位不同而产生明暗相间的干涉条纹。当被测量的变化引起调制光产生光程差 Δl 时，干涉系统将发生移动，移动的数目 $m = \Delta l/\lambda$（λ 为光源的波长）。根据干涉条纹的变化量，就可以检测出被测量的变化，常见的检测方法有条纹计数法等。

（3）波长（频率）调制型光纤位移传感器

这类光纤位移传感器利用外界因素改变光纤中光的波长或频率，通过检测光纤中的波长或频率的变化来测量各种物理量的变化。通常有利用运动物体反射光和散射光的多普勒效应的光纤速度、流速、振动、压力、加速度等传感器，利用物体受强光照射时的拉曼散射构成的测量气体浓度或监测大气污染的气体传感器，以及利用光致发光的温度传感器。

4.6.3　光纤位移传感器的工作原理

1. 反射式强度调制型光纤位移传感器的工作原理

传光型光纤位移传感器利用光纤传输光信号的功能，根据检测到的反射光的强度来测量被测反射表面的距离，其工作原理如图 4－37 所示。当光纤探头端部紧贴被测件时，反射光纤中的光不能反射到接收光纤中，因而光电元件中不能产生电信号。当被测表面逐渐远离光纤探头时，发射光纤照亮被测表面的面积 A 越来越大，相应的反射光锥和接收光锥重合面积 B_1 也越来越大，接收光纤端面上被照亮的 B_2 区也越来越大，从而形成一个线性增长的输出信号。当整个接收光纤端面被全部照亮时，输出信号达到位移－相对光强曲线上的“光峰点”。当被测表面继续远离时，由于被反射光照亮的 B_2 面积小于 C，即有部分反射光没有反射进接收光纤，由于接收光纤逐渐远离被测表面，接收到的光强逐渐减小，光电元件的输出信号逐渐减弱，如图 4－37（c）所示。图中曲线Ⅰ段范围窄，但灵敏度高、线性好，适用于测量微小位移和表面粗糙度等，曲线Ⅱ段信号的减弱与探头和被测表面之间的距离平方成反比。

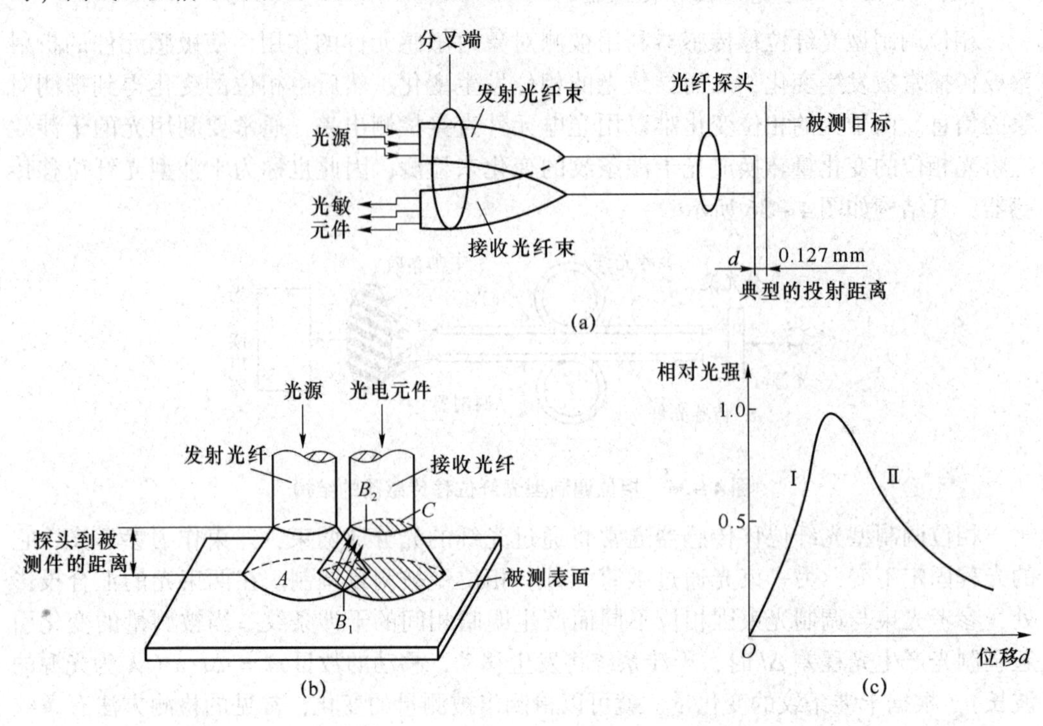

图 4－37　光纤位移传感器的工作原理

（a）剖面图；（b）立体图；（c）相对光强与位移的关系曲线

2. 受抑全内反射光纤位移传感器的工作原理

基于全内反射被破坏而导致光纤传光特性改变的原理，可以做成位移传感器，用于测量位移、压力、温度等变化。受抑全内反射传感器一般由两根光纤构成，如图 4－38所示。将光纤端面磨制成特定角度，使左端光纤中传播的所有模式的光产生全内反射，而不易传到右端光纤中去。只有当两根光纤的抛光斜面充分靠近时，大部分光功率才能够耦合过去。左端光纤是固定的，右端光纤安在弹簧片上，并与膜片相连接。膜片受到压力作用或其他原因，使与其连接的光纤发生垂直方向位移，从而使两根光纤间的气隙发生改变，光纤间的耦合情况也随之发生变化，传输光强得到调制，由此可探测出位移或压力的变化量。

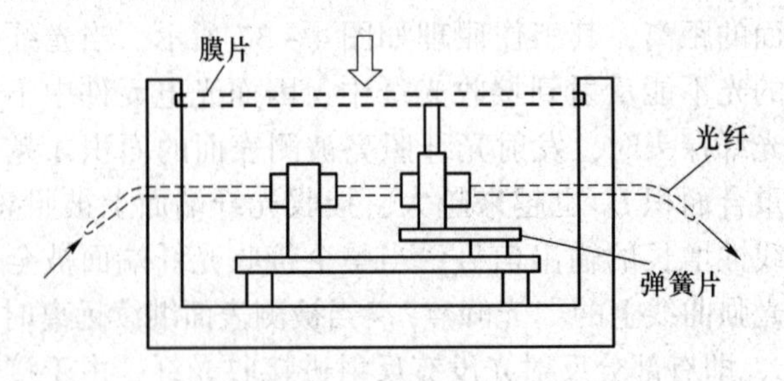

图 4－38　受抑全内反射光纤位移传感器的工作原理

4.6.4 光纤位移传感器的应用

1. 测量主轴变位量

用光纤位移传感器测量立式铣床主轴变位量的装置简图如图 4－39 所示，光源发出的光通过准直管成为平行光，入射光纤束的光照亮被测工件的表面，光电二极管接收发射光强，并将其转换为电信号，电信号经放大处理之后，可由记录仪将测量结果记录。另一路参考光纤的作用是补偿光源亮度波动所造成的误差。图 4－39 中的光纤位移传感器还可以进行三维坐标测量，并通过坐标指示器显示出来。

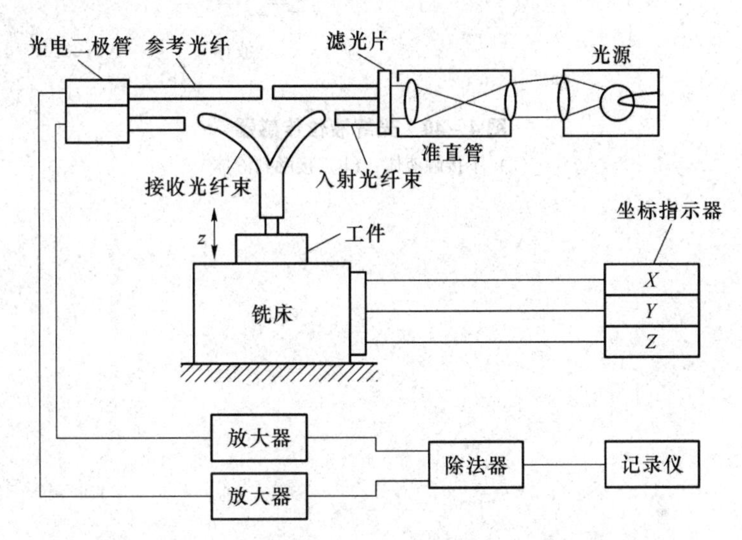

图 4－39 用光纤位移传感器测量立式铣床主轴变位量的装置简图

2. 光纤液位传感器

光纤液位传感器是利用强度调制型光纤反射式原理制成的，其工作原理如图 4－40 所示。它由 LED 光源、光电二极管、多模光纤等组成，在光纤测距顶端有一个圆锥体反射器构成的测头。当玻璃球形端面没有接触液面时，LED 光源发出的红光被聚焦射入光纤中，在圆锥体内发生全反射返回到出射光纤，被光纤末端的光敏二极管接收。当玻璃球形端面接触液面时，由于液体的折射率比空气大，通过玻璃球形端面的透射光增强，反射光减弱，部分光线射入液体内，返回光敏二极管的光强变弱，返回光强是液体折射率的线性函数。返回光强发光突变时，测头已接触到液位，由此可判断传感器是否与液体接触。

光纤液位传感器的缺点是液体在玻璃球形端面的黏附现象会造成误判，可用于易燃、易爆场合，但不能探测黏附在测头表面的污浊、黏稠液体。

由于同一种溶液在不同浓度时的折射率不同，光纤液位传感器经过定标后也可以作为浓度计。

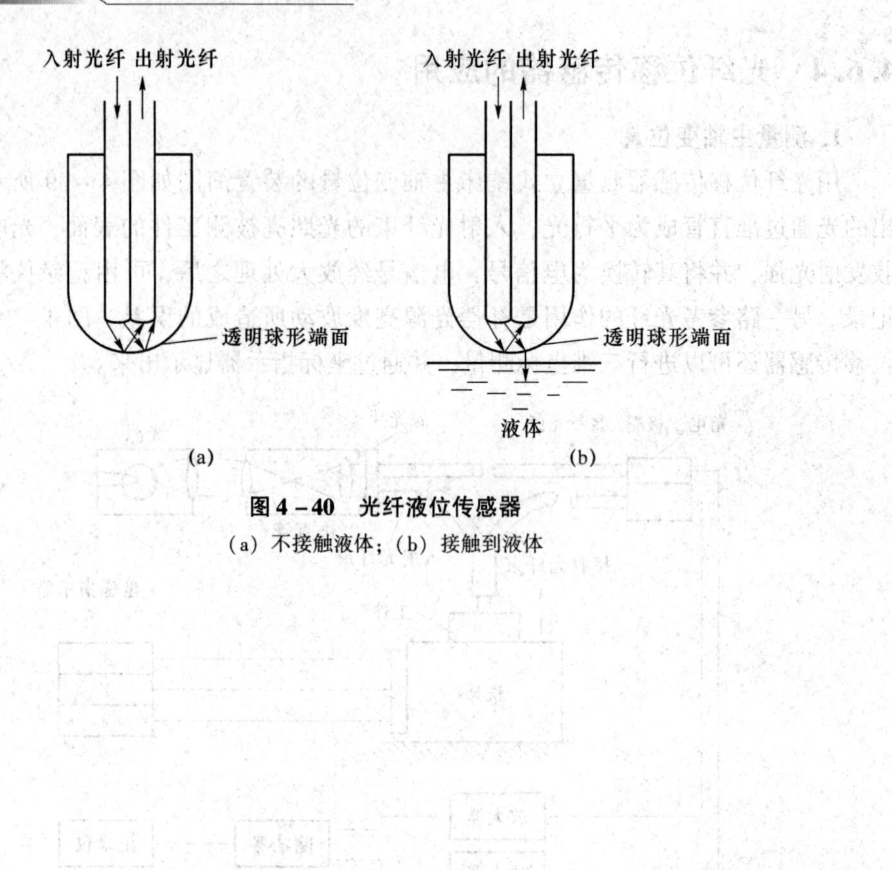

图 4-40　光纤液位传感器

(a) 不接触液体；(b) 接触到液体

第 5 章

转速传感器

转速传感器是将旋转物体的转速转换为电量输出的传感器。它属于间接式测量装置，可用机械、电气、磁、光和混合式等方法制造。

按信号形式的不同，转速传感器可分为模拟式和数字式两种，前者的输出信号值是转速的线性函数，后者的输出信号频率与转速成正比；转速传感器从原理（或器件）上分为磁电感应式、光电效应式、霍尔效应式、磁阻效应式、介质电磁感应式等；另外，还有间接测量转速的转速传感器，如加速度传感器（通过积分运算间接导出转速）、位移传感器（通过微分运算间接导出转速）等。

在自动控制系统和自动化仪表中大量使用各类电动机，在不少场合对低速、高速、稳速和瞬时速度的测量有严格的要求，因而需要各种转速传感器。

5.1 霍尔式转速传感器

霍尔式转速传感器是利用霍尔效应的原理制成的，主要组成部分是传感头和齿圈，而传感头又是由霍尔元件、永磁体和电子电路组成的。在测量机械设备的转速时，被测量机械的金属齿轮、齿条等运动部件会经过传感器的前端，引起磁场的相应变化。当运动部件穿过霍尔元件产生磁力线较为分散的区域时，磁场相对较弱，而穿过产生磁力线较为集中的区域时，磁场则相对较强。霍尔式转速传感器通过磁力线密度的变化，在磁力线穿过传感器上的感应元件时，霍尔元件产生霍尔电动势，并将其转换为交变电信号，传感器的内置电路会将信号调整和放大，输出矩形脉冲信号。

霍尔式转速传感器

5.1.1 霍尔元件

1. 霍尔效应

当转动的金属部件通过霍尔传感器的磁场时会引起电动势的变化，通过对电动势的测量可以得到被测量对象的转速值。如图 5-1 所示，在一块通电的 N 型半导体薄片上，加上和薄片表面垂直的磁场 B。半导体中的载流子（电子）将沿着和电流相反的方向运动，由于受磁场中洛仑兹力 f_L 的作用，电子向一边偏转，并形成电子积累，另一边则积累正电荷，从而产生电场，阻止运动电子继续偏转。当电场作用在运动电子的电场力 f_H 与洛仑兹力 f_L 相等时，电子积累达到动态平衡，在薄片的横向两侧产生电动势 U_H，这种现象就是霍尔效应，U_H 称为霍尔电动势，其表达式为

$$U_H = \frac{R_H IB}{d} = K_H IB \tag{5-1}$$

式中：U_H——霍尔电动势，单位为 mV；

K_H——霍尔元件灵敏系数，单位为 mV/（mA·T）；

B——磁场的磁感应强度，单位为 T；

I—半导体激励电流，单位为 mA。

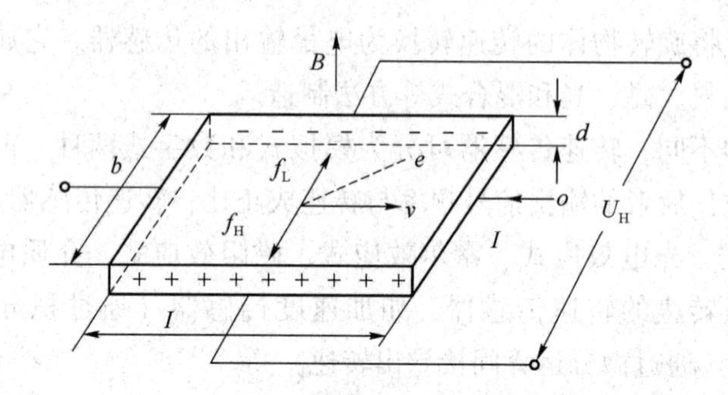

图 5－1 霍尔效应原理图

霍尔电动势除了与磁感应强度、激励电流成正比外，还与半导体的厚度有关，为了提高霍尔电动势，霍尔元件常制成薄片状。

2. 霍尔元件的基本结构

霍尔元件一般由霍尔片、引线和壳体组成，如图 5－2(a) 所示，其外形如图 5－2(b) 所示。霍尔片是一块矩形半导体单晶薄片，引出 4 个引线。1、1′ 两根引线加激励电压或电流，称为激励电极；2、2′ 引线为霍尔输出引线，称为霍尔电极。霍尔元件壳体由非导磁金属、陶瓷或环氧树脂封装而成。在电路中霍尔元件可用如图 5－2(c) 中的两种符号表示。

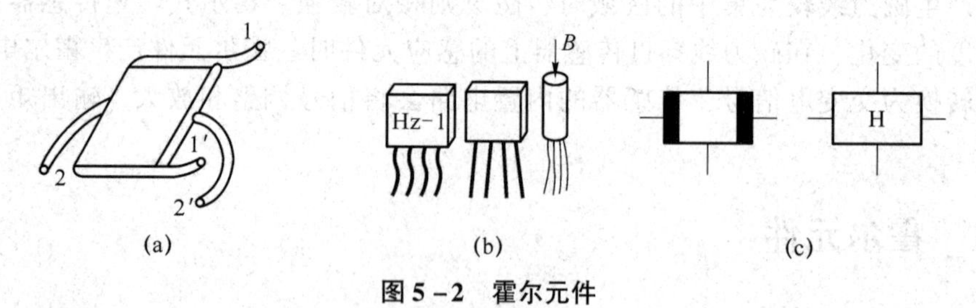

图 5－2 霍尔元件

（a）结构示意图；（b）外形图；（c）图形符号

3. 霍尔元件的基本测量电路

霍尔元件的基本测量电路如图 5－3 所示，激励电流 I 由电压源 E 提供，其大小通过可变电阻 R 来调节。霍尔电动势 U_H 加在负载电阻 R_L 上，R_L 可以是一般电阻，也可

以代表显示仪表、记录装置或者放大器的输入电阻。在磁场与控制电流的作用下，负载上有电压输出。在实际使用时，I、B 或两者同时作为输入信号，而输出信号则与 I、B 或两者乘积成正比。

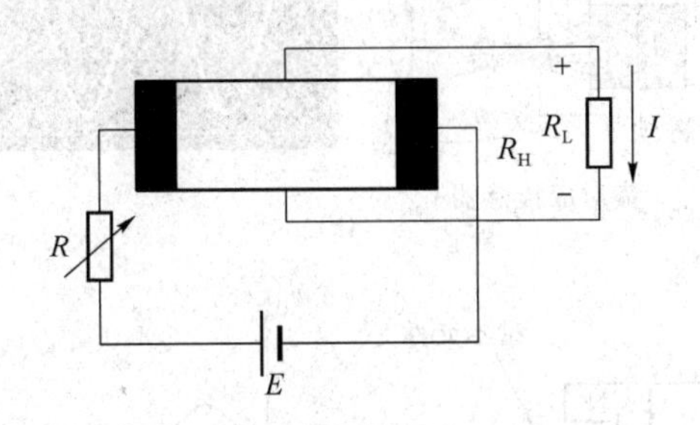

图 5-3　霍尔元件的基本测量电路

5.1.2　霍尔式转速传感器的测量原理

用霍尔式转速传感器测量转速时，将输入轴与被测量轴相连。当被测量轴转动时，转盘及安装在上面的小磁铁随之一起转动。当转盘上的小磁铁经过固定在转盘附近的霍尔传感器时，在霍尔传感器中产生一个电脉冲，经测量电路检测出单位时间内的脉冲数，并根据转盘上放置小磁铁的数量计算被测转速。根据转速传感器的分辨率，配上适当的电路就可构成数字式转速表，由于采用非接触测量，这种转速表对被测轴影响小，输出信号的幅值与转速无关，因此测量精度高，测速范围在 1～10 r/s，广泛应用于汽车速度和行车里程的测量显示系统中。

几种不同结构的霍尔式转速传感器如图 5-4 所示。小磁铁的数量决定了传感器测量转速的分辨率，每个永久磁铁形成一个小磁场，当被测物体转动时永久磁铁将随之转动，经过霍尔元件时将使霍尔电动势发生突变。显然，永久磁铁的数量越多，分辨率越高。若在被测物体上安装的磁钢（高磁场强度的磁性材料）数为 Z，利用计数器读取霍尔开关输出的脉冲数为 N，所需时间为 t，则被测转速为

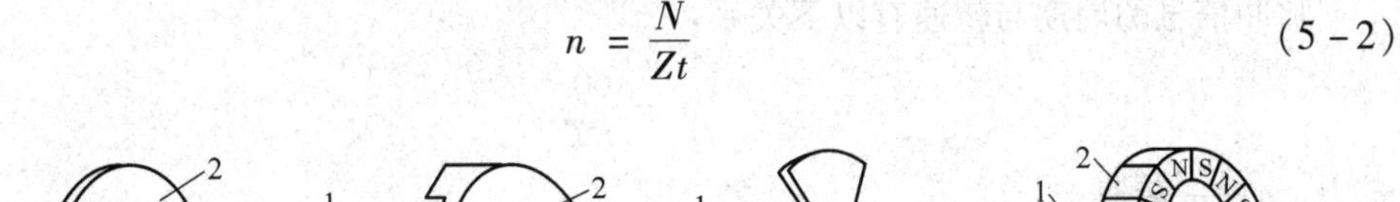

$$n = \frac{N}{Zt} \tag{5-2}$$

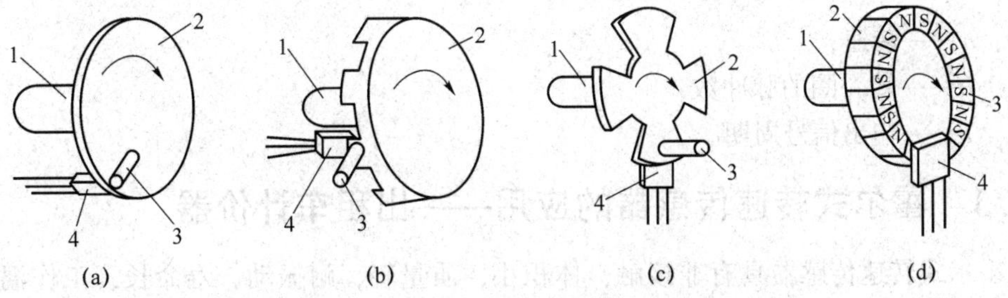

图 5-4　霍尔式转速传感器的结构形式

(a) 永久磁铁装轴端径向；(b) 永久磁铁装轴侧；(c) 永久磁铁装轴端轴向；(d) 永久磁铁装轴端圆周分布

1—输入轴；2—转盘；3—永久磁铁；4—霍尔传感器

几种不同结构形式的霍尔式转速传感器的测量方法及输出信号如图 5 - 5 所示。

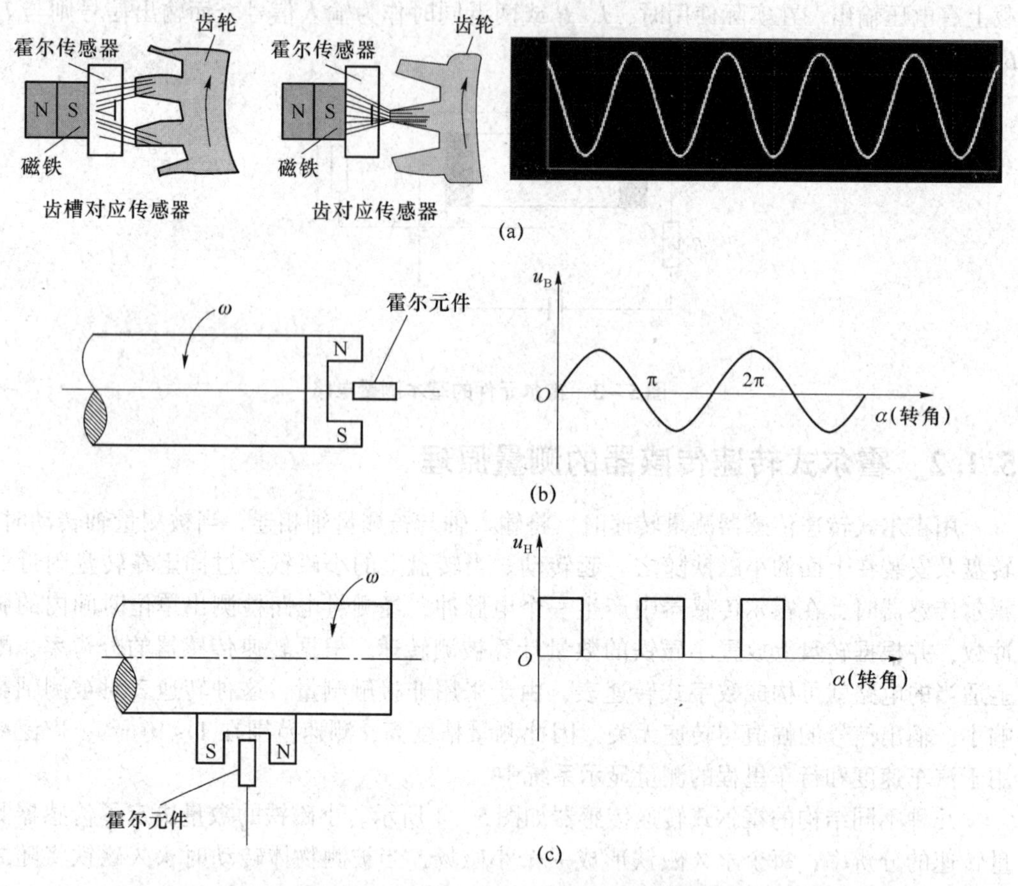

图 5 - 5 几种不同结构形式的霍尔式转速传感器的测量方法及输出信号

导磁性齿轮转速测量及输出信号的波形图；(b) 永久磁铁装在轴端的转速测量及输出信号的波形图；(c) 永久磁铁装在轴侧的转速测量及输出信号的波形图

脉冲信号的周期与转速有以下关系：

$$n = \frac{60}{PT} \tag{5-3}$$

式中：n——转速；

P——转一圈的脉冲数；

T——输出信号周期。

5.1.3 霍尔式转速传感器的应用——出租车计价器

霍尔式转速传感器具有非接触，体积小，质量轻，耐振动，寿命长，工作温度范围宽，检测不受灰尘、油污、水汽等因素的影响和测量精度高等优点，在出租车计价器上作为车轮转数的检测部件被广泛采用。但为了测量准确可靠，不是把它直接安装在车轮上，而是把它安装在变速箱的输出轴上，通过测量变速箱输出轴的转数来间接计量汽车的行车里程，进而计算出乘车费用。由于汽车变速箱的输出轴到车轮轴的传动比是一定的，汽车轮胎的周长也是一定的，因此测量出变速箱输出轴的转数就可以计算出汽车轮胎的转数，从而计算出汽车的行车里程。

出租车计价器的结构框图如图5-6所示。使用时把霍尔式转速传感器安装在变速箱输出轴上，按下“开始”按钮，当汽车行走时，霍尔式转速传感器把变速箱输出轴的转数信号送到单片机，通过计算机编程，可使单片机根据变速箱输出轴与车轮转轴的传动比和车轮胎的周长自动计算出汽车的行车里程和乘车费用，并送给显示器进行显示。到达目的地后按下“结束”按钮，即可将乘车里程数和缴费数打印出来，实现乘车里程和缴费的自动结算。

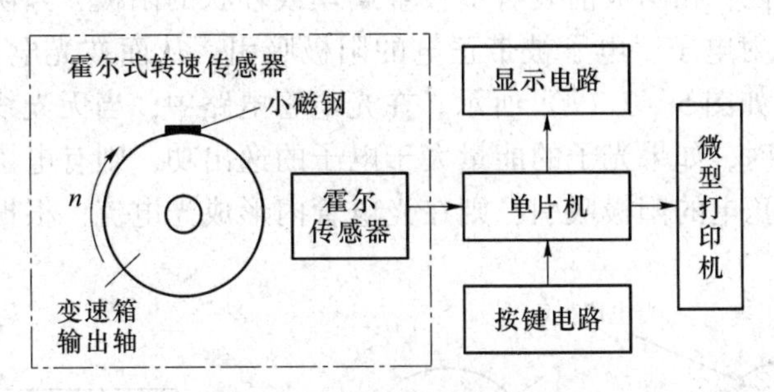

图5-6 出租车计价器结构图

5.2 光电式转速传感器

常见的光电式传感器

光电式传感器是将光信号转换为电信号的一种器件，又称光电器件，其物理基础是光电效应。用光照射某一物体，可以看作物体受到一连串具有某种能量的光子轰击，组成该物体的材料吸收光子能量而发生相应电效应的物理现象称为光电效应。光电式传感器将被测量的变化转换成光信号的变化，然后借助光电元件进一步将光信号转换成电信号，广泛应用于现代测量、自动控制、广播电视、机械加工、军事等各个领域。

光电检测方法具有精度高、反应快、非接触等优点，而且可测参数多，光电式传感器的结构简单，形式灵活多样。近年来，新的光电器件不断涌现，为光电式传感器的进一步应用开创了新的一页。

5.2.1 光电效应

光电式传感器是利用光电效应的原理制成的传感器，光电效应分为外光电效应、内光电效应和光生伏特效应等三大类。

1. 外光电效应

光线照射在某些物体上引起电子从物体表面逸出的现象称为外光电效应，也称光电发射。逸出来的电子称为光电子。

根据能量守恒定律，要使电子逸出并具有初速度，光子的能量必须大于物体表面的逸出功。由于光子的能量与光谱成正比，因此要使物体发射出光电子，光的频率必须高于某一限值，这个能使物体发射光电子的最低光频率称为红限频率。小于红限频率的入射光，光再强也不会激发光电子；大于红限频率的入射光，光再弱也会激发光电子。

单位时间内发射的光电子数称为光电流，它与入射光的光强成正比。

基于外光电效应的光电器件有光电管、光电倍增管等。

(1) 光电管

光电管有真空光电管和充气光电管两类，两者结构相似，都由一个光电阴极和阳极封装在玻璃壳内组成，光电阴极涂有光敏材料。

光电阴极 K 和光电阳极 A 封装在真空玻璃管内，光电阴极有的贴附在玻璃管的内壁，有的则涂在半圆筒形的金属片上，分别如图 5－7（a）和图 5－7（b）所示。阴极对光敏感的一面向内，在阴极前装有单根金属丝或环状的阳极，当阴极受到适当波长的光线照射时便发射电子，电子被带正电的阳极吸引，从而在光电管内产生电子流，光电管的工作原理如图 5－7（c）所示。在光电管电路中，当无光线照射时，电路不通；当有光线照射时，如果光子的能量大于电子的逸出功，则有电子逸出并产生电子发射。电子被带有正电的阳极吸引，则在光电管内形成光电流，根据电流大小可知光量的大小。

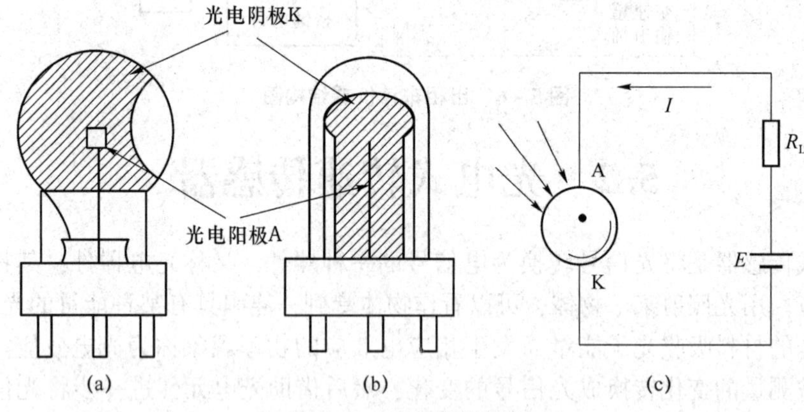

图 5－7　光电管的结构

（a）光电阴极贴附在玻璃管的内壁；（b）光电阴极涂在金属片上；（c）光电管的工作原理

(2) 光电倍增管

普通光电管的灵敏度不高，当入射光很微弱时，普通光电管产生的光电流很小，只有零点几微安，很容易受到噪声的干扰，不易检测。为改良普通光电管的缺点，通常采用光电倍增管。

光电倍增管由光电阴极 K、若干个倍增极 D 和阳极 3 个部分组成，如图 5－8 所示。光电阴极由半导体光电材料锑铯做成，当入射光照在上面时会产生光电子。倍增极是在镍或铜－铍的衬底上涂上锑铯材料而形成的，数量一般有 12～14 个，最多可达 30 个。阳极收集光电子，在外电路上形成电流输出。

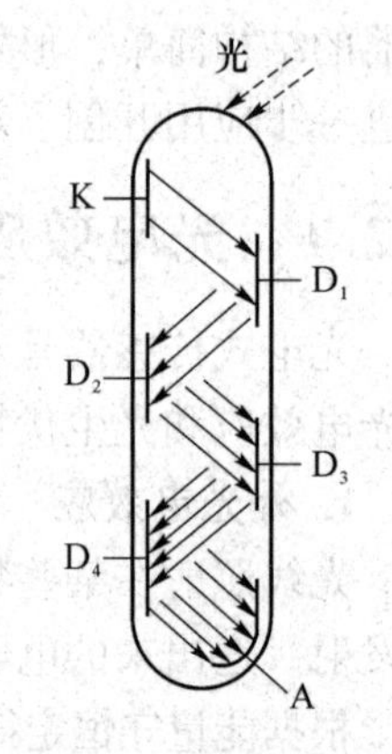

图 5－8　光电倍增管

工作时，在各个电极上施加上电压。阴极电位最低，从阴极开始，各个电极的电位依次升高，阳极电位最高。当有光线照射在光电阴极上时，激发出 m 个光电子，由于各极间存在电场，m 个光电子在电场的作用下加速运动，轰击第一倍增极，引起二次电子发射。每个电子又从这个倍增极上打出

m 个次级电子，被打出来的 m^2 个次级电子经过电场的再次加速后轰击下一个倍增极，电子数又增加 m 倍，如此不断加速，电子数量不断倍增，阳极最后收集到的电子数量将达到阴极K发射电子数的 $10^5 \sim 10^6$ 倍。即使在很微弱的光线照射下，光电倍增管也能产生很大的光电流，其灵敏度往往是普通光电管的几万甚至几百万倍。

倍增极是二次发射体，二次电子的发射数量与物体的材料性质、物体表面状况、入射的一次电子能量和入射的角度等因素有关。

2. 内光电效应

物体的电阻率在光线照射作用下改变的现象称为内光电效应，基于内光电效应的光电器件有光敏电阻、光敏二极管、光敏三极管等。

(1) 光敏电阻

光敏电阻是用光电半导体材料制成的光电器件，又称光导管，其结构如图5-9(a)所示。在玻璃底板上均匀地涂上薄薄的一层半导体物质，半导体的两端装上金属电极，使电极与半导体层可靠接触，然后将它们压入带有透明窗的塑料封装体内。为了增加其灵敏度，两电极常做成梳状，如图5-9(b)所示。梳状电极在间距很近的电极间可以采用更大面积的光导材料，提高了光敏电阻的灵敏度。

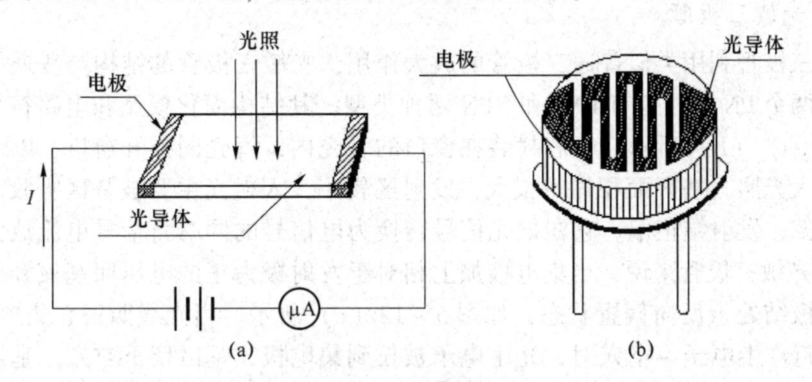

图5-9 光敏电阻

(a) 结构；(b) 外形

光敏电阻没有极性，只是一个电阻器件，使用时需要在其两端加上电压，既可以是直流电压，也可以是交流电压。当无光线照射时，光敏电阻的阻值很大，电路中的电流也很小。当受到一定波长的光线照射时，内光电效应使其导电性能增强，光敏电阻的阻值下降，电路中电流增加，根据电流表测出的电流值的变化，即可推算出照射光强的大小。

(2) 光敏二极管

光敏二极管的结构与普通二极管相似，如图5-10所示。它们都有一个PN结，并且都是单向导电的非线性元件。但是作为光敏元件，光电二极管在结构上有特殊之处。光敏二极管封装在透明的玻璃外壳中，PN结在管子的顶部，可以直接接收光照，为了提高转换效率，需要大面积受光，因此PN结的面积比普通二极管的面积大。

光敏二极管使用时要反向接入电路中，即光敏二极管的阳极接电源的负极，阴极接电源的正极，如图 5 - 11 所示，当无光照射时，与普通二极管一样，电路中仅有很小的反向饱和漏电流，称暗电流，此时相当于光敏二极管截止；当有光照射时，PN 结附近受光子的轰击，半导体中被束缚的价电子吸收光子能被激发产生电子 - 空穴对，在反向电压的作用下，反向饱和电流大大增加，从而形成光电流，此时相当于光敏二极管导通。光照越强，光电流越大，即流过反向偏置 PN 结电流的大小受光照控制，表明 PN 结具有光电转换功能，故光敏二极管又称光电二极管。

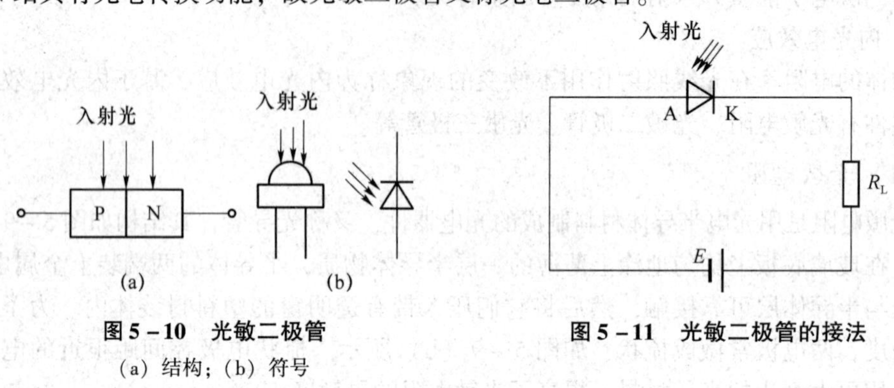

图 5 - 10　光敏二极管

（a）结构；（b）符号

图 5 - 11　光敏二极管的接法

（3）光敏三极管

光敏三极管利用类似普通三极管的放大作用，光敏三极管的结构与普通三极管相似，具有两个 PN 结，也有 PNP 和 NPN 两种类型，其结构简化模型和电路符号分别如图 5 - 12（a）（b）所示。管芯封装在窗口的管壳内，管壳同样开窗口，以便光线射入。为增大光照，基区面积做得很大，发射区较小，入射光主要被基区吸收。工作时集电结反偏，发射结正偏。它在把光信号转换为电信号的同时将信号电流放大。对于 NPN 型的光敏三极管来说，当集电极加上相对于发射极为正的电压而基极开路时，基极 - 集电极结处于反向偏置状态，如图 5 - 12（c）所示。当光线照射在集电结上时，会在结附近产生电子 - 空穴对，光生电子被拉到集电极，基区留下空穴，基极与发射极间的电压升高，大量的电子流向集电极，形成输出电流，且集电极电流为光电流的 β 倍，所以光敏三极管具有放大作用。

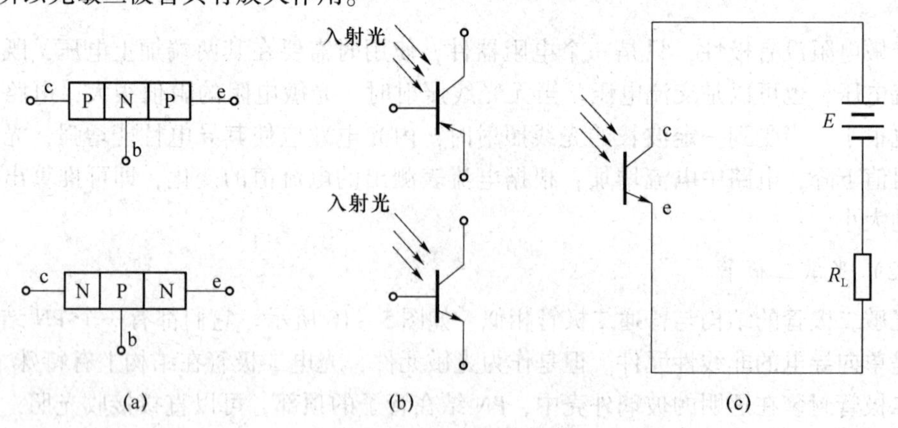

图 5 - 12　光敏三极管

（a）结构；（b）符号；（c）基本电路

光敏三极管将光敏二极管的光电流放大（1+β）倍，比光敏二极管具有更高的灵敏度。

光敏三极管在结构上与普通三极管不同的是光敏晶体管的基极往往不接引线，仅集电极和发射极两端有引线，尤其是硅平面光敏三极管，由于其泄漏电流很小（小于10^{-9} A），因此一般不具备基极外接点。

3. 光生伏特效应

在光线作用下能够使物体产生一定方向的电动势的现象称为光生伏特效应，基于光生伏特效应的光电元件有光电池等。

光电池的结构及其等效电路如图5－13所示。通常在N型半导体衬底上掺入一些P型杂质形成P型层作为光照敏感面，当入射光光子的能量足够大时，P区每吸收一个光子就产生一个光生电子－空穴对，光生电子－空穴对的浓度从表面向内部迅速下降，形成由表及里扩散的自然趋势。当扩散到空间电荷区时，在内电场的作用下使电子－空穴对分离，电子通过漂移运动被拉到N区，空穴则留在P区，所以N区带负电，P区带正电。新的平衡建立后，在PN结两侧产生电动势，且光照越强，产生的电动势就越高。从能量转换角度来看，光电池可作为电源使用；从信号检测角度来看，光电池作为一种自发电型的光电传感器，可用于检测光的强弱及能引起光强变化的其他非电量。

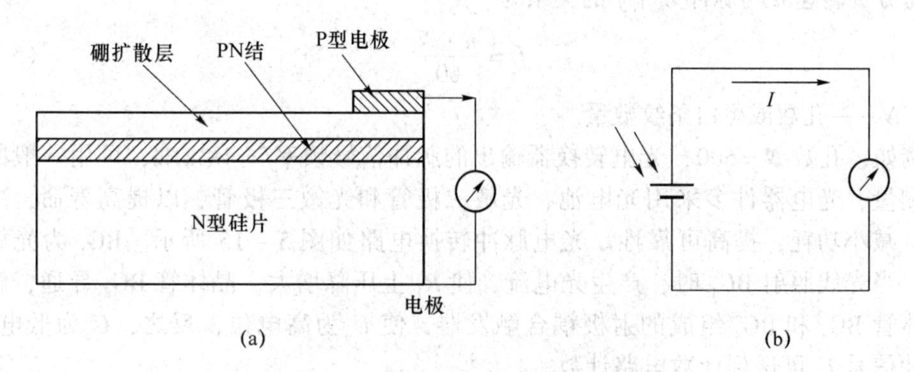

图5－13 光电池的结构及其等效电路

（a）结构；（b）等效电路

光电池的种类很多，有硒光电池、氧化亚铜光电池、锗光电池、硅光电池、磷化镓光电池等。由于硅光电池具有稳定性好、光谱范围宽、频率特性好、换能效率高、耐高温等优点，得到了广泛的应用。由于硒光电池的光谱峰值位置在人眼的视觉范围内，所以很多分析仪器、测量仪表也常常用到它。

5.2.2 光电式转速传感器的分类

光电式传感器具有精度高、反应快、非接触等优点，在工业上最典型的应用就是测速，尤其可以测量10 r/min的低速。很多传统的转速测量方法测速时，低速测量误差较大。

光电式转速传感器按工作方式不同，分为透射型光电式转速传感器和反射型光电式转速传感器。

1. 透射型光电式转速传感器

透射型光电式转速传感器的工作原理如图 5－14 所示。被测轴上装有带孔圆盘，圆盘两边分别设置光源和光电管，圆盘随轴转动，当光线通过小孔时，光电管产生一个电脉冲。转轴连续转动时，光电管会输出一列与转速及圆盘上的孔数成正比的电脉冲。在孔数一定时，该列电脉冲数和转速成正比。电脉冲经测量电路放大和整形后送入频率计进行计数和显示，经换算或标定后，可直接读出被测转轴的转速。

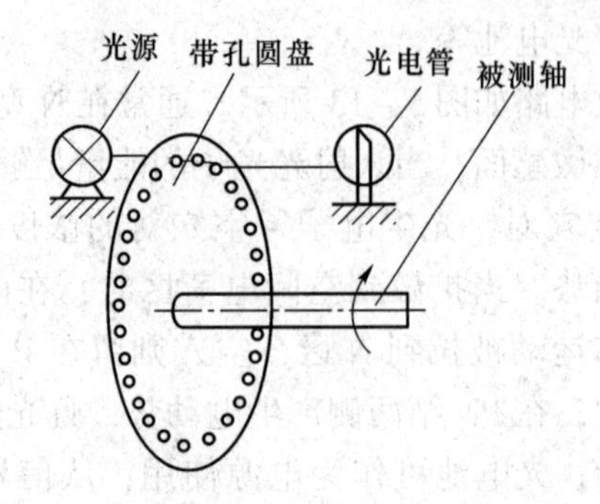

图 5－14 透射型光电式转速传感器的工作原理

每分钟转速 n 与脉冲频率 f 的关系为

$$f=\frac{n\cdot N}{60} \tag{5-4}$$

式中：N——孔数或黑白条纹数量。

例如，孔数 $N=600$，光电转换器输出的脉冲信号频率 $f=48$ kHz，可用一般的频率计测量，光电器件多采用光电池、光敏二极管和光敏三极管，以提高寿命，减小体积，减小功耗，提高可靠性。光电脉冲转换电路如图 5－15 所示。BG_1 为光敏三极管，当光线照射 BG_1 时，产生光电流，使 R_1 上压降增大，晶体管 BG_2 导通，触发由晶体管 BG_3 和 BG_4 组成的射极耦合触发器，使 U_o 为高电位，反之，U_o 为低电位。该脉冲信号 U_o 可送到计数电路计数。

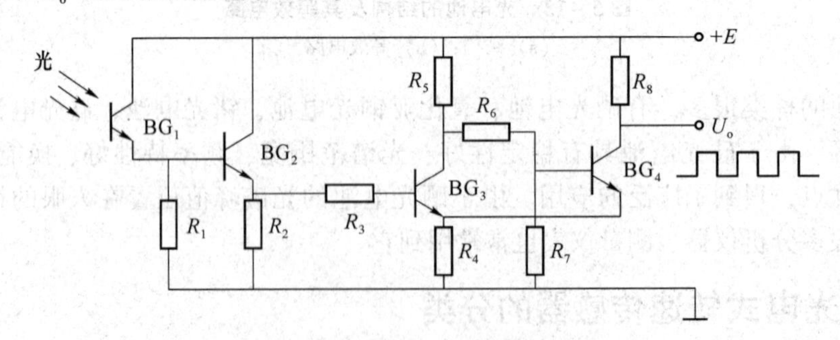

图 5－15 光电脉冲转换电路

2. 反射型光电式转速传感器

反射型光电式转速传感器的工作原理如图 5－16 所示。将被测轴的圆周表面顺轴线方向按均匀间隔做成一段黑白相间的反射面和吸收面充当“光栅”，传感器对准此反射面和吸收面。光源发射的光线经过透镜2成为平行光，照射在半透明膜片3上，部分光线透过膜片，部分光线被反射，经聚光镜4聚焦，照射在被测轴黑白相间的“光栅”上。当被测轴转动时，白色反射面将反射光线，黑色吸收面不反射光线。反射光再经透镜4照射在半透明膜片3上，透过半透明膜片3并经聚焦透镜6聚焦后，照射在光电管的阴极上，使阳极产生光电流。由于“光栅”黑白相间，转动时将获得与转速及黑白间隔数有关的光脉冲，使光电管产生相应的电脉冲。当间隔数一定时，该电脉冲与转速成正比。电脉冲送至数字测量电路，即可计数和显示转速。

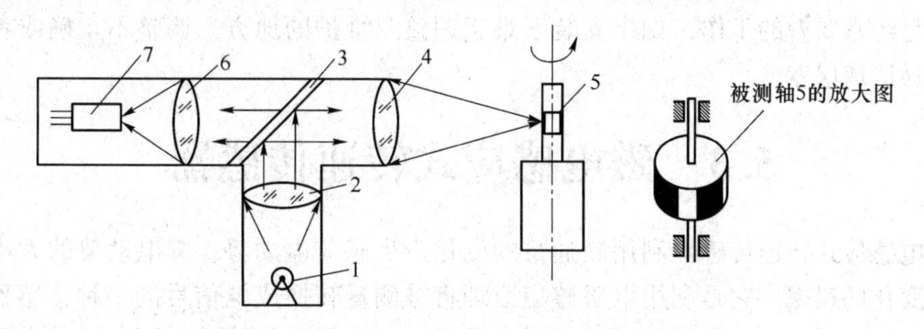

图5－16　反射型光电式转速传感器的工作原理

1—光源；2，4，6—透镜；3—半透明膜片；5—被测轴；7—光电管

用光电式传感器测量转速的工作原理如图5－17所示。在电动机的旋转轴上涂上黑白两种颜色，当电动机转动时，反射光与不反射光交替出现，光电元件相应地间断接收光的反射信号，并输出间断的电信号，再经过放大及整形电路输出方波信号，最后由电子数字显示器输出电动机的转速。

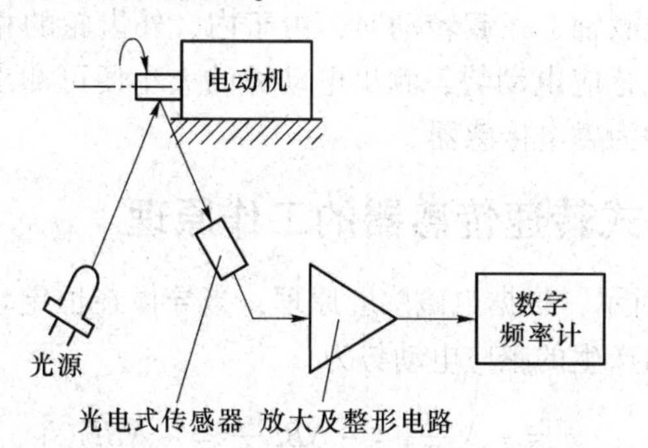

图5－17　用光电式传感器测量转速的工作原理

5.2.3　光电式转速传感器的使用及安装注意事项

1）太阳、发热体、焊接光等强烈光线有可能射入的场所，应尽量避免安装光电式转速传感器。在不得已时需采取防范措施，否则光电式转速传感器不可能正常工作，严重时可能损坏光电器件。

2）光电式转速传感器的基座应结实牢靠，在摇晃和振动较大的场所最好避免安装或根据测量精度需要采取适当的防振措施，否则会使光轴偏离或检测位置不正确。如果基座不稳，光电式转速传感器应从地基上另起专门的固定架安装。

3）在水滴和油沫较多的场所最好避免安装光电式转速传感器或采取防护措施，否则水滴或油沫会黏附在光电式转速传感器光源和光电接收器的透镜上，不仅使光束散射，而且空气中的尘埃也容易被吸住，从而产生错误的动作。水蒸气或尘埃多的场所最好避免安装光电式转速传感器或采取密封措施，因为水蒸气或尘埃容易凝结在光电式转速传感器的透镜面造成光通量衰减和散射。即使没有水蒸气，周围温度急剧变化也会产生同样的现象。

4）避免将光电式转速传感器安装于调整及维护困难的地方。因光轴调整和透镜面的清洗是经常要做的工作，如果安装于难于调整及维护的地方，调整不正确或者维护不周容易造成误差。

5.3 磁电感应式转速传感器

磁电感应式转速传感器利用磁通量的变化产生感应电动势，其电动势的大小取决于磁通变化的速率。它是利用电磁感应原理将被测量转换成电信号的一种传感器，能把被测对象的机械量转换成易于测量的电信号，而不需增加辅助电源，属于有源传感器。磁电感应式转速传感器的输出功率大，且性能稳定，具有一定的工作带宽，应用普遍。

磁电感应式转速传感器

磁电感应式转速传感器按结构不同可分为开磁路式和闭磁路式两种。开磁路式转速传感器结构比较简单，输出信号较小，不宜在振动剧烈的场合使用。闭磁路式转速传感器由装在转轴上的外齿轮、内齿轮、线圈和永久磁铁构成，内、外齿轮有相同的齿数，当转轴连接到被测轴上一起转动时，由于内、外齿轮的相对运动，产生磁阻变化，在线圈中产生交流感应电动势，测出电动势的大小便可测出相应的转速值。磁电感应式转速传感器简称为磁电传感器。

5.3.1 磁电感应式转速传感器的工作原理

如图 5-18（a）所示，根据电磁感应原理，当导体在恒定均匀的磁场中沿垂直磁场方向运动时，导体内产生的感应电动势为

$$e = -N\frac{\mathrm{d}\phi}{\mathrm{d}t} = -NBl\frac{\mathrm{d}x}{\mathrm{d}t} = -NBlv \tag{5-5}$$

式中：B——恒定均匀磁场的磁感应强度；

l——导体的有效长度；

v——导体相对磁场的运动速度。

如图 5-18（b）所示，根据电磁感应原理，当一个 N 匝相对静止的导体回路处于随时间变化的磁场中时，导体回路产生感应电动势 e，e 的大小与穿过线圈磁通 ϕ 的变化率有关，即

$$e = -N\frac{\mathrm{d}\phi}{\mathrm{d}t} \tag{5-6}$$

式中：ϕ——导体回路每匝包围的磁通量（Wb）；

N——线圈匝数。

磁电感应式转速传感器是以导体和磁场发生相对运动而产生感应电动势为基础的电动势型传感器，其结构基本上分为磁路系统和工作线圈两部分，磁路系统通常由永久磁铁产生恒磁场。

按照磁路结构，磁电感应式转速传感器可以分为恒磁通式和变磁通式两类。

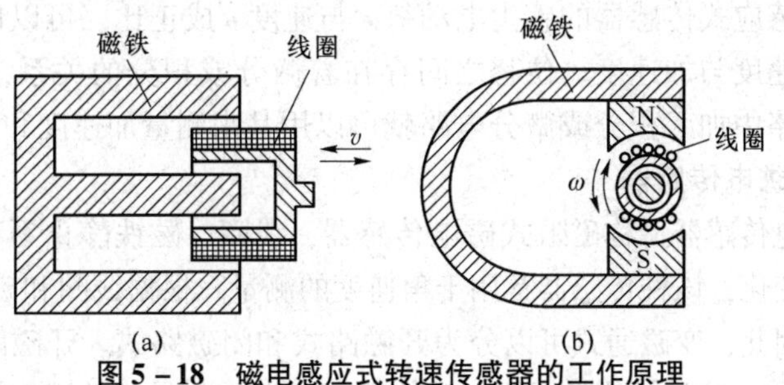

图5-18　磁电感应式转速传感器的工作原理

（a）稳恒均匀磁场；（b）变化磁场

1. 恒磁通式磁电传感器

恒磁通式磁电传感器按照运动部件的形式分为动圈式和动铁式两种。它由永久磁铁、线圈、弹簧等组成，如图5-19所示。磁路系统产生恒定的直流磁场，磁路中的工作间隙固定不变，因而间隙中磁场也是恒定不变的，其运动部件可以是线圈（动圈式），也可以是磁铁（动铁式），二者的工作原理是完全相同的。

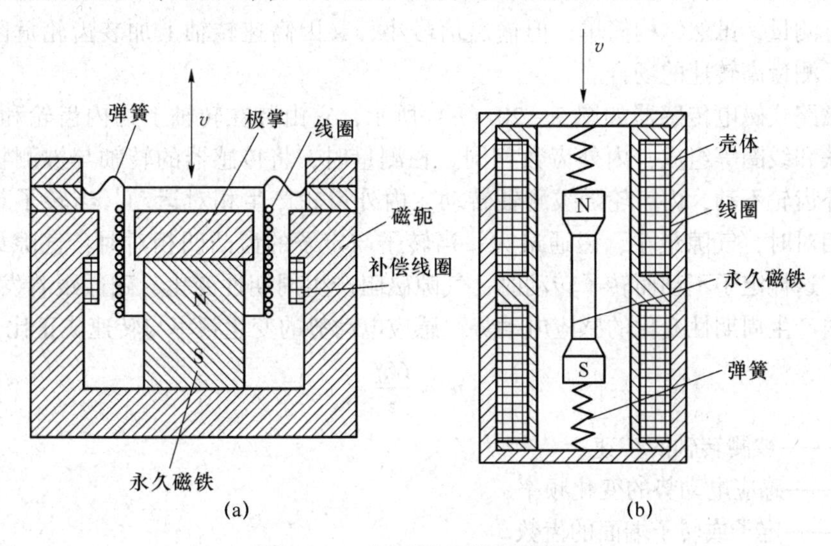

图5-19　恒磁通式磁电传感器

（a）线圈（动圈式）；（b）磁铁（动磁式）

当壳体随被测振动体一起振动时，由于弹簧较软，运动部件质量相对较大。当振动频率足够高（远大于传感器固有频率）时，运动部件惯性很大，来不及随振动体一起振动，近乎静止不动，振动能量几乎全被弹簧吸收，永久磁铁与线圈之间的相对运动速度接近于振动体的振动速度，磁铁与线圈的相对运动切割磁力线，从而产生感应电动势为

$$e = -NBlv \tag{5-7}$$

式中：B——工作间隙中的磁感应强度；

l——每匝线圈平均长度；

N——线圈在工作间隙磁场中的匝数；

v——相对运动速度。

可见，磁电感应式传感器的感生电动势 e 与速度 v 成正比，可以作为速度换能器使用。另外，由于速度与加速度、位移之间存在着微分或积分的关系，因此在磁电感应式传感器检测电路中加入积分或微分电路就可以用其来测量加速度和位移的变化。

2. 变磁通式磁电传感器

变磁通式磁电传感器又称磁阻式磁电传感器，线圈、磁铁静止不动，通过转动物体引起磁阻、磁通变化，该种传感器常用于角速度的测量。根据线圈和磁体安装位置不同，其磁路也不同，因此，变磁通式可以分为开磁路式和闭磁路式。开磁路式磁电传感器如图 5－20（a）所示，这种结构的线圈、磁体静止不动，测量齿轮装在被测物体上，并随被测物体一起转动。每转过一齿，由于齿轮凹凸部分不均匀，将引起磁盘与永久磁铁间气隙大小的变化，从而引起磁路磁阻变化一次，磁通也将变化一次，线圈中便会产生感应电动势，其变化频率等于被测转速与测量齿轮齿数的乘积。根据测定的脉冲频率即可得知被测物体的转速，接上数字电路便可组成数字式转速测量仪，从而直接读出被测物体的转速。

变磁通式磁电传感器可以利用导磁材料制作的齿轮、叶轮、带孔的圆盘等直接对转速进行测量，虽然结构简单，但输出信号小，又因高速转轴上加装齿轮危险，因此不宜用于测量高转速的场合。

闭磁路式磁电传感器如图 5－20（b）所示，它由装在转轴上的内齿轮和外齿轮、永久磁铁和线圈等组成，内外齿数相同。在测量时，将传感器的转轴与被测物转轴相连接，外齿轮不动，内齿轮随被测轴转动，内外齿轮产生相对运动，当转子与定子的齿凸凸相对时，气隙最小，磁通最大；当转子与定子的齿凸凹相对时，气隙最大，磁通最小。这样定子不动而转子转动时，气隙磁阻产生周期性变化，磁通跟着发生变化，使线圈内产生周期性变化的感应电动势。感应电动势的变化频率与转速成正比，即

$$n = \frac{60f}{z} \tag{5-8}$$

式中：n——被测转轴的转速；

f——感应电动势的变化频率；

z——定子或转子端面的齿数。

磁电感应式转速传感器输出感应电脉冲幅值的大小取决于线圈的匝数和磁通量变化的速率，而磁通变化速率又与磁场强度、磁轮与磁铁的气隙大小及切割磁力线的速度有关。当磁电传感器的感应线圈匝数、气隙大小和磁场强度恒定时，磁电传感器输出脉冲电动势的幅值仅取决于切割磁力线的速度，该速度与被测转速成一定的比例。当被测转速很低时，输出脉冲电动势的幅值很小，很难进行测量，因此不适合测量过低的转速，其测量转速下限一般为 50 r/min 左右，上限可达 100 00 r/min。

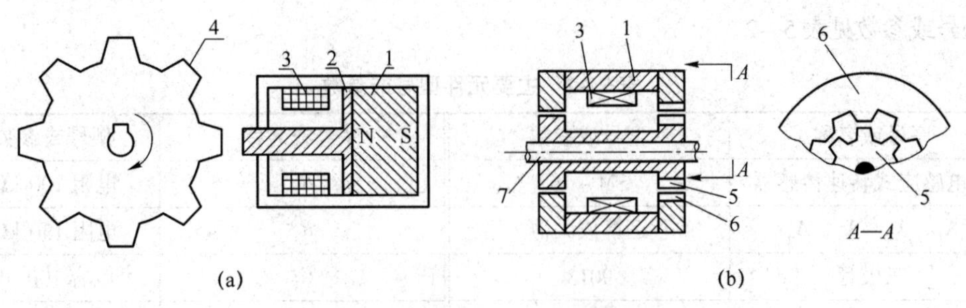

图5-20　变磁通式磁电传感器结构图

（a）开磁路式；（b）闭磁路式

1—永久磁铁；2—软磁体；3—感应线圈；4—铁齿轮；5—内齿轮；6—外齿轮

5.3.2　设计与制作

本设计利用磁电感应式转速传感器设计转速测量表，以模拟显示转速，测速范围≤4 000 r/min。磁电式转速表是机电结合的转速测量仪表，用于各种车辆船舶及机械转轴的转速测量，其性能可靠、外形简洁、使用方便。当被测转轴上安装了由钢、铁、镍等金属或者合金材料的齿轮时，则可以采用磁电感应式转速传感器测量转速，如汽车发动机的转速测量。

磁电感应式转速传感器具有体积小、可靠、寿命长、不需电源和润滑油等优点，可在烟雾、油汽、水汽等恶劣环境中使用。磁电感应式转速传感器较多，如 SM-16LZS-60、OD9001 及 NE6100 等。常见磁电感应式转速传感器的技术参数见表5-1。

表5-1　常见磁电感应式转速传感器的技术参数

名称	参数
输出波形	近似正弦波（≥50 r/min 时）
输出信号的幅值	50 r/min 时，≥300 mV，高速时可达 30 V
测量范围	10~99 999 r/min
使用时间	连续使用
工作环境	温度为-50 ℃~+50 ℃
外形尺寸	外径一般为 16 mm，长度一般为 120 mm
质量	100~200 g（不计输出导线）
测速齿轮的要求	60 齿，电工钢（高导磁材料），渐开线齿形（输出波形好）

由表5-1中参数可知，当转速达到50 r/min 时，其幅值≥300 mV（有的磁电感应式转速传感器输出幅值更高）。为了能够准确测出转速，可对磁电感应式转速传感器输出的近似正弦波信号进行放大和整形（若被测转速较高，则可以不进行放大），得到标准的脉冲信号，然后进行计数，即可实现转速的测量。

本设计所需的元件有磁电感应式转速传感器、运算放大器、三极管、二极管、稳压二极管、电容、实验板、电阻、0~5 V 直流电压表、机械式标准转速表、示波器等，主要元件型号或参数见表 5－2。

表 5－2　主要元件型号或参数

序号或名称	型号或参数	序号或名称	型号或参数
磁电感应式转速传感器	SM－16	R_2	电阻 100 kΩ
A_1、A_2、A_3、A_4	运算放大器	R_3	电阻 130 kΩ
三极管	9013	C_1	电容 100 pF
二极管	1N4148	C_2	电容 300 pF

1. 电路原理

图 5－21 为以 SM－16 磁电感应式转速传感器为测速传感器的磁电转速测量表原理图。

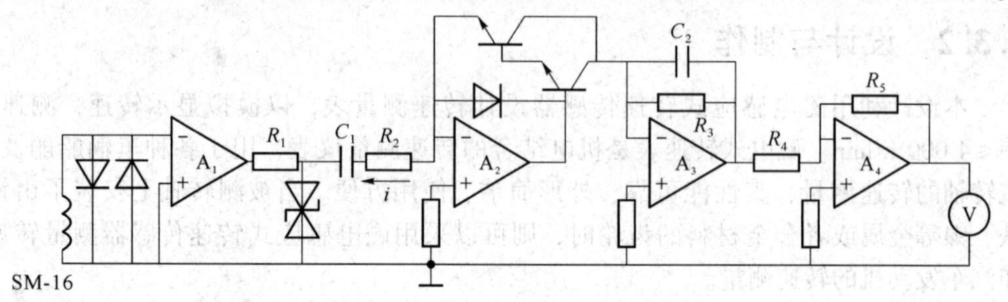

图 5－21　SM－16 磁电感应式转速传感器测量表原理图

SM－16 磁电感应式转速传感器输出的感生电动势经整形放大器 A_1 转换成保持原信号频率等幅方波信号，经微分和整流放大器 A_2 形成正向脉冲电流。选择时间常数 R_2C_1，保证每个周期的正向脉冲电流是完整的。经一阶低通滤波器 A_3，把电流信号变为直流电压信号，由 A_2 和 A_3 实现频率－电压的变换。转速越高，周期平均电流越大，输出的直流电压越高，该电压可由 $U=Kf$ 表示，式中 K 是由电路参数决定的比例系数。可见，A_3 的输出为与频率呈线性关系的直流信号。电路中设置放大器 A_4，可使传感器输出幅度满足一定量程的指示仪表或自动调节仪表的需要。

2. 电路制作

按图 5－21 连接电路，认真检查电路，正确无误后接好外接的磁电传感器 SM－16。

3. 电路调试

1）传感器的调试。启动转动轴，用示波器观察传感器的输出信号，若没有信号，则调节传感器安装位置，使之与齿轮靠近一些，并固定传感器。

2）当转速为零时，直流电压表的指示值应为零。

3）启动转动轴，当齿轮的齿数 N_1 为 60 时，将转动轴的转速分别调整为 50 r/min、100 r/min、200 r/min、400 r/min、600 r/min、800 r/min、1 000 r/min、2 000 r/min、3 000 r/min、4 000 r/min，并使用机械式标准转速表进行检验，相应的直流电压表的指示值应分别为 0. 04 V、0. 08 V、0. 16 V、0. 32 V、0. 48 V、0. 64 V、0. 8 V、1. 6 V、2. 41 V、3. 2 V。

4）重复步骤（3）若干次，调试完成。

第 6 章

位置传感器

位置传感器和位移传感器不同，它所测量的不是一段距离的变化量，而是通过检测，确定是否已到某一位置，因此只需要产生能反映某种状态的开关量即可。

位置检测在航空航天技术、机床以及其他过程工业生产中都有广泛的应用。当前主要使用接近开关实现位置检测。在日常生活、测量技术、控制技术和安全防盗方面，都有利用接近开关来实现位置检测的应用。

位置传感器一般使用通/断型的最多，其检测精度可以从以 mm 为单位的低精度到以 μm 为单位的高精度。

位置传感器分接触式和接近式两种，接触式位置传感器是能获取两个物体是否已接触的信息的传感器，如限位开关和接触开关；而接近式传感器是用来判别在某一范围内是否有某一物体的传感器，如接近开关和光电开关等，常见的接近开关有涡流式接近开关、电容式接近开关、霍尔式接近开关、光电式接近开关、热释电式接近开关，以及其他型式的接近开关。

6.1 光电式位置传感器

6.1.1 光电开关

光电开关是光电接近开关的简称，它由光发射器、光接收器和转换电路组成。光发射器是将电能转换为光能的器件，如发光二极管（LED）；光接收器是将光信号转换为电信号的器件，主要有光敏二极管、光敏晶体管、光敏电阻、光电池等。光电开关一般采用功率较大的红外发光二极管（红外 LED）作为红外光发射器。为防止荧光灯的干扰，可在光敏元件表面加红外滤光透镜。

在环境条件比较好、无粉尘污染、被测物对光的反射能力好的场合，人们一般采用光电开关检测被测物。光电开关工作时不接触被测对象，几乎对被测对象无任何影响，可以用来检测直接引起光量变化的非电量，如光强度、光辐射，也可以用来检测能转换成量变化的其他非电量，如位移、表面粗糙度、振动等。因此，光电接近开关在要求较高的烟草机械和微量变化的检测上被广泛地使用。

光电开关是一种利用感光器件接收变化的入射光，进行光电转换，然后对信号进行放大、控制，输出可控制开关信息的器件。光电开关所检测物体不仅限于金属，所有能反射光的物体均可被检测。

1. 光电开关的工作原理

光电开关是利用被检测物体对光束的遮挡或反射，由同步回路选通电路，从而检测是否存在物体。物体不限于金属，所有能反射光线的物体均可被检测。光电开关将输入电流在发射器上转换为光信号射出，接收器根据接收到的光线的强弱或有无对目标物体进行探测，其工作原理如图6-1所示。多数光电开关选用的是波长接近可见光的红外线光波型，因此也称为红外开关。

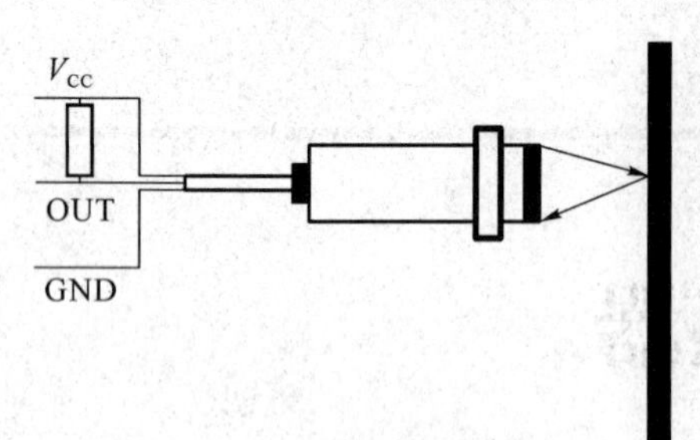

图6-1　光电开关的工作原理

现有的光电传感器优先使用的是波长为0.78～3 μm的近红外光，并已有比较稳定的集成化产品，与数字电路的接口也非常简单。根据光电开关输出开关量，只能判断在测量距离内有无障碍物，不能给出障碍物的实际距离，但是通常带有一个灵敏度调节旋钮调节传感器触发的距离。

(1) 反射式光电开关的工作原理

反射式光电开关的工作原理如图6-2所示，在红外发光二极管A、K两端加固定电压E，并接入限流电阻R_a，使红外二极管发光，发光经反射面（一般为铝箔）反射到硅光敏三极管使得U_o输出为低电平。当反射面被涂成黑色而无反射时，U_o输出为高电平。

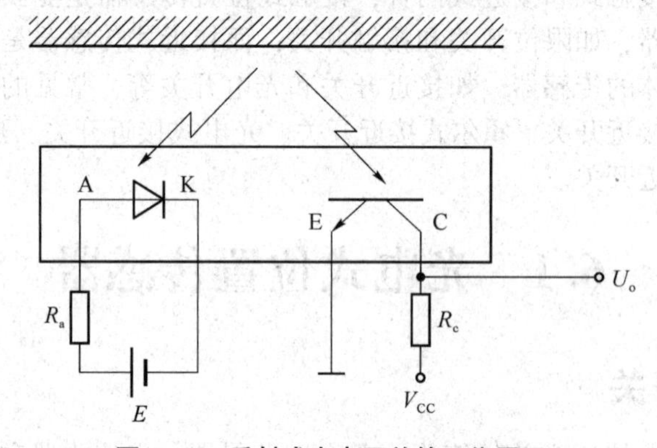

图6-2　反射式光电开关的工作原理

(2) 透射式光电开关的工作原理

透射式光电开关将砷化镓红外发光二极管和硅光敏三极管装在中间带槽的支架上，当槽内无物体时，砷化镓发光管发出的光直接照射在硅光敏三极管的窗口上，从而产生大的电流输出。当有物体经过槽内则挡住光线，光敏管无输出，从而识别物体是否存在。其原理如图6-3所示。

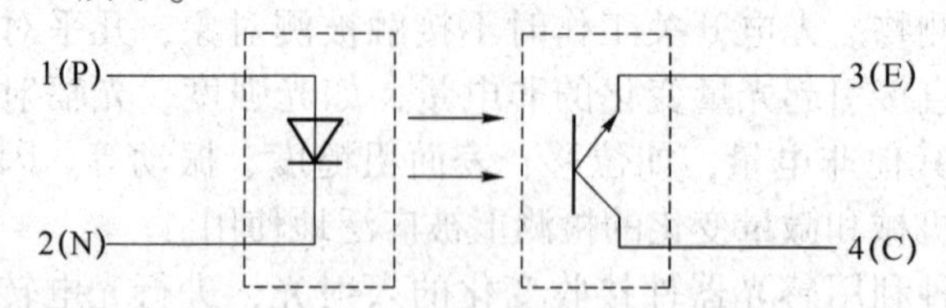

图6-3　透射式光电开关的工作原理

2. 光电开关的类型及特点

(1) 光电开关的类型

1）槽型光电开关

槽型光电开关把一个光发射器和一个光接收器面对面地装在一个槽的两侧，发光器能发出红外光或可见光，在没有阻碍的情况下光接收器能收到光。当被检测物体从槽中通过时，光被遮挡，光电开关输出一个开关控制信号，切断或接通负载电流，从而完成一次控制动作，如图6－4所示。

槽型光电开关的检测距离受整体结构的限制，一般只有几厘米，比较适合检测高速运动的物体，它能分辨透明与半透明物体，使用安全可靠。

2）对射型光电开关

若把发光器和收光器分离，则可使检测距离加大，由一个发光器和一个收光器组成的光电开关称为对射分离型光电开关，简称对射型光电开关，它的检测距离可达几米乃至几十米。对射型光电开关的工作原理如图6－5所示。使用时把发光器和收光器分别装在被检测物体通过路径的两侧，被检测物体通过时阻挡光路，收光器输出一个开关控制信号。所有能遮断光线的物体均可被对射型光电开关检测，当被检测物体不透明时，对射型光电开关是很可靠的检测装置。

对射型光电开关的特点是：动作的稳定度高，检测距离长（数厘米至数米）；即使检测物体通过的线路变化，检测位置也不变；受被检测物体的光泽、颜色、倾斜等的影响很小。

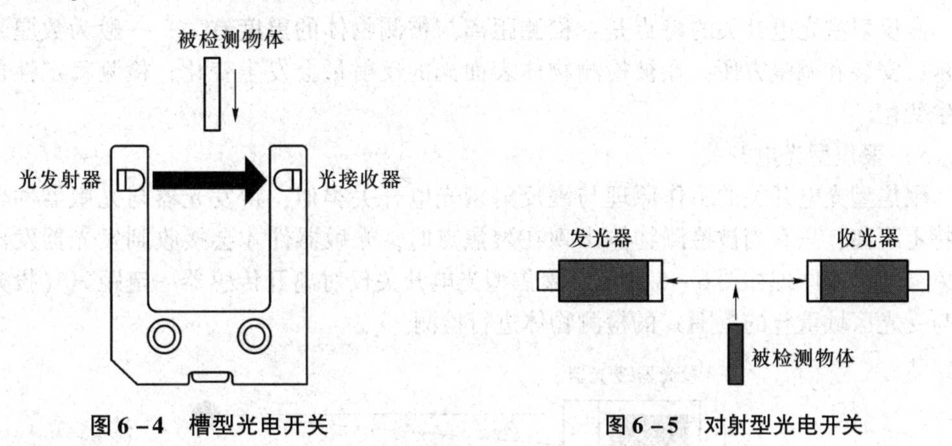

图6－4　槽型光电开关　　图6－5　对射型光电开关

3）反光型光电开关

把发光器和收光器装入同一个装置内，并在它们的前方装一块反光板，利用反射原理完成光电控制作用的光电开关称为反光型（或镜反射型）光电开关。正常情况下，发光器发出的光被反光镜反射回来后被收光器接收，一旦光路被检测物体挡住，物体虽然也会反射光，但其效率低于反射板，相当于切断光束，故检测不到反射光。收光器接收不到光时，光电开关输出一个开关控制信号。反光型光电开关如图6－6所示。反光型光电开关采用较为方便的单侧安装方式，但需要调整

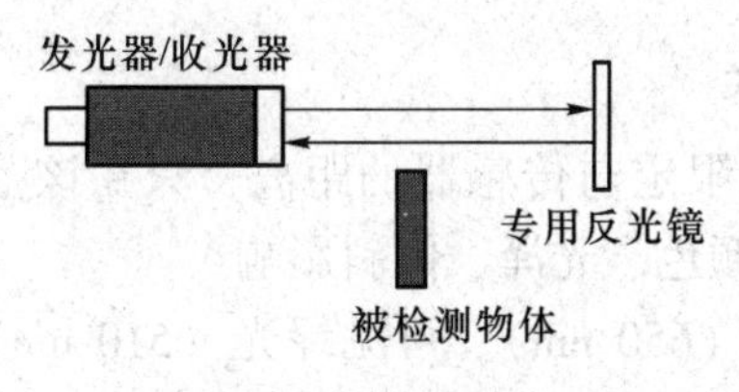

图6－6　反光型光电开关

反光镜的角度以取得最佳的反射效果。反光镜通常使用三角棱镜，它对安装角度的变化不太敏感，有的采用偏光镜将光源发出的光转变成偏振光（波动方向严格一致的光）后反射回去，以提高抗干扰能力。

反光型光电开关的特点是：检测距离为数厘米到数米；布线、光轴调整方便；受检测物体的光泽、颜色、倾斜等的影响很小；光线通过被检测物体两次，适用于透明体的检测。

4）扩散反射型光电开关

扩散反射型光电开关也称漫反射型光电开关，它的检测头里也装有一个发光器和一个收光器，但前方没有反光板，正常情况下收光器接收不到发光器发出的光。只要不是全黑的物体均能产生漫反射，当检测物通过时挡住了光，并把部分光反射回来，收光器收到光线反射信号，输出一个开关信号。当被检测物体的表面光亮或其反射率极高时，漫反射型光电开关是首选的模式，其原理如图 6－7 所示。

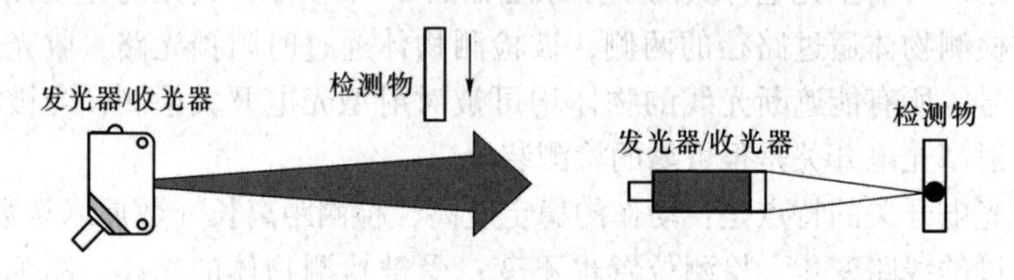

图 6－7　漫反射型光电开关

漫反射型光电开关的特点是：检测距离与被测物体的黑度有关，一般为数厘米到数米；安装和调整方便；在被检测物体表面光的反射量会发生变化，检测稳定性也会发生变化。

5）聚焦型光电开关

聚焦型光电开关的工作原理与漫反射型光电开关类似，将发光器与光敏器件聚焦于特定距离，只有当被检测物体出现在聚焦点时，光敏器件才会接收到发光器发出的光束，其工作原理如图 6－8 所示。聚焦型光电开关仅对离开传感器一定距离（投光光束与受光区域重叠的范围）的检测物体进行检测。

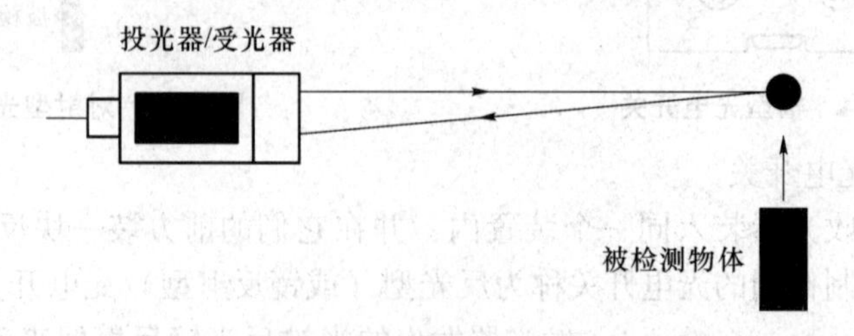

图 6－8　聚焦型光电开关

聚焦型光电开关的特点是：可检测微小的段差；限定与传感器的距离，只在该范围内有被检测物体时进行检测；不易受被检测物体的颜色、光泽、倾斜影响。

聚焦型光电开关采用的工作光源主要有可见红光（650 nm）、可见绿光（510 nm）和红外光（800～940 nm），不同的光源在具体情况下各有优势。例如，在不考虑被检测物体颜色的情况下，红外光有较宽的敏感范围，而可见红光或可见绿光特别适合于反差检测。光源的颜色必须根据被测物体的颜色来选择，红色物体与红色标记宜用可见绿光（互补色）来检测。

3. 光电开关的优点

1）对被检测物体的限制少。

光电开关以被检测物体引起的遮光和反射为检测原理，可以检测玻璃、塑料、木材、液体等几乎所有物体。

2）响应时间短。

光传播速度快，并且传感器的电路都由电子零件构成，所以不包含机械性工作时间。

3）分辨率高。

光电开关能通过高级设计技术使投光光束集中在小光点，或通过构成特殊的受光光学系统，来实现高分辨率，也可进行微小物体的检测和高精度的位置检测。

4）实现非接触的检测。

光电开关无须机械性地接触检测物体实现检测，不会被对检测物体和传感器造成损伤，因此，能够长期使用。

5）实现颜色判别。

通过被检测物体形成的光的反射率和吸收率，根据被投光的光线波长和检测物体的颜色组合所形成的差异，可对检测物体的颜色进行检测。

6）便于调整。

在投射可视光的类型中，投光光束是肉眼可见的，便于对检测物体的位置进行调整。

7）检测距离长。

在对射型中保留 10 m 以上的检测距离，能够实现其他检测手段。

4. 光电开关的应用

（1）光电式带材跑偏检测器

带材跑偏检测器用来检测带型材料在加工中偏离正确位置的大小及方向，为纠偏控制电路提供纠偏信号，主要用于印染、送纸、胶片、磁带生产过程中。

光电式带材跑偏检测器如图 6－9 所示，光源发出的光线经过透镜 1 会聚成平行光束，投向透镜 2，并被会聚到光敏电阻上。在平行光束到达透镜 2 的途中，有部分光线受到被测带材的遮挡，使传感到光敏电阻的光通量减少。

测量电路如图 6－10 所示。图中 R_1、R_2 是同型号的光敏电阻，R_1 作为测量元件装在带材下方；R_2 用遮光罩罩住，起温度补偿作用。当带材处于正确位置（中间位置）时，由 R_1、R_2、R_3、R_4 组成的电桥平衡，放大器输出电压为 0。当带材左偏时，遮光面积减小，光敏电阻 R_1 阻值减小，电桥失去平衡，差动放大器将这一不平衡电压放大，输出电压为负值，它反映了带材跑偏的方向与大小。反之，当带材右偏时，输出电压为正值。输出信号在送到显示器显示的同时被送到执行机构，为纠偏控制系统提供纠偏信号。

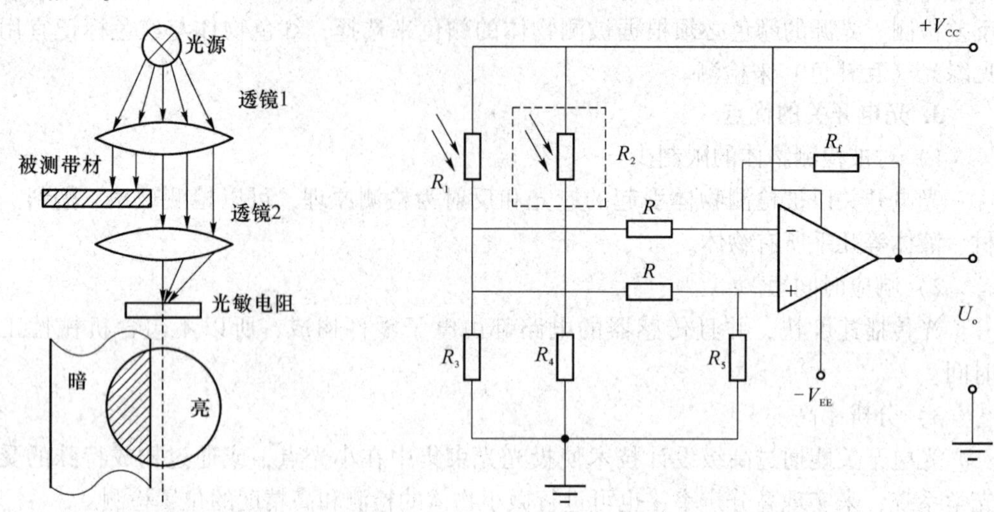

图 6-9　带材跑偏检测器

图 6-10　带材跑偏检测器测量电路

(2) 包装填充物高度检测

用容积法计量包装的成品，除了对重量有一定的误差范围要求外，一般还对填充高度有一定的要求，以保证商品的外观质量。不符合填充高度的成品将不许出厂。利用光电检测技术控制填充高度的示意图如图 6-11 所示。当充填高度 h 偏差太大时，光电接头没有电信号，执行机构将包装物品推出进行处理。

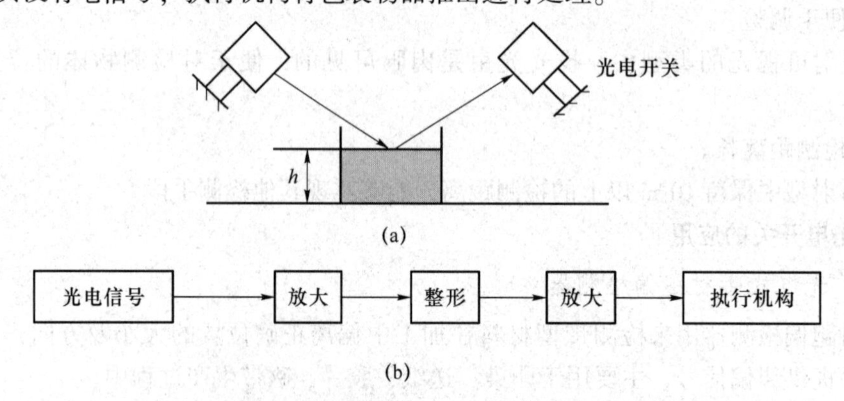

图 6-11　利用光电检测技术控制填充高度

(a) 控制填充高度结构原理图；(b) 信号处理流程图

(3) 彩塑包装制袋塑料薄膜位置控制

包装机塑料薄膜位置控制系统如图 6-12 所示。成卷的塑料薄膜上印有商标和文字，并有定位色标，包装时要求商标及文字定位准确，不得将图案在中间切断。薄膜上的商标位置由光电系统检测，并经放大后去控制电磁离合器。薄膜上色标（不透光的一小块面积，一般为黑色）未到达定位色标位置时，光电系统因投光器的光线透过薄膜而使电磁离合器有电而吸合，薄膜继续运动。薄膜上的色标到达定位色标位置时，投光器的光线被色标挡住而发出到位的信号，此信号经光电转换、放大后，控制电磁离合器断电脱开，使薄膜准确地停在该位置，待切断薄膜后再继续运动。

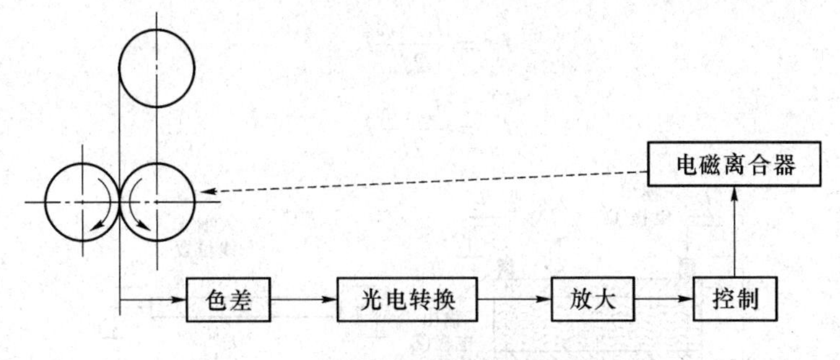

图6－12　包装机塑料薄膜位置控制系统

(4) 其他应用

利用光电开关还可以进行产品流水线上的产量统计、对装配件是否到位及装配质量进行检测。例如，检测灌装时瓶盖是否压上、商标是否漏贴，如图6－13所示；送料机构是否断料，如图6－14所示；利用安装在框架上的反射型光电开关可以发现漏装产品的空箱，并利用油缸将空箱推出；监测光幕的外观、安全区域的设置、产品高度、三维尺寸的测量等。

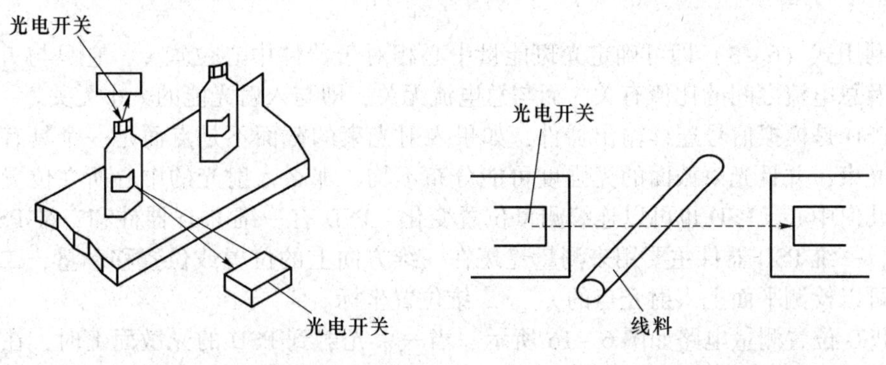

图6－13　瓶子瓶盖及商标的检测示意图　　**图6－14　送料机构检测示意图**

6.1.2　光电式位置传感器

高灵敏度光电式位置传感器（Position Sensitive Detector，PSD）是一种新型的光电器件，也称为坐标光电池，它是一种非分割型器件，是一种硅光电二极管，可将光敏面上的光点位置转化为电信号，其输出信号与光点在光敏面上的位置有关。

PIN型PSD的断面结构如图6－15所示。该PSD包含三层：上面为P层，中间为I层，下面为N层。它们被制作在同一硅片上，P层不仅作为光敏层，还可以作为均匀的电阻层。

当入射光照射到PSD的光敏层时，在入射位置上产生与光能成比例的电荷，此电荷作为光电流通过电阻层（P层）由电极输出。由于P层的电阻是均匀的，所以由输出电极①和输出电极②输出的电流分别与光点到各电极之间的距离（电阻值）成反比。设输出电极①和输出电极②距离光敏面中心点的距离均为L，输出电极①和输出电极②输出的光电流分别为I_1和I_2，公共电极上的电流为总电流I_0，则$I_0=I_1+I_2$。

若以 PSD 的中心点为原点，光点离中心点的距离为 x，则

$$I_1 = \frac{L - x}{2L} I_0 \tag{6-1}$$

$$I_2 = \frac{L + x}{2L} I_0 \tag{6-2}$$

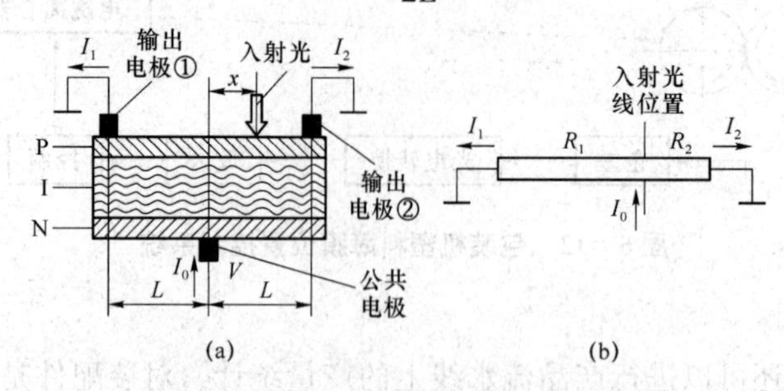

图 6-15　PIN 型 PSD 的断面结构

（a）PIN 型 PSD 的断面结构；（b）等效电路

可得

$$x = \frac{I_2 - I_1}{I_2 + I_1} I_0 \tag{6-3}$$

利用式（6-3）即可确定光斑能量中心相对于器件中心位置 x，它只与 I_1、I_2 的差值及总电流之间的比值有关，而与总电流无关，即与入射光能的大小无关。

PSD 是模拟信号连续输出器件，如果入射光束的截面不是点而是一个具有一定面积的光束，并且光束截面的光强度可能分布不均，那么入射光的中心所在位置不是截面的几何中心。PSD 也可以连续测量位置变化。PSD 有一维 PSD 器件和二维 PSD 器件两种，一维 PSD 器件主要用来测量光斑在一维方向上的位置或位置移动量，二维 PSD 器件可以检测平面上入射光点的 x、y 二维位置坐标。

PSD 位置测量电路如图 6-16 所示。当一束光射到 PSD 的光敏面上时，在同一面上的不同电极之间将会有电流流过，这种电压或电流随着光点位置变化而变化的现象称为半导体的横向光电效应，它可以检测入射光点的照射位置。PSD 不像传统的硅光电探测器只能作为光电转换、光电耦合、光接收和光强测量等方面的应用，而能直接用来测量位置、距离、高度、角度和运动轨迹等。它可以连接检测光点，没有死区，分辨力高，适配电路简单，因此日益受到人们的重视。

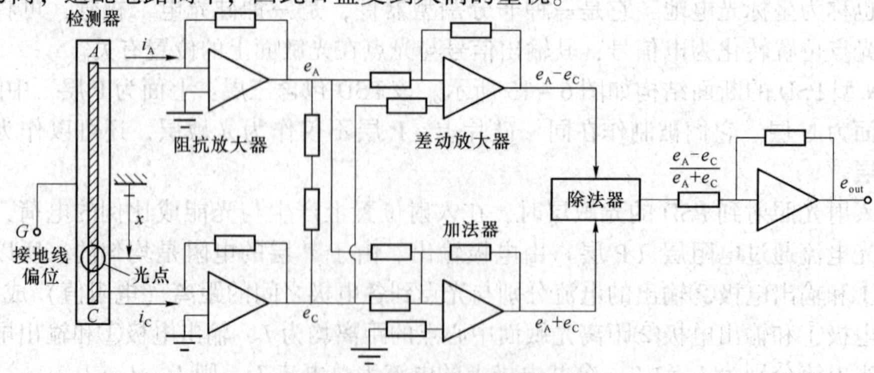

图 6-16　PSD 位置测量电路

PSD 具有如下特点：

1）PSD 对光斑的形状无严格要求，即输出信号与光的聚焦无关，只与光的能量中心位置有关，从而给测量带来方便。

2）光敏面上无须分割，消除了死区，可连续测量光斑位置，位置分辨率高。一维 PSD 可达 0.2 μm，二维 PSD 可测定的面积为 13 mm×13 mm。

3）可同时检测位置和光强。PSD 器件输出的总光电流与入射光强有关，而各信号电极输出光电流之和等于总光电流，所以从总光电流可求得相应的入射光强。PSD 既可以用于机械加工的定位装置，也可以作为机器人的眼睛，还可以用于激光束对准、位移和振动测量、平面度检测、二维坐标检测系统等。

6.2　电感式接近开关

6.2.1　电感式接近开关

电感式接近开关

电感式接近开关也称电涡流式接近开关，它利用电涡流效应将位移等非电量转换为线圈的电感或阻抗变化的变磁阻式传感器。当被测导体接近电感式接近开关时，导体内部产生涡流，涡流反作用到接近开关，使开关内部电路参数发生变化，由此识别是否有导电物体移近，进而控制开关的通断。电感式接近开关所能检测的物体必须是金属导体，最好是铁金属。

电感式接近开关结构简单，体积小，频率响应宽，灵敏度高，测量线性范围大，抗干扰能力强，能够对位置、位移、厚度等进行非接触式连续测量，应用极其广泛，是一种很有发展前途的传感器。

1. 电涡流效应

电感式接近开关是利用电涡流效应制作的传感器，下面以螺线管型电涡流传感器为例，来解释电涡流效应。螺线管型电涡流传感器由螺线管线圈外加一只短路套筒组成，如图 6-17 所示。

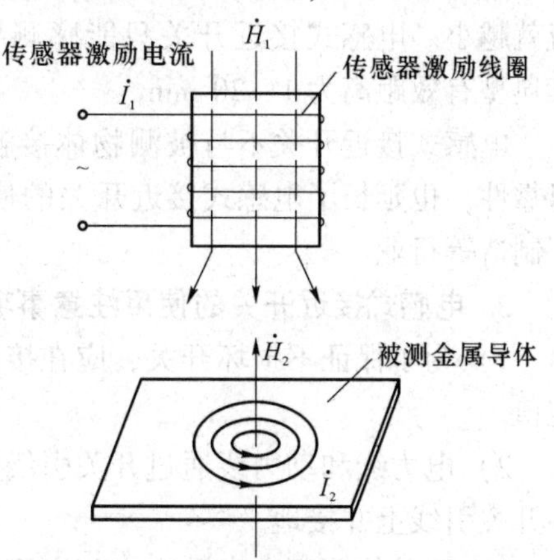

图 6-17　螺线管型电涡流式接近开关

根据法拉第定律，当电涡流传感器线圈通以正弦交变电流 i_1 时，线圈周围空间必然产生正弦交变磁场 H_1，使置于此磁场中的金属导体中感应电涡流 i_2，i_2 又产生新的交变磁场 H_2。根据楞次定律，H_2 的作用将反抗原磁场 H_1。由于磁场 H_2 的作用，涡流要消耗一部分能量，导致电涡流传感器线圈的等效阻抗发生变化。线圈阻抗的变化完全取决于被测金属导体的电涡流效应。

电涡流传感器线圈受电涡流影响时的等效阻抗 Z 的函数关系式为

$$Z = F(\rho,\mu,r,f,x) \tag{6-4}$$

式中：r——线圈与被测体的尺寸因子。

如果式（6-4）只改变其中一个参数，而保持其他参数不变，电涡流传感器线圈

阻抗 Z 就仅仅是这个参数的单值函数。通过与电涡流传感器配用的测量电路测出阻抗 Z 的变化量，即可实现对该参数的测量。

2. 电感式接近开关的工作原理

电感式接近开关工作原理如图 6-18 所示，利用这一原理，以高频振荡器（LC 振荡器）中的电感线圈作为检测元件，当被测金属物体接近电感线圈时产生涡流效应，引起振荡器振幅或频率的变化，由电涡流传感器的信号调理电路（包括检波、放大、整形、输出等电路）将该变化转换成开关量输出，从而达到检测的目的。

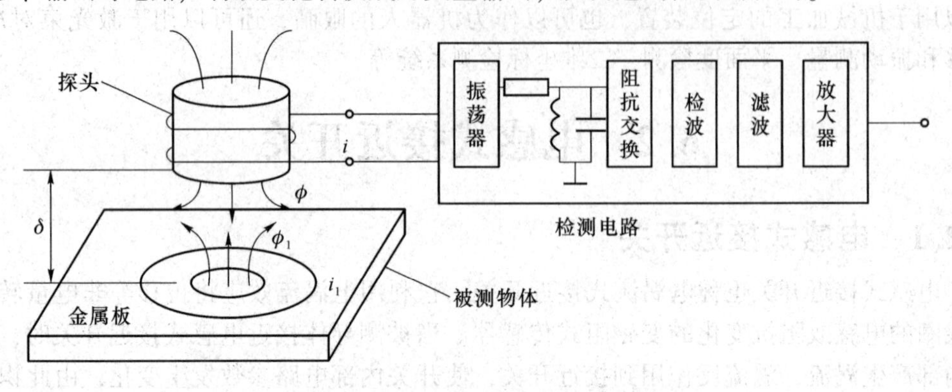

图 6-18 电感式接近开关的工作原理

电感式接近开关由 LC 高频振荡器、开关电路及放大输出电路组成。振荡器振荡及停振的变化被后级放大电路处理并转换成开关信号，触发驱动控制器件，从而达到非接触式检测的目的。目标离电感式接近开关越近，线圈内的阻尼就越大，振荡器的电流就越小。电感式接近开关只能感测导电物体，无法感测塑料、木材等非导电材料。其典型有效距离为 1 ~20 mm。

电感式接近开关不与被测物体接触，依靠电磁场变化来检测，大大提高了检测的可靠性，也延长了电感式接近开关的使用寿命，广泛应用在制造工业中，如机床、汽车制造等行业。

3. 电感式接近开关的使用注意事项

1）为了保证不损坏开关，应在接通电源前检查接线是否正确，核定电压是否为额定值。

2）电力线和动力线通过开关引线周围时，要防止开关损坏或误动作，将金属管套在开关引线上并接地。

3）开关使用距离应设定在额定距离以内，以免受温度和电压影响。

4）严禁通电接线，应严格按接线图输出回路原理图接线。

5）电感式接近开关最好不要放在有直流磁场的环境中，以免发生误动作。

6）避免电感式接近开关接近化学溶剂，特别是在强酸、强碱的生产环境中。

7）定期对检测探头进行清洁，避免有金属粉尘黏附。

6.2.2 磁性开关

磁性开关通常用于检测气缸活塞的位置，即检测活塞的运动行程。在气缸缸筒外两端位置各安装一个磁性开关，分别用于标识气缸运动的两个极限位置。磁性开关分为有触点干簧管型和无触点电晶体型两种。

1. 有触点干簧管型磁性开关

磁性开关中的干簧管是利用磁场信号来控制的一种开关元件，可以用来检测电路或机械运动的状态。

干簧管是干式舌簧管的简称，又称为磁控管，它同霍尔元件差不多，但原理不同。干簧管结构简单、体积小、便于控制。其外壳一般是一根密封的玻璃管，管中装有两个铁质的弹性簧片电板和金属铑的惰性气体。平时，玻璃管中的两个由特殊材料制成的簧片是分开的。当有磁性物质靠近玻璃管时，在磁场磁力线的作用下，管内的两个簧片被磁化而互相吸引、接触，从而吸合在一起，使结点所接的电路连通。外磁力消失后，两个簧片由于本身的弹性而分开，线路也就断开，如图6－19所示。因此，作为一种利用磁场信号来控制的线路开关器件，干簧管可以作为传感器用，用于计数、限位等。在电子电路中只要使用自动开关，基本上都可以使用干簧管。

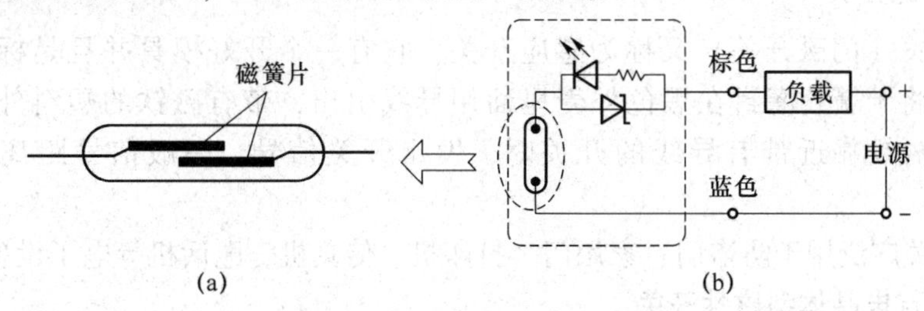

图6－19 有触点干簧管型磁性开关

(a) 内部结构；(b) 外部结构

(1) 常开型干簧管

常开型干簧管主要由磁性材料制造的弹性磁簧片组成，磁簧片密封于充有惰性气体的玻璃管中，磁簧片端面互叠但留有一条细间隙，如图6－20（a）所示。舌簧端面触点镀有一层贵金属，如铑或钌，使开关具有稳定的特性和极长的使用寿命。

常开型干簧管工作时，由永久磁铁或线圈所产生的磁场施加于开关上，干簧管的两个磁簧片被磁化，一个磁簧片在触点位置上生成N极，另一个磁簧片在触点位置上生成S极，如图6－20（b）所示。若生成的磁场吸引力克服了舌簧弹性所产生的阻力，舌簧被吸引力作用接触导通，即电路闭合。一旦磁场力消除，舌簧因弹力作用又重新分开，即电路断开。

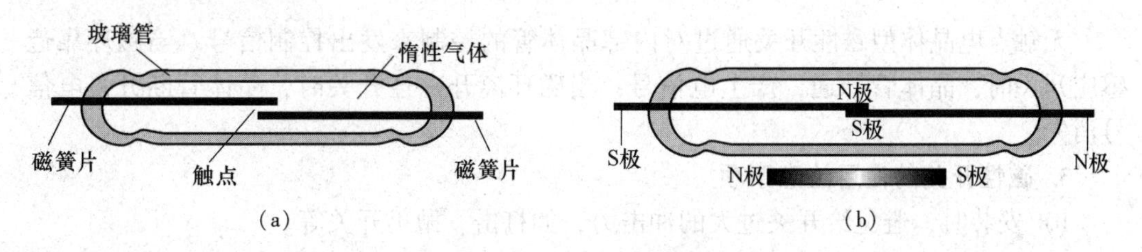

图6－20 常开型干簧管

(a) 断开；(b) 吸合

(2) 单极双投型干簧管

单极双投型干簧管有常开和常闭两个触点，如图 6 - 21 (a) 所示。

当为单极双投型干簧管施加磁场时，公用触点将从常闭触点转移至常开触点，如图6 - 21 (b)所示。

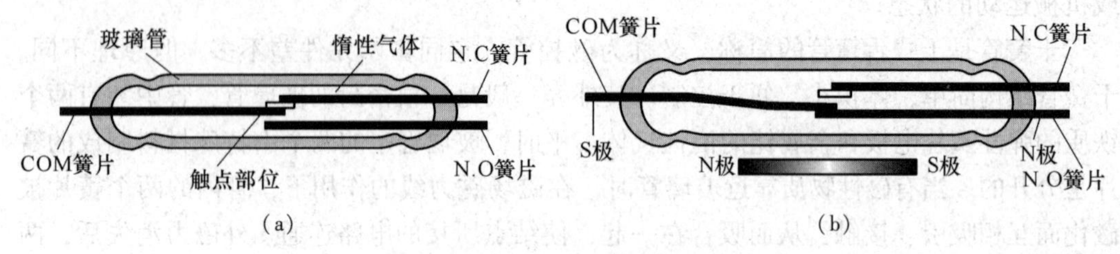

图 6 - 21　单极双投型干簧管

(a) 断开；(b) 吸合

(3) 接近开关

接近开关（门磁开关）又称为感应开关，它有一个开好模具并且是标准尺寸的塑胶外壳，将干簧管灌封在黑色外壳里面用导线引出，带有磁铁的塑料外壳固定在另一端。当磁铁靠近带有导线的开关时，发出开关信号，一般信号距离为 10 mm 接通。

接近开关广泛用于防盗门、家用门、打印机、传真机、电话机等电子设备。

2. 无触点电晶体型磁性开关

无触点电晶体型磁性开关分为 NPN 型和 PNP 型，常用的三线式外部接线图如图 6 - 22 所示。无触点电晶体型磁性开关一般只用于直流电源。

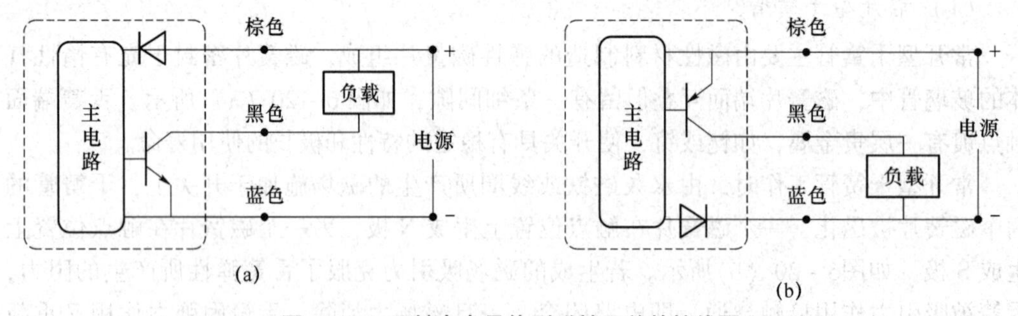

图 6 - 22　无触点电晶体型磁性开关的接线图

(a) NPN 型；(b) PNP 型

无触点电晶体型磁性开关通过对内部晶体管的控制来发出控制信号。当磁环靠近感应开关时，晶体管导通，产生电信号；当磁环离开磁性开关时，晶体管断开，电信号消失。

3. 磁性开关的使用注意事项

1) 安装时，避免给开关过大的冲击力，如打击、抛扔开关等。

2) 避免在周围有强磁场、大电流（大型磁铁、电焊机等）的环境中使用磁性开关。不要把连接导线与动力线并在一起。

3）不宜让磁性开关处于水或切削液中。如果需在这种环境中使用，可用盖子加以遮挡。

4）配线时，导线不宜承受拉伸力和弯曲力，用于机械手等可动部件场合时应使用具有耐弯曲性能的导线，以避免开关损伤或断线。

5）磁性开关的配线不能直接接到电源上，必须串联负载。

6）负载电压和最大负载电流都不要超过磁性开关的最大允许容量，否则其使用寿命会大大缩短。

7）对于带指示灯的有触点磁性开关，当电流超过最大电流时，发光二极管会损坏；若电流在规定范围以下，发光二极管会变暗或不亮。

8）对直流电，需区分磁性开关的正负极。若接线接反，开关可动作，但指示灯不亮。

6.3　霍尔式位置传感器

金属或半导体薄片置于磁场中，当有电流流过时，在垂直于电流和磁场的方向上将产生电动势，这种物理现象称为霍尔效应。霍尔元件是利用霍尔效应制成的一种半导体磁敏元件，它本身不带放大器。霍尔电动势一般在毫伏量级，在实际使用时必须加差分放大器。通常将霍尔元件、放大器、温度补偿电路、输出级、电源稳压电路等制作在同一硅片上，然后用陶瓷或塑料封装，称为霍尔集成传感器。

霍尔式位置传感器是无刷直流电动机中常用的转子磁极位置检测用传感器。由于霍尔元件大体分为开关状态和线性测量两种使用方式，因此霍尔集成传感器分为开关型霍尔集成传感器和线性型霍尔集成传感器两种。霍尔开关的检测对象必须是磁性物体。市场上常见的开关型霍尔集成传感器的检测距离约为10 mm。

6.3.1　开关型霍尔集成传感器

1. 开关型霍尔集成传感器的特点

开关型霍尔集成传感器是将霍尔效应与集成电路技术结合而制成的一种磁敏传感器，它能感知一切与磁信息有关的物理量，并以开关信号的形式输出。霍尔开关集成传感器的优点是结构简单、体积小、坚固耐用、频率响应宽、动态输出范围大、无触点磨损、无火花干扰、无转换抖动、工作频率高、温度特性好、能适应恶劣环境、使用寿命长、可靠性高、易于微型化和集成电路化，故广泛应用在测量技术、自动化技术和信息处理等方面。开关型霍尔集成传感器的缺点是转换率较低、受温度影响较大，在要求转换精度较高的场合必须进行温度补偿。

2. 开关型霍尔集成传感器的结构及工作原理

开关型霍尔集成传感器是以硅为材料，利用硅平面工艺制造的。利用硅材料制作霍尔元件是不够理想的，但由于N型硅的外延层材料很薄，可以提高霍尔电压，因此可以用在开关型霍尔集成传感器上。如果应用硅平面工艺技术将差分放大器、施密特触发器及霍尔元件集成在一起，可以大大提高传感器的灵敏度。

开关型霍尔集成传感器主要由稳压电路、霍尔元件、放大器、整形电路、开路输出五部分组成，如图 6－23 所示。稳压电路使传感器在较宽的电源范围内工作，开路输出可以方便传感器与各种逻辑电路相接。

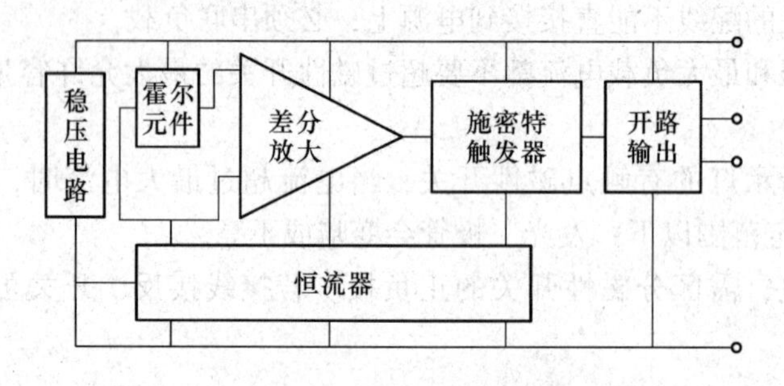

图 6－23　开关型霍尔集成传感器

开关型霍尔集成传感器的工作过程如下：当有磁场作用在传感器上时，根据霍尔效应，霍尔元件输出霍尔电压 U_H，该电压经放大器放大后，送至施密特整形电路。当放大后的 U_H 大于开启阈值时，施密特整形电路翻转，输出高电平，使晶体管 VT 导通，且具有吸收电流的负载能力，这种状态称为开状态。当磁场减弱时，霍尔元件输出的电压 U_H 很小，经放大器放大后的值小于施密特整形电路的关闭阈值，施密特整形电路再次翻转，输出低电平，使晶体管 VT 截止，这种状态称为关状态。这样，一次磁感应强度的变化可使传感器完成一次开关动作。

开关型霍尔集成传感器的外形及应用电路如图 6－24 所示。

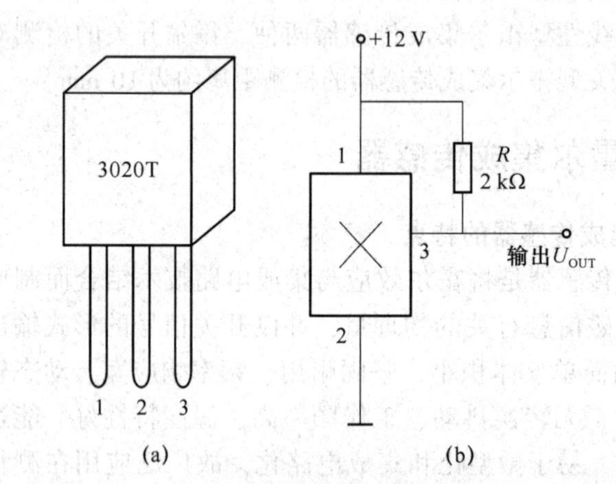

图 6－24　开关型霍尔集成传感器的外形及应用电路

（a）外形；（b）应用电路

3. 开关型霍尔集成传感器的工作特性

开关型霍尔集成传感器分为单极型、双极型和双稳态型，其输出特性如图 6－25 所示。

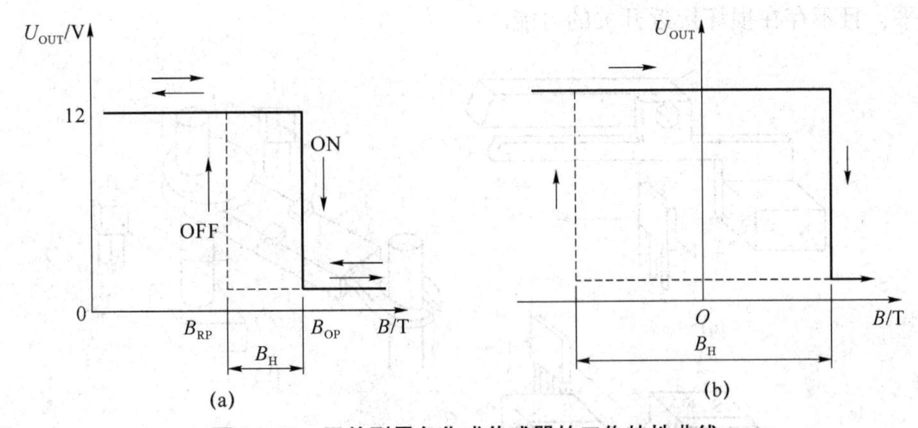

图6-25　开关型霍尔集成传感器的工作特性曲线

(a) 单、双极型；(b) 双稳态型

开关型霍尔集成传感器具有一定的磁滞 B_H，这对开关动作的可靠性非常有利。图中的 B_{OP}为工作点“开”的磁感应强度，B_{RP}为释放点“关”的磁感应强度。

霍尔开关集成传感器的工作特性曲线反映了外加磁场与传感器输出电平的关系。当外加磁感应强度高于 B_{OP}时，输出电平由高变低，传感器处于开状态。当外加磁感应强度低于 B_{RP}时，输出电平由低变高，传感器处于关状态。

1）单极型开关的动作值 B_{OP}和返回值 B_{RP}均为正值，仅对S极磁场变化产生开关动作，对N极磁场没有反应，适用于单极性磁场的检测。

2）双极型开关的动作值 B_{OP}和返回值 B_{RP}既可能在S极，也可能在N极下，适用于检测有S极和N极交替变化的磁场情况。

3）双稳态型霍尔开关的动作值在S极下，返回值在N极下，在S极某一磁感应强度（$\geqslant B_{OP}$）下的输出是导通状态（ON)。当S极逐渐离开，磁感应强度为零时，其输出仍然保持为ON，所以又称为锁存型霍尔开关传感器。只有磁场转变为N极，并达到值 B_{RP}时，输出才翻转为截止状态（OFF)。

4. 开关型霍尔集成传感器的应用

开关型霍尔集成传感器在检测运动部件工作状态位置中的应用示意如图6-26所示。在图6-26（a)中，磁极的轴线与霍尔接近开关的轴线在同一直线上。当磁铁随运动部件移动到距霍尔接近开关几毫米时，霍尔接近开关的输出由高电平变为低电平，经驱动电路使继电器吸合或释放，控制运动部件停止移动（否则将撞坏霍尔接近开关)，从而起到限位的作用。

机械手极限位置控制示意如图6-26（b）所示。在机械手的手臂上安装两个磁铁，磁铁与霍尔接近开关处于同一水平面上，当磁铁随机械手运动到距霍尔开关几毫米时，霍尔接近开关工作驱动电路使控制机械手动作的继电器或电磁阀释放，控制机械手停止运动，从而起到限位的作用。

在图6-26（c）中，磁铁随运动部件运动，当磁铁与霍尔接近开关的距离小于某个数值时，霍尔接近开关输出由高电平跳变为低电平。与图6-26（a）不同的是，当磁铁继续运动时，与霍尔接近开关的距离又重新拉大，霍尔接近开关输出重新跳变为高电平，且不存在损坏接近开关的可能。

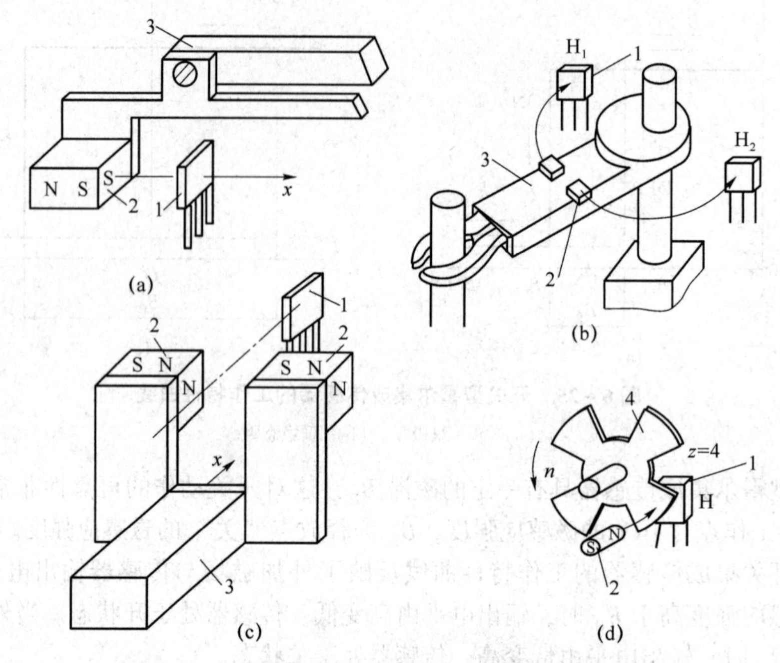

图 6－26　利用霍尔接近开关检测运动部件的工作状态

(a)，(b) 接近式；(c) 滑过式；(d) 分流翼片式

1—霍尔元件；2—磁铁；3—运动部件；4—软铁分流翼片

在图 6－26（d）中，磁铁和霍尔接近开关保持一定的间隙，二者均固定不动，用软铁制作的分流翼片与运动部件联动。当分流翼片移动到磁铁与霍尔接近开关之间时，磁力线被屏蔽（分流），无法到达霍尔接近开关，此时霍尔接近开关输出跳变为高电平。改变分流翼片的宽度可以改变霍尔接近开关的高电平与低电平的占空比。

5. 霍尔开关注意事项

1）选用霍尔开关时注意使用电压范围，过高的电压会引起内部霍尔元器件温升，而过低的电压容易让外界的温度变化影响磁场强度特性，引起电路误动作。

2）使用霍尔开关驱动感性负载时要在负载两端并入续流二极管，否则会因感性负载长期动作时的瞬态高压脉冲影响霍尔开关的使用寿命。

3）为了避免意外发生，应在接通电源前检查接线是否正确，核定电压是否为额定值。

6.3.2　线性型霍尔集成传感器

线性型霍尔集成传感器将霍尔元件、放大器、电压调整电路、电流放大输出级、失调调整和线性度调整电路等集成在一块芯片上，能输出与磁场强度成正比的霍尔电压，即在一定磁感应强度范围内的输出电压与外部磁感应强度呈线性关系。

线性型霍尔集成传感器的输出为模拟量，分为单端输出和双端输出两种，其电路结构如图 6－27 所示。

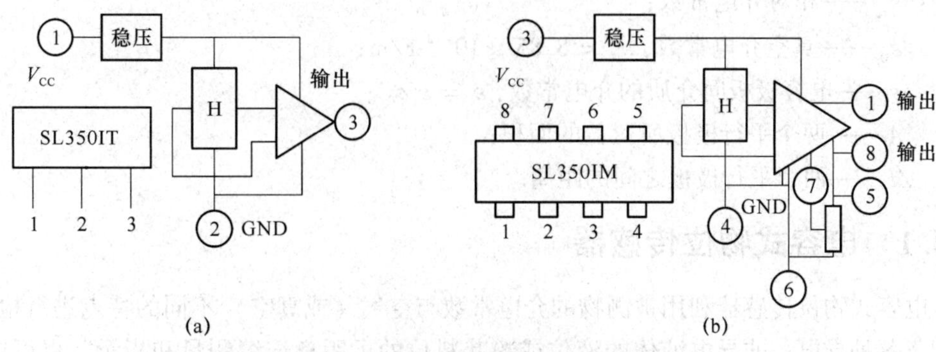

图6-27　线性型霍尔集成传感器的电路结构

（a）SL350IT型结构（单端输出）；（b）SL350IM型结构（双端输出）

具有双端差动输出特性的线性型霍尔器件的输出特性曲线如图6-28所示。当磁场强度为零时，它的输出电压为零，当感受的磁场为正向（磁钢的S极对准霍尔器件的正面）时，输出为正；磁场反向时，输出为负。

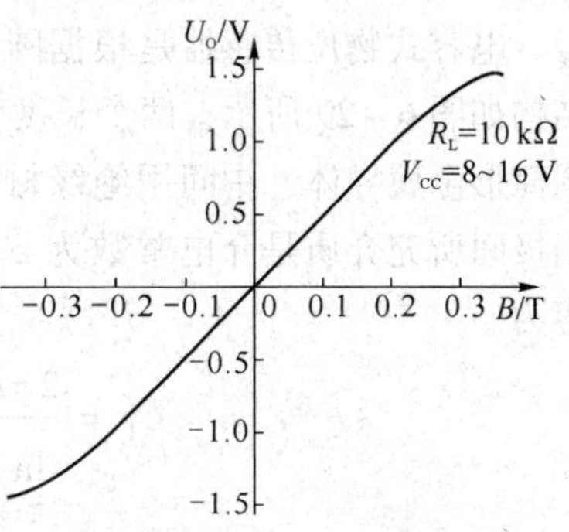

图6-28　双极性线性型霍尔器件的输出特性

线性型霍尔集成传感器用于简易永磁交流伺服系统中，基于线性型霍尔传感器的转子位置检测技术就是利用线性型霍尔集成传感器，它提供永磁交流伺服电动机气隙磁场的一些特定变化的信息，通过三角函数运算或利用系统中的控制芯片（DSP）进行解算后得到电动机的转子位置信号。线性型霍尔集成传感器能够实时跟踪转子的位置信息，从而实现转子位置的检测，但其分辨率较差，因此只应用于对分辨率要求不高的低成本伺服系统中。线性型霍尔集成传感器在使用时必须有外加磁场，并且对外加磁场的磁通密度最低值和形状都有一定的限制。

还有一种霍尔集成传感器与永磁体封装在一起，霍尔元件和永磁体之间留有间隙。当间隙中有软磁材料时，磁场短路，此时没有霍尔电动势输出；当软磁材料移开时，有霍尔电动势输出。根据一定的需要，用软磁材料做成一定尺寸形状的零件，在霍尔电路的间隙中移动，可以得到所需要的霍尔电动势波形。

6.4　电容式物位传感器

电容式物位传感器是把被测的机械量（如位移、压力等）转换为电容量变化的传感器。它的敏感部分是具有可变参数的电容器，最常用的形式是由两个平行板电极组成、极间以空气为介质的电容器。若忽略边缘效应，平板电容器的电容为

$$C = \frac{\varepsilon A}{d} = \frac{\varepsilon_r \varepsilon_0 A}{d} \tag{6-5}$$

式中：ε_r——相对介电常数；

ε_0——真空介电常数，$\varepsilon_0 = 8.85 \times 10^{-12}$ F/m；

ε——电容极板间介质的介电常数，$\varepsilon = \varepsilon_r \varepsilon_0$；

A——两个平行极板所覆盖的面积；

d——两个平行极板之间的距离。

6.4.1 电容式物位传感器

电容式物位传感器利用被测物的介电常数与空气（或真空）不同的特点进行检测，适用于各种导电、非导电液体的液位或粉状料位的远距离连续测量和指示，也可以和电动单元组合仪表配套使用，以实现液位或料位的自动记录、控制和调节。由于它的传感器结构简单，没有可动部分，因此应用范围较广。

1. 电容式物位传感器的工作原理

电容式物位传感器是根据圆筒电容器原理进行工作的，结构如图 6-29 所示，两个长度为 L、半径分别为 R 和 r 的圆筒形金属导体，中间用绝缘材料隔离构成圆筒形电容器。当极间所充介质是介电常数为 ε_1 的气体时，两圆筒间的电容为

$$C_1 = \frac{2\pi\varepsilon_1 L}{\ln\frac{R}{r}} \tag{6-6}$$

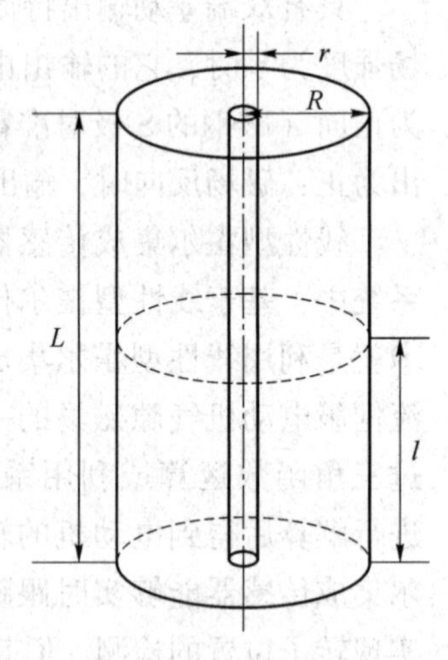

图 6-29 电容物位计的结构

如果两个圆筒形电极之间的一部分被介电常数为 ε_2 的液体（非导电性的）所浸没，则必然会有电容增量 ΔC 产生（因 $\varepsilon_2 > \varepsilon_1$），此时两个电极之间的电容为

$$C = C_1 + \Delta C \tag{6-7}$$

设电极被浸没的长度为 l，则电容增量值为

$$\Delta C = \frac{2\pi(\varepsilon_2 - \varepsilon_1) l}{\ln\frac{R}{r}} \tag{6-8}$$

由式（6-8）可知，当 ε_2、ε_1、R、r 不变时，电容增量 ΔC 与电极被浸没的长度 l 成正比，因此，测出电容增量的数值便可得到液位的高度。

如果被测介质为导电性液体，电极要用绝缘物（如聚四氟乙烯）覆盖作为中间介质；而液体和外圆筒一起作为外电极。设中间介质的介电常数为 ε_3，电极被导电液体浸没的长度为 l，则电容为

$$C = \frac{2\pi\varepsilon_3 l}{\ln\frac{R}{r}} \tag{6-9}$$

式中：R——绝缘覆盖层外半径；

r——内电极的外半径。

由于式（6-9）中的 ε_3 为常数，所以 C 与 l 成正比，由 C 的大小便可得到电极被导电液体浸没的长度 l 的数值。

2. 电容式物位传感器的结构

（1）测量导电液体的电容式物位传感器

测量导电液体的电容式物位传感器如图6-30所示。在液体中插入一根带绝缘套的电极，由于液体是导电的，容器和液体可以看作电容器的一个电极，插入的金属电极作为另一个电极，绝缘套管为中间介质，三者组成圆筒电容器。当液位变化时，电容器两极覆盖面积的大小随之变化，液位越高，覆盖面积就越大，由式（6-9）可知，容器的电容就越大。当容器为非导电体时，必须引入一个辅助电极（金属棒），其下端浸至被测容器底部，上端与电极的安装法兰有可靠的导电连接，以使两个电极中有一个与大地及仪表地线相连，从而保证仪表能够正常测量。液体下降时，由于电极套管上仍黏附一层被测介质，会造成虚假的液位示值，使仪表所显示的液位比实际液位高。

（2）测量非导电液体的电容式物位传感器

当测量非导电液体（如轻油、某些有机液体及液态气体）的液位时，可以在内电极外部套上一根金属管（如不锈钢），两者彼此绝缘，以被测介质为中间绝缘物质构成同轴套管筒形电容器，如图6-31所示。绝缘垫上有小孔，外套管上也有孔和槽，以便被测液体自由地流进或流出。由式（6-8）可知，电极浸没的长度 l 与电容增量 ΔC 成正比，因此，测出电容增量的数值便可知道液位的高度。

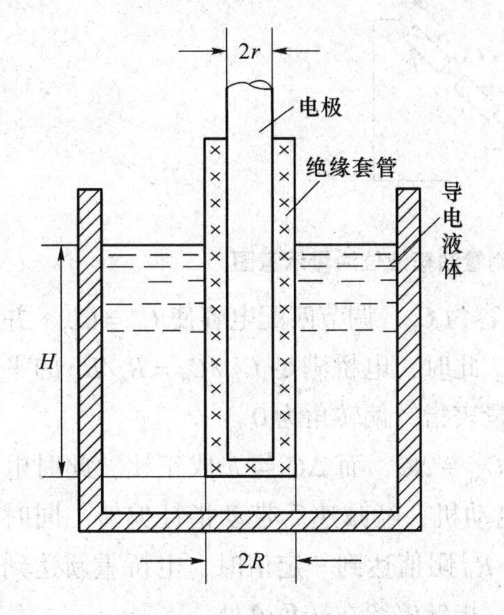

图6-30 测量导电液体的电容式物位传感器

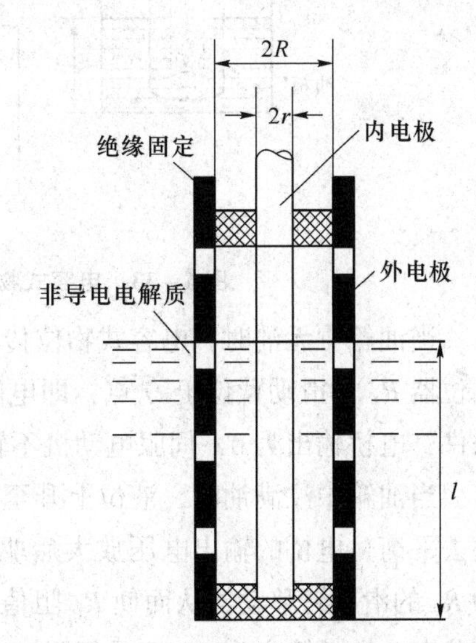

图6-31 测量非导电液体的电容式物位传感器

（3）测量固体料位的电容式物位传感器

由于固体物料的流动性较差，故不宜采用双筒电极。非导电固体物料的料位测

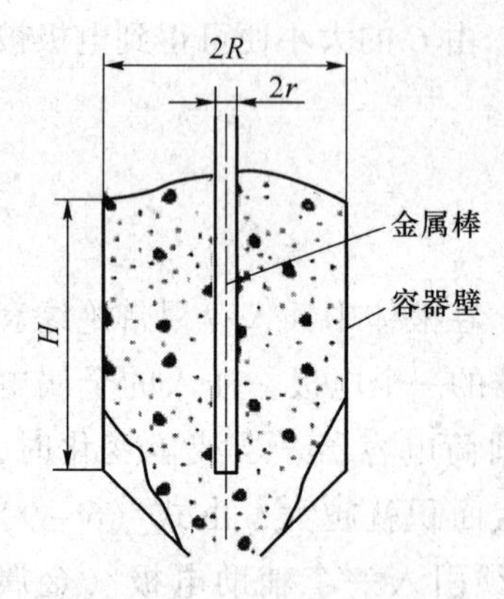

图 6－32　非导电料位测量

量通常采用一根不锈钢金属棒与金属容器器壁构成电容器的两个电极，图 6－32 所示。金属棒作为内电极，容器壁作为外电极。将金属棒电极插入容器内的被测物料中，电容变化量 ΔC 与被测料位 H 的函数关系可以用非导电液位的函数关系式(6－8)表述，其中，非导电料位测量中的 ε_2 代表固体物料的介电常数，R 代表容器器壁的内径，其他参数相同。

对于导电固体的料位测量则需要在图 6－32 中的金属棒内电极加上绝缘套管，其测量原理同导电液位测量，也可以用相同的函数表述。

用电容式物位传感器也可以测量导电和非导电液体之间，以及两种介电常数不同的非导电液体之间的分界面。

3. 电容式物位传感器的应用

电容式物位传感器测量油箱液位油量的示意图如图 6－33 所示。

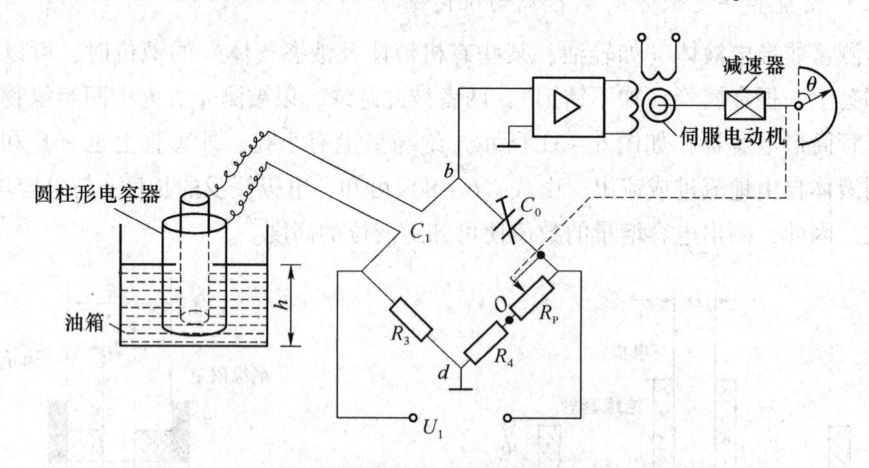

图 6－33　电容式物位传感器测量油箱液位油量示意图

当油箱中无油时，电容式物位传感器的电容为 C_0，调节匹配电容使 $C_0 = C_{x0}$，并使电位器 R_P 的滑动臂位于 O 点，即电阻值为 0。此时，电桥满足 $C_{x0}/C_0 = R_4/R_3$ 的平衡条件，电桥输出为 0，伺服电动机不转动，油量表指针偏转角为 0。

当油箱中注满油时，液位上升至 h，$C_x = C_{x0} + \Delta C$，而 ΔC 与 h 成正比，此时电桥失去平衡，电桥的输出电压放大后驱动伺服电动机，经减速后带动指针偏转，同时带动 R_P 的滑动臂移动，从而使 R_P 阻值增大。当 R_P 阻值达到一定值时，电桥重新达到平衡状态，电桥输出为 0，于是伺服电动机停转，指针停留在转角 θ 处。

由于指针及电位器的滑动臂同时被伺服电动机带动，因此，R_P 的阻值与转角 θ 存在着确定的对应关系，即 θ 与 R_P 成正比，而 R_P 的阻值又与液位高度 h 成正比，因此，可直接从刻度盘上读得液位高度 h。

4. 电容式物位传感器的选型和使用

电容式物位传感器由传感器及配套的显示仪表组成，传感器中的测量电极有管式、同轴式、裸极式和复合式4种类型，如图6-34所示。

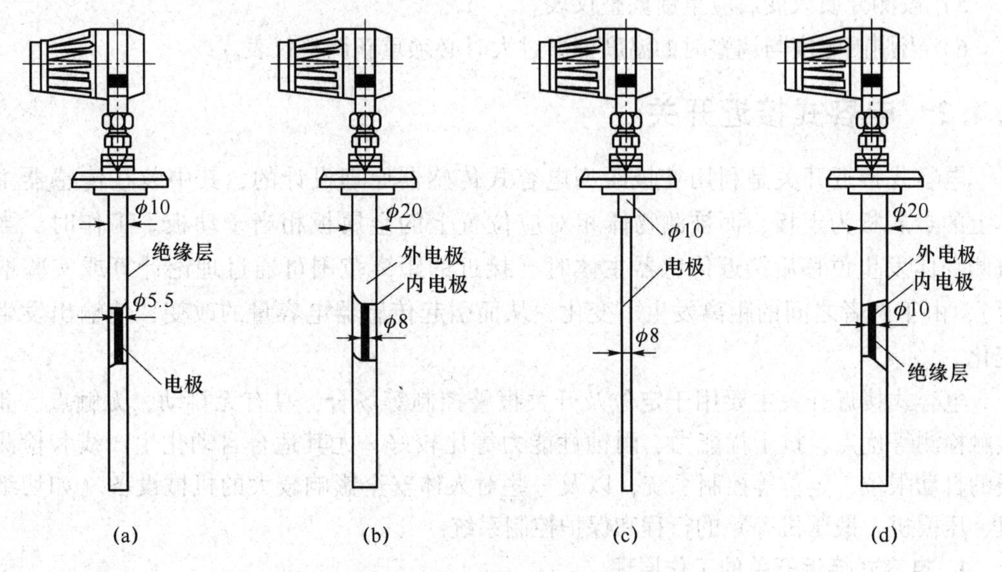

图6-34　电容物位传感器

（a）管式；（b）同轴式；（c）裸极式；（d）复合式

（1）导电介质的测量

当介质导电且容器是金属材料时，可采用如图6-34（a）所示的管式电极结构，容器和导电介质作为外电极。在这种测量方法中，金属容器必须可靠接地。

当介质导电而容器为非金属材料时，采用如图6-34（d）所示的复合式电极结构，由导电介质和插入的复合式外电极构成电容器的一个电极。安装时，电极上的法兰与外电极是连在一起的，必须可靠接地。

（2）非导电介质的测量

当容器为金属材料时，可采用如图6-34（c）所示的裸极式结构，直接将裸金属电极插入非导电液体中，金属容器作为外电极。当容器的直径较大时，灵敏度较低，金属容器必须可靠接地。

当容器为非金属或容器的直径远远大于电极的直径时，可采用如图6-34（b）所示的同轴式电极结构，中间作为内电极，外面的金属管作为外电极，内外电极用绝缘材料固定，非导电介质作为电介质。由于外电极的直径略大于内电极的直径，所以灵敏度较高。法兰与外电极是连在一起的，必须可靠接地。

5. 电容式物位传感器使用的注意事项

1）电极必须垂直安装，安装前要校直。

2）不要把电极安装在管口、孔、凹坑等里面，防止介质停留而造成误动作。

3）仪表的同轴电缆芯线不允许进水，必须严格注意。

4）同轴电缆在校验中已计入初始电容，使用时不许切断或加长，否则将影响零点和整个线性。

5）被测介质改变后应重新调整仪表。

6）当周围温度与调整时的温度偏离过大时必须重新调整仪表。

6.4.2 电容式接近开关

电容式接近开关是利用变极距型电容式传感器原理设计的，其中装在传感器主体上的金属板为定板，而被测物体相对应位置上的金属板相当于动板。工作时，当被测物体发生位移后接近传感器主体时（接近的距离范围可通过理论计算或实验取得），由于两者之间的距离发生了变化，从而引起传感器电容量的改变，使输出发生变化。

电容式接近开关主要用于定位及开关报警控制等场合，具有无抖动、无触点、非接触检测等优点，抗干扰能力、耐蚀性能力等比较好，尤其适合自动化生产线和检测线的自动限位、定位等控制系统，以及一些对人体安全影响较大的机械设备（如切纸机、压模机、锻压机等）的行程和保护控制系统。

1. 电容式接近开关的工作原理

电容式接近开关是一个以电极为检测端的静电电容式接近开关，由高频振荡电路、检波电路、放大电路、整形电路及输出电路等组成，如图 6－35 所示。

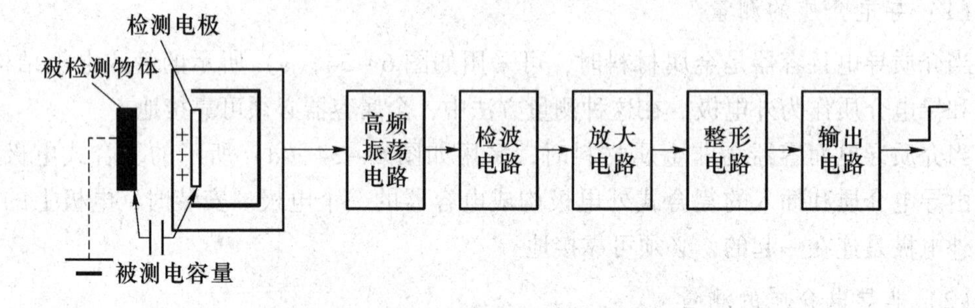

图 6－35　电容式接近开关的组成

电容式接近开关工作时，由传感器的检测面与大地间构成一个电容器，参与振荡回路工作，起始处于振荡状态。当物体接近传感器检测面时，回路的电容发生变化，使高频振荡器振荡。振荡与停振两种状态被转换为电信号，经放大器转化成二进制的开关信号，送到后续开关电路中，传感器按预先设置的条件发出信号，从而控制或检测机电设备，使其正常工作。

电容式接近开关的被检测物体可以是导电体、介质损耗较大的绝缘体、含水的物体（如饲料、人体等），可以接地，也可以不接地。

不同材料的非金属被检测物体对电容式接近开关动作距离的影响较大，如果以水的动作距离为基准，其他常见非金属检测物的动作距离百分比见表 6－1。

表 6-1　非金属检测物对电容式接近开关的动作距离

材料	水	酒精	玻璃	木材	纸	橡皮	石英晶体	尼龙
动作距离百分比	100%	85%	40%	20% ~50%	20% ~35%	20% ~35%	20% ~40%	20%

2. 电容式接近开关的使用注意事项

1）检测区有金属物体时容易对传感器检测的距离造成影响。如果周围安装了其他传感器，也会给传感器的性能带来影响。

2）电容式接近开关安装在高频电场附近时，易受高频电场的影响而产生误动作。

3）电容式接近开关不仅可以检测金属体，还可以检测塑料、木材、纸张、液体、粉粒等介质。

4）不同的电容式接近开关的输出提供的输出端口数量是不一样的，有两线、三线、四线、五线等。

5）在检测较低介电常数的物体时，可以通过顺时针调节多圈电位器（位于开关后部）来增加感应灵敏度。一般调节电位器使电容式接近开关在0.7 ~0.8 Sn 的位置动作(Sn 为电容式接近开关的标准检测距离单位)。

6）电容式接近开关的接通时间为50 ms，当负载和电容式接近开关采用不同电源时，必须先接通电容式接近开关的电源。

6.5　接近开关在 YL335A 自动生产线位置检测的应用

6.5.1　磁性开关在 YL335A 自动生产线中的应用

1. 气缸的位置检测

在 YL335A 自动生产线中，磁性开关用于各类气缸的位置检测。用两个磁性开关来检测机械手上气缸伸出和缩回到位的位置磁力式接近开关（简称磁性开关）是一种非接触式位置检测开关，这种非接触位置检测不会磨损和损伤检测对象物，响应速度快。磁性开关实物及电气符号如图 6-36 所示。

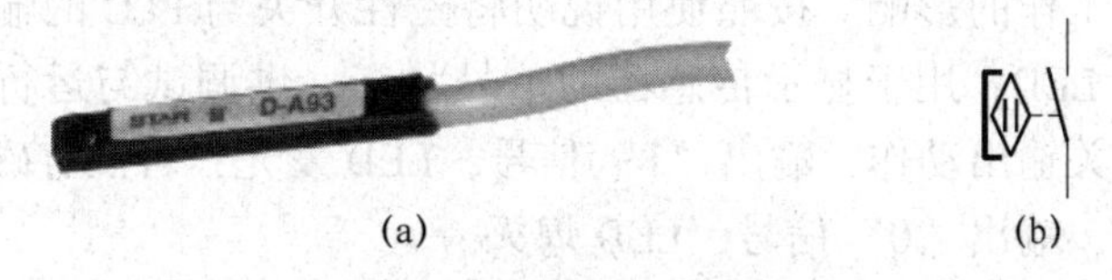

(a)　(b)

图 6-36　磁性开关实物及符号

（a）实物；（b）电气符号

当有磁性物质接近磁性开关时，传感器动作，并输出开关信号，如图 6-37 所示。在实际应用中，我们在被测物体上，如在气缸的活塞（或活塞杆）上安装磁性物质，在气缸缸筒外面的两端位置各安装一个磁性开关，分别用于标识气缸运动的两个极限位置。

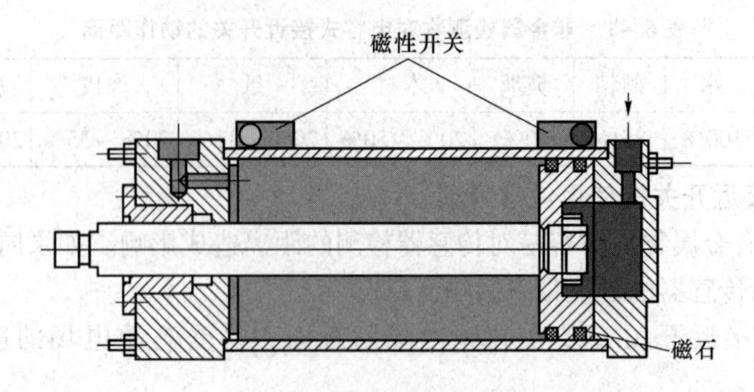

图 6－37　磁性开关安装气缸的结构图

磁性开关的内部电路如图 6－38 虚线框内所示。为了防止错误接线损坏磁性开关，通常在使用磁性开关时串联限流电阻和保护二极管。这样，即使引出线极性接反，磁性开关也不会烧毁，只是该磁性开关不能正常工作。

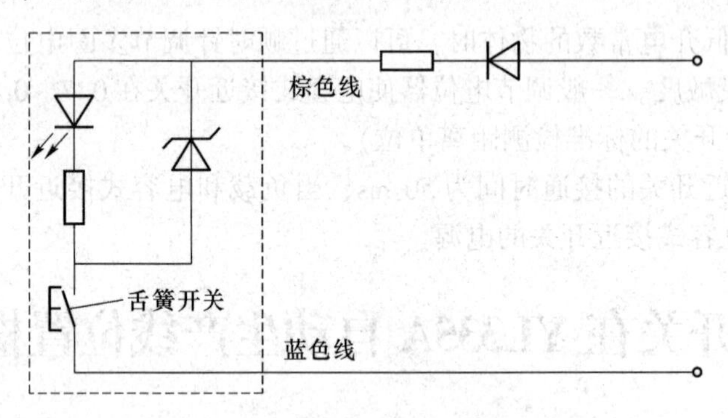

图 6－38　磁性开关的电路

2. 磁性开关的安装与调试方法

在生产线的自动控制中，可以利用磁性开关输出信号判断气缸的运动状态或所处的位置，以确定工件是否被推出或气缸是否返回。

(1) 电气接线与检查

重点要考虑传感器的尺寸、位置、安装方式、布线工艺、电缆长度及周围工作环境等因素对传感器工作的影响。按照使用说明将磁性开关与 PLC 的输入端口连接，在磁性开关上设置有 LED，用于显示传感器的信号状态，供调试与运行监视。当磁性物件靠近时，接近开关输出动作，输出“1”信号，LED 发光；若没有磁性物件靠近，接近开关输出不动作，输出“0”信号，LED 熄灭。

(2) 磁性开关在气缸上的安装与调整

磁性开关与气缸配合使用，如果安装不合理，可能导致气缸动作不正确。当气缸活塞移向磁性开关并接近一定距离时，磁性开关才有“感知”，开关才会动作，通常把这个距离称为“检出距离”。在气缸上安装磁性开关时，先把磁性开关安装在气缸上。根据控制对象的要求调整磁性开关的安装位置，磁性开关到达指定位置后，用螺丝刀旋紧固定螺钉（或螺帽）即可。

6.5.2　光电开关在 YL335A 自动生产线中的应用

1. 检测料仓中的储料状况

光电接近开关（简称光电开关）通常在环境条件比较好、无粉尘污染的场合下使用。光电开关工作时对被测对象几乎无任何影响，在生产线上被广泛使用。

在供料单元中，可利用光电开关检测料仓中工件的储料，光电开关的外形和电气符号如图 6－39 所示。在料仓底层和第 4 层分别装设 2 个光电开关，分别用于缺料和供料不足检测。若该部分机构内没有工件，则处于底层和第 4 层位置的两个漫反射型光电接近开关均处于常态，若仅在底层有 3 个工件，则底层处光电接近开关处于动作，而第 4 层处光电接近开关处于常态，表明工件即将用完。这样，这两个光电接近开关的信号状态反映出料仓中有无储料或储料是否足够。在控制程序中，可以利用该信号状态来判断底座和装料管中储料的情况，为实现自动控制奠定硬件基础。本单元中采用细小光束、放大器内置型漫射型光电开关。

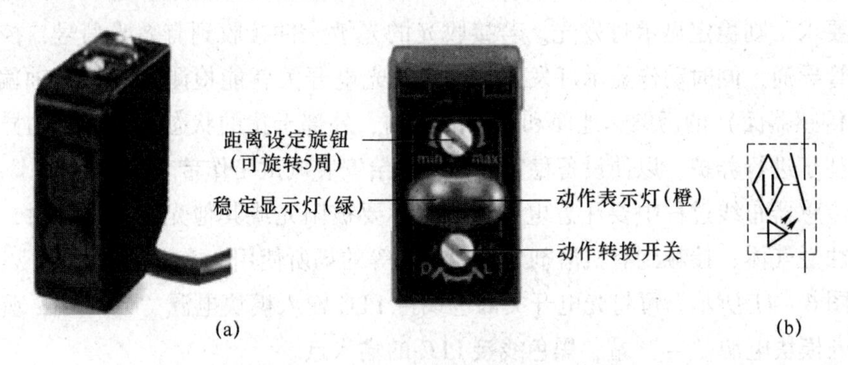

图 6－39　光电开关的外形和电气符号

(a) 光电开关外形；(b) 光电开关电气符号

在工作时，光发射器始终发射检测光，若光电开关前方一定距离内没有物体，则没有光被反射到接收器，光电开关处于常态而不动作；反之，若光电开关的前方一定距离内出现物体，只要反射回来的光强度足够，则接收器接收到足够的漫反射光就会使光电开关动作而改变输出的状态。漫反射型光电开关的工作原理示意如图 6－40 所示。

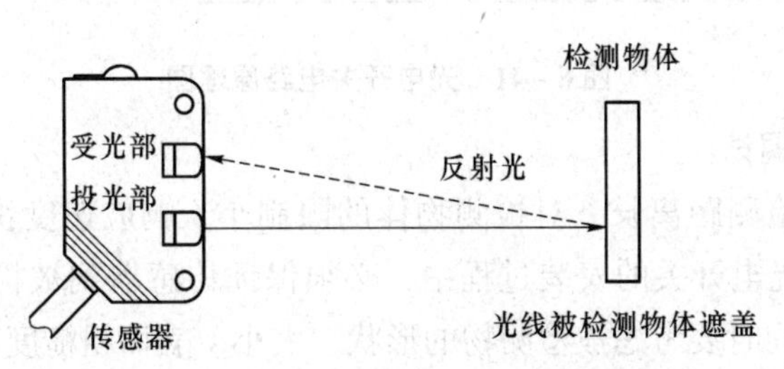

图 6－40　漫反射型光电开关的工作原理示意

在生产线上除了有漫反射型光电开关，还有透射型和回归型，它们都由发光的光源和接收光线的光敏元件构成，如果投射的光线因检测物体不同而被遮掩或反射，到达受光部的量将会发生变化。受光部将检测出这种变化，并转换为电气信号，进行输出。光电开关大多使用可视光（主要为红色，也用绿色、蓝色来判断颜色）和红外光。

根据生产线上被检测物的特性、安装方式，我们可以选择不同类型的光电开关。光电开关在分拣单元有广泛的应用。在自动线的分拣单元中，当工件进入分拣输送带时，分拣站上的光电开关发出的光线遇到工件反射回自身的光敏元件中，光电开关输出信号启动输送带运转。

2. 电气与机械安装

根据机械安装图将光电开关初步安装固定，然后连接电气接线。YL335A 自动生产线中使用的漫反射型光电开关电路原理如图 6－41 所示。该图具有电源极性及输出反接保护功能，并具有自我诊断功能。若设置后的环境变化（温度、电压、灰尘等）余度满足要求，则稳定显示灯发光。若接收光的光敏元件接收到有效光信号，控制输出的三极管导通，同时动作显示灯发光。这样，光电开关就能检测自身的光轴偏离、透镜面（传感器面）的污染、地面和背景的影响、外部干扰的状态等传感器的异常和故障，有利于进行养护，以便设备稳定工作，也给安装调试工作带来了方便。

在传感器布线过程中要注意电磁干扰，不要被阳光或其他光源直接照射，不要在产生腐蚀性气体、接触到有机溶剂、灰尘较大等的场所使用。

如图 6－41 所示，可将光电开关褐色线接 PLC 输入模块电源“＋”端，蓝色线接 PLC 输入模块电源“－”端，黑色线接 PLC 的输入点。

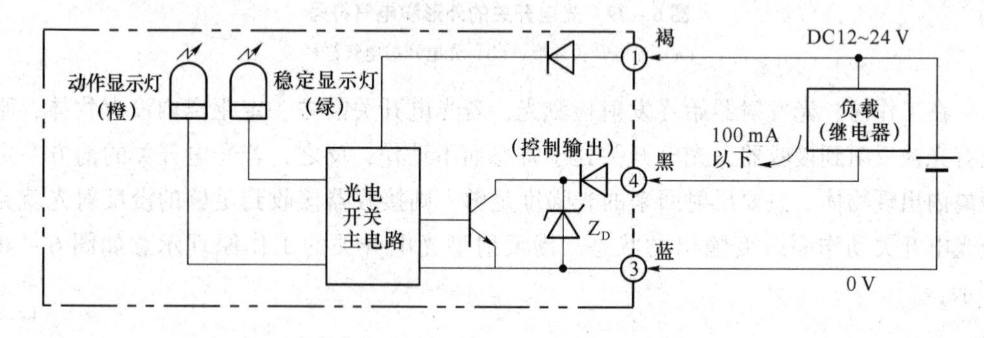

图 6－41 光电开关电路原理图

3. 安装调整与调试

光电开关具有检测距离长、对检测物体的限制小、响应速度快、分辨率高、便于调整等优点。但在光电开关的安装过程中，必须保证传感器到被检测物的距离在“检出距离”范围内，同时要考虑被检测物的形状、大小、表面粗糙度及移动速度等因素。

光电开关的调试过程如图 6－42 所示。图 6－42（a）中，光电开关调整位置不到位，对工件反应不敏感，动作灯不亮；图 6－42（b）中光电开关位置调整合适，对工件反应敏感，动作灯和稳定灯亮；图6－42（c）中，没有工件靠近光电开关，光电开关没有输出。

调试光电开关的位置合适后，将固定螺母锁紧。

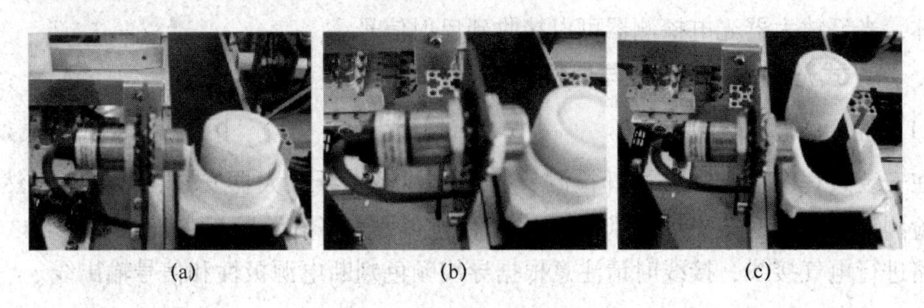

(a)　(b)　(c)

图6－42　光电开关的调试

（a）光电开关没有安装合适；（b）光电开关调整到位检测到工件；（c）光电开关没有检测到工件

6.5.3　光纤传感器在YL335A自动生产线中的应用

1. 认识光纤式光电接近开关

光纤式光电接近开关（简称光纤式光电开关）也是光纤传感器的一种。光纤传感器传感部分没有电路连接，不产生热量，只利用很少的光能，是危险环境下的理想选择。光纤传感器还可以对关键生产设备进行长期、可靠、稳定的监视。

相对于传统传感器，光纤传感器的优点有：抗电磁干扰，可工作于恶劣环境，传输距离远，使用寿命长；光纤头具有较小的体积，可以安装在很小空间的地方；光纤放大器根据需要来放置。比如，有些生产过程中烟火、电火花等可能引起爆炸和火灾，光能不会成为火源，所以不会引起爆炸和火灾，这时可将光纤测头设置在危险场所，将放大器单元设置在非危险场所进行使用。

光纤或光电开关根据结构可分为传感型、传光型两大类。传感型光纤式光电开关以光纤本身作为敏感元件，具有感受和传递被测信息的作用。传光型光纤式光电开关把由被测对象所调制的光信号输入光纤，通过输出端的光信号处理进行测量，其工作原理与光电式传感器类似。

在分拣单元中采用传光型光纤式光电开关，光纤仅作为被调制光的传播线路使用。

2. 光纤式光电开关在分拣单元的应用

光纤式光电开关在分拣单元也有广泛的应用。光纤式光电开关由光纤检测头和光纤放大器组成，光纤放大器和光纤检测头是分离的两个部分，光纤检测头的尾端部分分成两条光纤，使用时分别插入放大器的两个光纤孔。光纤式光电开关的输出连接至PLC。

在分拣单元传送带上方装有两个光纤式光电开关，光纤式光电开关的放大器的灵敏度可以调节。为了能对白色和黑色的工件进行区分，使用中将两个光纤式光电开关灵敏度调整成不一样的，通过调节光纤式光电开关的灵敏度可以判断黑白两种颜色物体，将两种物料区分开，完成自动分拣工序：当光纤式光电开关灵敏度调得较小时，对于反射性较差的黑色物体，光纤放大器无法接收到反射信号；对于反射性较好的白色物体，光纤放大器光电探测器可以接收到反射信号。

3. 光纤式光电开关的安装与调整

(1) 电气与机械安装

在安装过程中，首先将光纤检测头固定，并将光纤放大器安装在导轨上，然后将光纤检测头的尾端两条光纤分别插入放大器的两个光纤孔，最后按照如图 6－43 所示的电路进行电气接线，接线时请注意根据导线颜色判断电源极性和信号输出线。

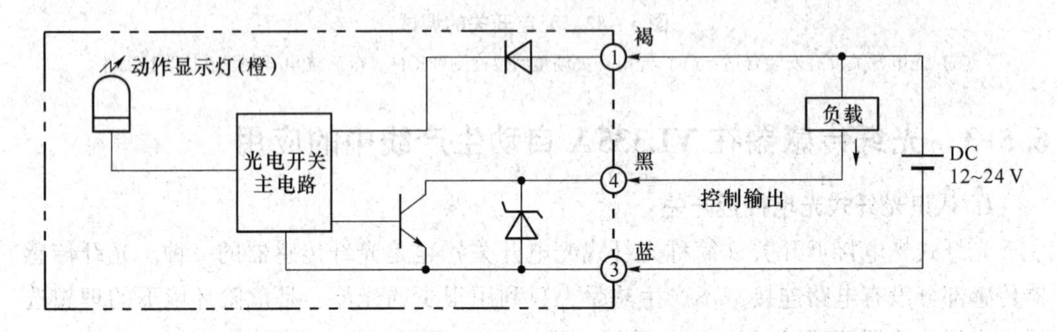

图 6－43 光纤式光电开关安装电路

(2) 灵敏度调整

在分拣单元中可以使用螺丝刀调整传感器灵敏度，调节八旋转灵敏度高速旋钮就能进行放大器灵敏度调节，如图 6－44 所示。调节时，入光量显示灯发光产生变化。在检测距离固定后，当白色工件出现在光纤检测头下方时，动作显示灯发光，提示检测到工件；当黑色工件出现在光纤检测头下方时，动作显示灯熄灭，光纤式光电开关调试完成。

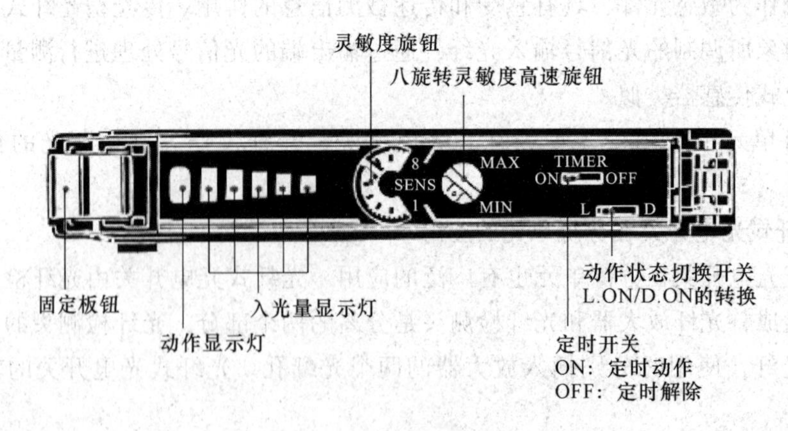

图 6－44 光纤放大器

光纤式光电开关在生产线上应用越来越多，但在一些尘埃多、容易接触到有机溶剂及需要较高性价比的应用中，我们可以选择使用其他传感器来代替，如电容式接近开关、电涡流式接近开关。电容式接近开关的检测物体既可以是金属导体，也可以是绝缘的液体或粉状物体；电涡流式接近开关检测的物体必须是金属物体。

无论是哪一种接近开关，在使用时都必须注意被检测物的材料、形状、尺寸、运动速度等因素。在传感器安装与选用中，必须认真考虑检测距离和设定距离，保证生产线上的传感器可靠动作。在一些精度要求不是很高的场合，接近开关可以用于产品计数、测量转速，甚至是测量旋转位移的角度。但在一些要求较高的场合，往往用光电式编码器来测量旋转位移或者间接测量直线位移。

第 7 章

流量、液位传感器

7.1 流量传感器

流量是工业生产、科学实验和日常生活中一个非常重要的物理量，例如，在石油化工生产过程的自动检测和控制中，为了有效地操作、控制和监测，需要检测各种流体的流量。此外，对物料总量的计量还是能源管理和经济核算的重要依据；在环境监测、医疗卫生等领域里，流量的准确测量也非常重要。流量检测仪表是发展生产、节约能源、提高经济效益和管理水平的重要工具，测量流体流量的仪表统称为流量计或流量表，流量计是工业测量中重要的仪表之一。随着工业生产的发展，对流量测量的准确度和范围的要求越来越高，流量测量技术日新月异，为了适应各种用途，各种类型的流量计相继问世，目前已投入使用的流量计已超过 100 种。

流量传感器的种类繁多，按照组成结构和原理可分为压差式、流阻式等，选型的关键参数包括测量的连续性、重复性、准确度、量程比、响应时间等。

7.1.1 流量传感器的工作原理

流量是在单位时间内流体通过一定截面积的量，可以用流体的体积或质量表示，用流体的体积来表示称为瞬时体积流量（q_s），简称体积流量；用流量的质量来表示称为瞬时质量流量（g_m），简称质量流量。体积流量的表达式为

$$q_s = \lim_{\Delta t \to 0} \frac{\Delta V}{\Delta t} = \frac{dV}{dt} = uA \qquad (7-1)$$

式中：u——管内平均流速；

A——管道横截面积；

q_s——在单位时间内通过的流体体积。

从 t_1 到 t_2 时间内流体体积流量或质量流量的累积值称为累积流量，其表达式为

$$V = \int_{t_1}^{t_2} q_s dt \qquad (7-2)$$

流体密度随着工质状态变比，即当工质的温度和压力变化时，其密度也发生变化。

为便于比较，常测量在标准状态下的体积流量，而在温度、压力工况偏离标准状态较大时，需要进行修正补偿才能得到较准确的瞬时流体量。在标准重力加速度下，重量流量和质量流量在数值上相等。

总量是指一段时间间隙内流经封闭管造成开口堰槽有效截面的流量总和，可以用体积或重量、质量来表示，也称累积流量。

7.1.2 流量传感器的设计

1. 电磁流量计

在生产过程中，可以应用电磁感应的方法测量导电性液体的流量。根据电磁感应原理制成的电磁流量计（Electromagnetic Flowmeters，EMF）能够测量具有一定电导率的各种流体的流量，它由流量传感器和转换器等组成，有一体式和分体式之分。

电磁流量计普遍适用于稍具电导率流体的流量测量，适应范围广泛；在管道中没有阻力件，也没有可动部件，因而压力损失小；信号变换与处理技术不断改善，因而测量精度高，可靠性好。近年来，插入式电磁流量探头的出现使其使用范围更加广泛。

(1) 电磁流量计的工作原理

当被测流体垂直于磁力线方向流动而切割磁力线时，如图7-1所示，根据右手定则，在与流体流向和磁力线垂直的方向产生感应电动势 E_x，即

$$E_x = BDv \tag{7-3}$$

式中：B——磁感应强度，T（特斯拉）；

D——导体在磁场内的长度，这里指两电极间的距离，实际是流量传感器的管径；

v——导体在磁场内切割磁力线的速度，即被测液体流过传感器的平均流速，m/s。

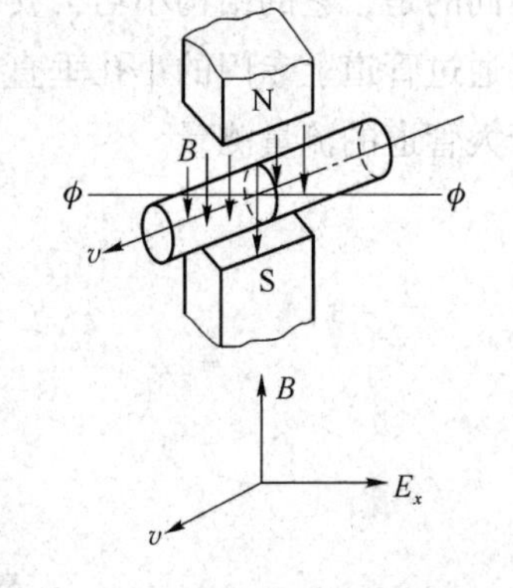

图7-1　电磁流量计测量原理

对于具体的流量计，其管径 D 是固定的，磁场强度 B 在有关参数确定后也是不变的，感应电动势 E_x 的大小只取决于液体的平均流速 v，则液体体积流量 q_V 与感应电动势 E_x 的关系为

$$q_V = \frac{\pi D}{4B} E_x = K E_x \tag{7-4}$$

式中：K——仪表常数，$K = \frac{\pi D}{4B}$，取决于仪表的几何尺寸及磁场强度。

(2) 电磁流量传感器的结构

1）管道式电磁流量传感器。管道式电磁流量传感器由测量管、励磁系统（励磁线圈、磁轭等）、电极、内衬和外壳等组成，如图7-2所示。测量管由非导磁的高阻材料制成，如不锈钢、玻璃钢或某些具有高阻率的铝合金，这些材料可以避免磁力线被

测量管的管壁短路，且涡流损耗较小。

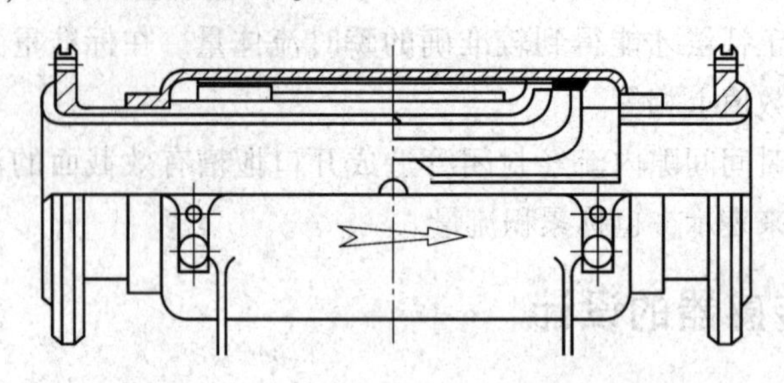

图7－2 管道式电磁流量传感器的结构

电极由非导磁不锈钢制成，也由用铂、金或镀铂、镀金的不锈钢制成。电极宜安装在管道的水平对称方向，以防止沉淀物堆积在电极上而影响测量准确度。同时，电极要与导管内衬齐平，以便流体通过时不受阻碍。

2）插入式电磁流量传感器。插入式电磁流量传感器简称电磁流量探头，主要由励磁系统、电极等部分组成，如图7－3所示。其原理与管道式电磁流量传感器完全一样，不同的是，它的结构小巧，安装简单，并可以实现不断流装卸流量传感器，使用时只要通过管道上专门的小孔垂直插入管道内的中心线上或规定的位置处即可，特别适用于大管道的流量测量。

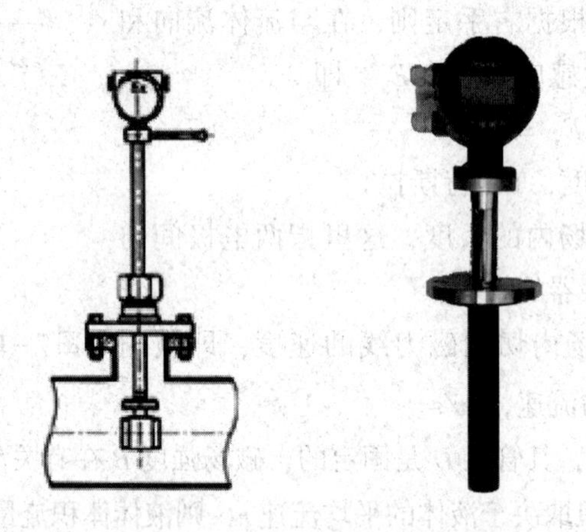

图7－3 插入式电磁流量传感器的结构

（3）电磁流量计的优点与缺点

电磁流量计的优点有：

1）测量不受被测介质的温度、黏度、密度及电导率（在一定范围内）的影响。

2）测量导管内无可动部件，几乎没有压力损失，也不会发生堵塞现象，特别适用于矿浆、泥浆、纸浆、泥煤浆和污水等固液两相介质的流量测量。

3）由于测量管及电极都衬有防腐材料，故也适用于各种酸、碱、盐溶液和带腐蚀性流体的流量测量。

4）无机械惯性，反应灵敏，可以测量脉动流量。

5）测量范围很大，适用管径从几毫米到3 000 mm，插入式电磁流量计适用的管径可达6 000 mm甚至更大；流速范围为1～10 m/s，通常建议不超过5 m/s；量程比一般在20∶1～50∶1，高的可达100∶1以上；测量精度达±（0.5%～2%）。

电磁流量计的缺点有：

1）管道上安装电极及衬里材料的密封受温度的限制，它的工作温度一般为−40～130 ℃，工作压力为0.6～1.6 MPa。

2）电磁流量计要求被测介质必须具有导电性能，一般要求电导率为10^{-5}～10^{-4} S/cm。

（4）选用考虑要点

选用电磁流量传感器时，要考虑实际流体性质和电导率、腐蚀性、酸碱度、黏度、温度、压力与流速、是否有颗粒或悬浮等参数，以及对电磁流量计的口径、精度等级与功能、电极材料、衬里材料等的使用要求。

7.1.3　压差式流量传感器

压差式流量传感器具有原理简单、没有移动部件、工作可靠、适应性强、可不经过标定就能保证一定测量精度的优点，因而应用广泛，是工业上使用最多的流量传感器之一。

压差式流量传感器利用节流件前后流体的压差与平均流速或流量的关系，由压差测量值计算出流量值，其结构如图7－4所示。

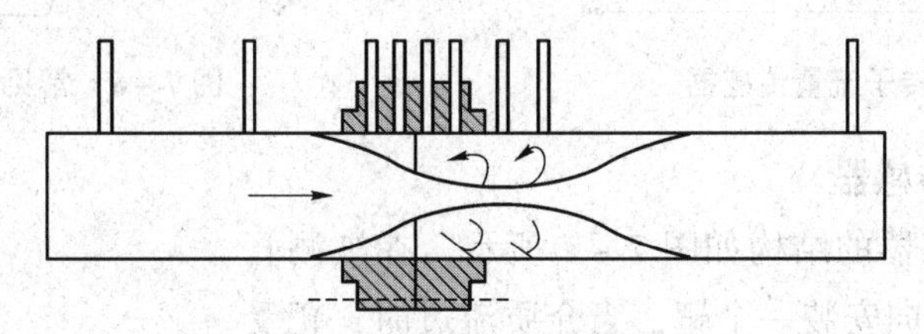

图7－4　压差式流量传感器的结构

进入节流件前，流体的流束扰动情况对测量结果影响较大，因此，必须在节流件的前后安装直管段，分别称为前、后测量管，节流件前后直管段的长度分别不短于10*D*和5*D*（*D*为直管段的直径）。

7.1.4　流阻式流量传感器

流阻式流量传感器在流体中置入一个阻力体，随着流量的变化，阻力体的受力大小、阻力体的位置随之改变，由此可以根据阻力体承受力的大小或阻力体的位移来测量流量。

根据阻力体的不同，流阻式流量传感器可以分为转子式和靶式等。

1. 转子流量传感器

转子流量传感器的结构如图7－5所示，在一个上粗下细的锥形管中，垂直地放置一个阻力体——转子（也叫浮子），当流体自下而上地流经锥形管时，转子由于受到流体的冲击向上运动。随着转子的上浮，转子与锥形管间的环形流通面积增大，流速降低，直到转子在流体中的质量与流体作用在转子上的力相平衡时，转子停留在某一高度，维持平衡。流量发生变化时，转子移动到新的位置，直到重新恢复平衡。由此可以根据转子的高度测量流体的流量。

转子的形状对流量的测量结果影响较大。常见的转子有3种形状，如图7－6所示。

转子流量传感器的输出特性与流体的工况有密切关系，所以转子流量传感器必须标明被测介质的名称、密度、黏度、温度和压力。转子流量传感器在出厂时是在标准状态（温度20 ℃，压力$1.013\ 25\times10^5$ Pa）下，采用水（测量液体）或者空气（测量气体）介质进行标定的。

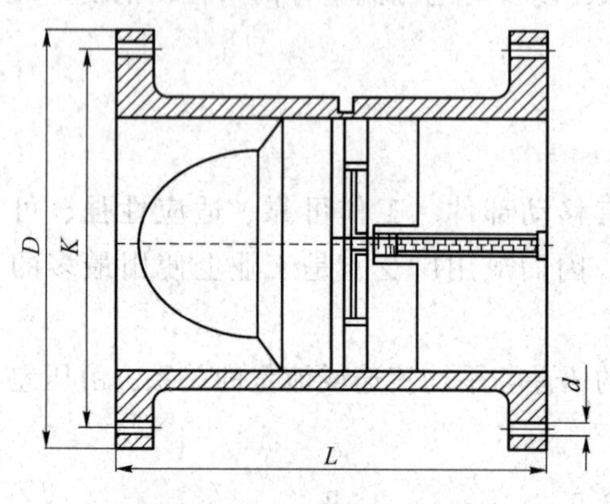

图7－5　转子流量传感器

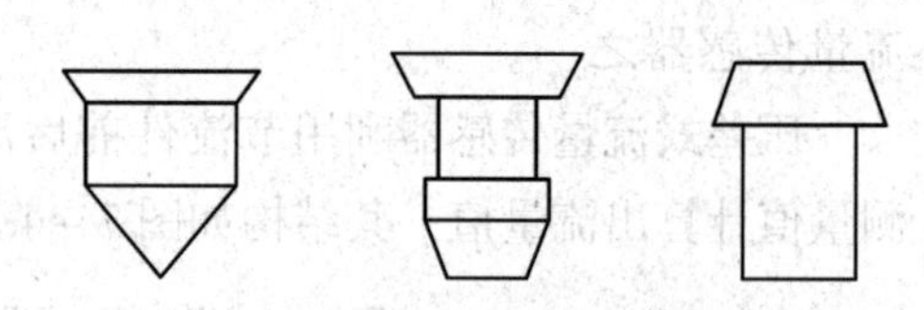

图7－6　常见的转子形状

2. 靶式流量传感器

靶式流量传感器的结构如图7－7所示，在被测管的中心迎着流速方向安装一个靶，当介质流过时，靶受到流体的作用力（主要是靶前后的压差阻力），通过测量靶上的受力可以得到流体的流量。目前，靶的受力大多采用力平衡式测力传感器测量。

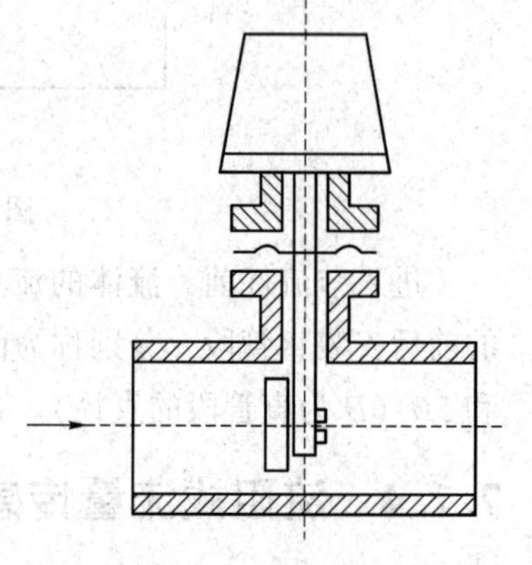

图7－7　靶式流量传感器

7.1.5　超声波流量传感器

超声波流量传感器实现了对流体的非接触、无妨碍、无扰动的测量，在工业中有广泛的应用。例如，在石油、化工工业生产流程中流体的控制和监督，水利电力部门对连续流量的测定，在水文测量工作中对河川、海峡流速的测定，以及医学上血流的测量等。

超声波流量传感器根据工作原理大致可分为两种：一种是利用超声波的传播速度随流速变化而发生变化的原理；另一种是利用液体中的微小杂质的移动速度所产生的

超声波多普勒效应。其中以超声波传播时间差法和多普勒法应用较多。

7.1.6 流量传感器的应用

1. 污水处理

根据污水具有流量变化大、含杂质、腐蚀性小、有一定的导电能力等特性，测量污水的流量选择电磁流量计。电磁流量计结构紧凑，体积小，安装、操作、维护方便，如测量系统采用智能化设计，整体密封强，能够在恶劣的环境下正常工作，选用电磁流量计，可以满足污水流量测量的要求。

某冶炼厂在生产中，由于生产工艺的需要，会产生大量的工业污水，污水处理分厂必须对污水的流量进行监控。在以往的设计中，流量仪表选用旋涡流量计和孔板流量计，而实际应用中发现，测量的流量显示值与实际流量偏差较大。改用电磁流量计后，偏差大大减小。污水电磁流量计安装示意图如图7－8所示。

2. 煤气计量

在工业生产中，经常需要精确计量和控制液体的流速和流量。焦炉煤气由于冷却、净化等原因，总是含有一定的杂质，高炉煤气也含有较多的杂质，寻找适合于各类煤气的计量仪表始终是困扰企业的技术难题。随着现代化生产技术的发展和自动化管理水平的提高，企业对气体测量要求越来越高。

为了实现煤气的综合利用，经过多年论证实践，煤气流量测量中采用了超声波流量计，达到了较好的效果。

测量信号通过变送器传至积算仪，进行补偿运算，如图7－9所示。

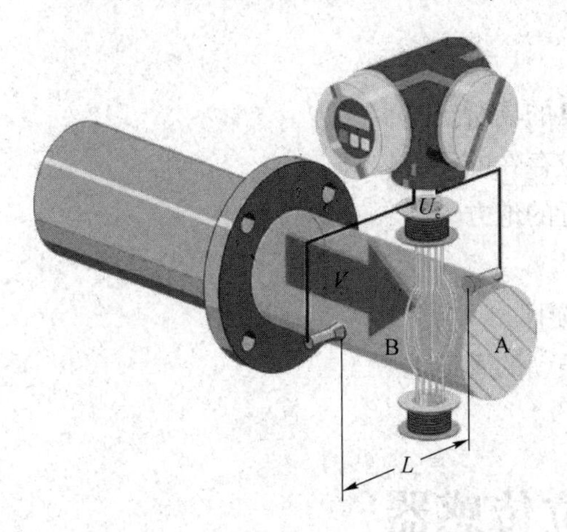

图7－8 污水电磁流量计安装示意图

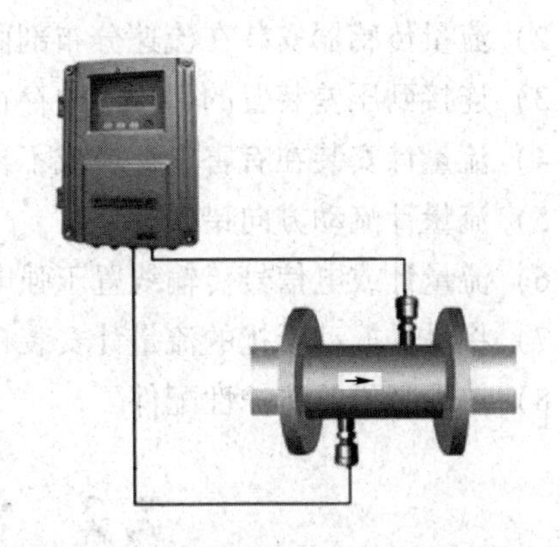

图7－9 超声波流量计在煤气计量中的应用

超声波流量计的测量管路内无可动部件或突出于管路内部的部件，压力损失小，而且不存在堵塞管路的现象。WZ－2188型超声波气体流量计用于煤气计量，提高了煤气能源计量的精度，测量精度可达±0.5%。

7.1.7 流量计的安装条件及常见问题

1. 流量计安装条件

1）在现场管道布线时应注意流量计的安装方向，流量计的安装方向一般分为垂直安装方式和水平安装方式，两种安装方式在流量测量性能上是有差别的。例如，流体垂直向下流动会给流量传感器带来额外力而影响流量计的性能，使流量计的线性度、重复性下降。流量计的安装方向还取决于流体的物性，如水平管道可能沉淀固体颗粒，因此，测量具有这种状态的流量计最好安装于垂直管道。

2）由于流量计会受到管路进口流动状态的影响，管道配件也会引入流动扰动，流动扰动一般有旋涡和流速分布剖面畸变，旋涡是由两个或两个以上空间（立体）弯管所引起的，流速剖面畸变通常是由管路配件局部阻碍（如阀门）或弯管所组成的，这些影响需要以适当长度的上游直管段或安装流动调整器进行改善。除了考虑流量计连接配件的影响外，可能还要考虑上游管道配件组合的影响，它们可能产生不同的扰动源，因此必须尽可能拉开各扰动源之间的距离以减少其影响，例如，在单弯管后面紧接着部分开启的阀。流量计的下游也需要有一段直管段以减小下游流动影响。

容积式流量计和科里奥利质量流量计基本会受不对称流动剖面影响，旋涡流量计使用时应尽量降低旋涡，电磁流量计和压差式流量计则应将旋涡限制在很小的范围内。

3）气穴和凝结是由管道布置不合理造成的，应避免管道直径上和方向上的急剧变化。管道布置不良也会产生脉动。

2. 流量计安装的常见问题

流量计安装的常见问题有：

1）压差式流量计孔板的进口面反装。

2）流量传感器安装在流速分布剖面不良的场所。

3）连接到压差装置的引压管中存在不应存在的相。

4）流量计安装在有害的环境或不易接近的地方。

5）流量计流动方向错误。

6）流量计或电信号传输线置于强电磁场下。

7）将易受振动干扰的流量计安装在有振动的管道上。

8）缺少必要的防护性配件。

7.2 液位传感器

7.2.1 常见的液位传感器

液位传感器

1. 浮力式液位传感器

浮力式液位传感器是利用液体浮力测量液位的原理制成的，其应用广泛。靠浮子随液面升降的位移反映液位变化的属于恒浮力式，靠液面升降对物体浮力改变反映液位的属于变浮力式。

水塔里的水位常用图7-10所示方法指示。液面上的浮子由绳索经滑轮与塔外的重锤相连，重锤上的指针位置便可反映水位。但标尺越下行代表水位越高，与直观印象恰恰相反。若使指针动作方向与水位变化方向一致，应增加滑轮数量，但摩擦阻力会加大，误差增加。自由状态下的浮子能够跟随液面升降，然而液位计里的浮子总要通过某种传动方式把位移传到容器外，所以浮子不可能完全自由漂浮，浮子上承受的力有重锤的重力、绳索长度不等时绳索本身的重力和滑轮的摩擦力，这些外力是浮子载荷，载荷改变将使浮子吃水线相对于浮子上下移动，因而使读数出现误差。

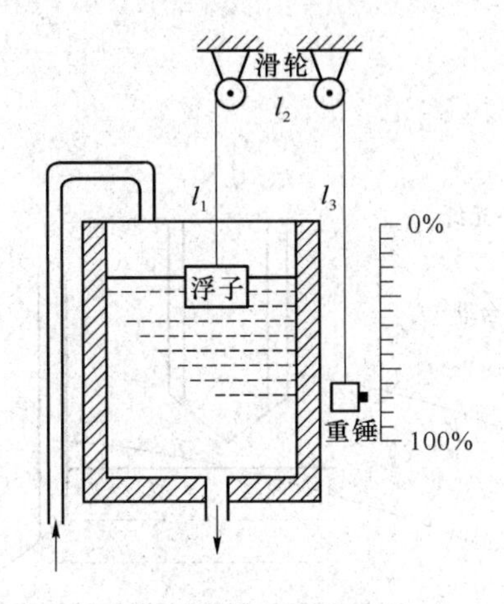

图7-10 浮子重锤液位计

2. 超声波液位传感器

(1) 超声波液体传感器的特点

1）采用SMD技术提高了仪器可靠性。

2）具有自动功率调整、增益控制、温度补偿功能。

3）先进的检测技术、丰富的软件功能可适应各种复杂环境。

4）采用新型的波形计算技术，提高了仪表的测量精度。

5）具有干扰回波的抑制功能，从而保证测量数据的真实性。

6）16位D/A转换，提高了电流输出的精度和分辨率。

7）传感器采用四氟乙烯材料，可用于各种腐蚀性场所。

(2) 超声波液位传感器的应用领域

1）超声波液位传感器和最高物位之间距离应大于盲区（空距≥最高物位+盲区），同时要保证超声波液位传感器轴线垂直于被测物面。盲区即超声波液位传感器到测量液（物）面的最小距离，在这一区间内仪表无法正常工作，一般取值小量程设30~60 cm，大量程设60~100 cm。

2）在固定当中必要时可加橡胶垫圈，同时尽可能远离噪声源。

3）在测量范围内不要有容易引起干扰信号的障碍物，如人梯、横梁、检修通道等。

4）测量固体物料时，必要时可采用万向连接器，通过它来调节传感器的测量角度，使传感器最大限度地接收回波信号，并找到最佳点，实现对料位的准确测量。

3. 光纤液位传感器

光纤液位传感器的结构如图 7－11 所示，将光纤的端部抛光成 45°的圆锥面，当光纤处于空气中时，入射光大部分能在端部满足全反射条件而进入光纤。当光纤液位传感器接触液体时，由于液体的折射率比空气大，使一部分光不能满足全反射条件而折射到液体中，返回光纤的光强减小。利用 X 形耦合器即可构成具有两个探头的液位报警传感器。若在不同的高度安装多个探头，则能连续监视液位变化。

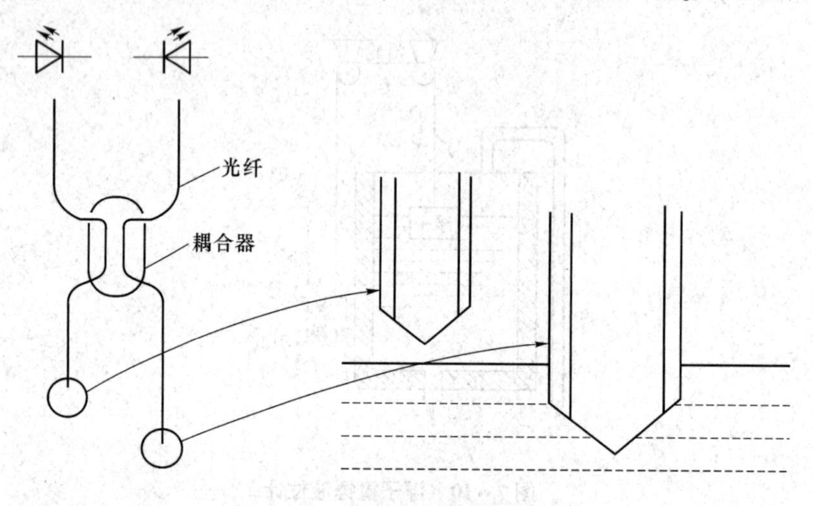

图 7－11 光纤液位传感器的结构

7.2.2 液位传感器的选型

1）普通液位传感器难以测量其有腐蚀性、高黏性、易燃性及有毒性的液体液位，液－液分界面、固－液分界面的连续测量和位式测量宜选用超声波液位传感器，但液位波动较大场合不宜选用。

2）超声波液位传感器适用于能充分反射并传播声波的介质测量，但不得用于真空场合，不宜用于易挥发、含气泡、含悬浮物的液体和含固体颗粒物的液体。

3）对于内部存在影响声波传播的障碍物的工艺设备，不宜采用超声波液位传感器。

4）当被测液体温度或成分变化较显著时，应对声波的传播速度变化进行补偿，以提高精度。

5）液位传感器的结构形式应根据现场的工况环境及工艺要求等因素来确定。

6）粉粒、微粉粒状物料的物位测量可以选用超声波物位计。

7）粒度为 5 mm 以下的粉状物料的物位报警或物位控制宜选用声阻断式超声波物位计（开关）。

8）微粉状物料物位的连续测量和位式测量宜选用反射式超声波物位计，有粉尘弥漫的料仓、料斗及表面有很大波状的物位测量不宜选用反射式超声波物位计。

7.2.3　水塔水位计的制作

水塔水位计有两种方式：第一种是浮球开关带着一个大的金属球，浸在水中时浮力大，可以控制两个水位。例如，水满时浮球因为浮力而上升，带动球阀运动，使阀门关闭，停止进水；水少时浮球下降，阀门打开，重新进水，如此循环。这种方式较多应用在煮开水器和卫生间的冲水器上。还有一种是带干簧管的微型浮球开关，由外面带有磁性的小浮球使杆里面的干簧管闭合，从而控制水位，多数应用在清水的水位控制，但易受污物影响，在污水上不适用。

第二种是电缆式浮球开关，该装置将弹性电线与水泵连接，用于水塔、水池水位高低的自动控制和缺水保护，允许接的用电器是 220 V/10 A 左右，平衡锤或弹性电线的某一固定点到浮筒间的电线长度决定水位的高低。这种水位开关价格便宜，对于一些要求不太严格的场合适用，有一定耐污能力。但存在这样的问题：浮球的稳定性易受外界杂物影响，特别易被纤维状的杂物缠绕而有失误，因此同一小水箱里不宜使用多个开关，否则会相缠绕。使用寿命相对短些，而且多数直接接 220 V，存在一定的安全隐患，时间久了会因为电线破损而漏电电人。

电子式水位开关通过电子探头对水位进行检测，再由水位检测专用芯片对检测到的信号进行处理，当被测液体到达动作点时，芯片输出高电平或低电平信号，受配合水位控制器实现对液位的控制。

电子式水位开关不需要浮球和干簧管，外部无机械动作，不受漂浮物影响，可以采用任意角度安装，有较强的耐污能力和较强的防波浪功能，可以长时间浸在水中，工作电压为直流 5 ~ 24 V，具有较高的安全性。

第 8 章

图像传感器

图像传感器是一种将光学图像转换成电子信号的设备，被广泛地应用在数码相机和其他电子光学设备中。随着数码技术、半导体制造技术及网络的迅速发展，图像传感器成为当前以及未来业界关注的对象，吸引着众多厂商投入。

根据元件不同，图像传感器主要分为 CCD（Charge Coupled Device，电荷耦合器件）和 CMOS（Complementary Metal - Oxide Semiconductor，金属氧化物半导体元件）两大类。

8.1　CCD 图像传感器

CCD 图像传感器由 CCD 电荷耦合器件制成，是固态图像传感器的一种。它不同于大多数以电流或电压为信号载体的器件，而以电荷为信号载体。自 1970 年问世以来，由于其高分辨率、结构简单、灵敏度高、寿命长及性能稳定等优点，被广泛应用于航天、遥感、工业、农业、天文、通信、工业检测和自动控制等领域。

8.1.1　CCD 图像传感器的结构

一个完整的 CCD 图像传感器由光敏单元、移位寄存器、转移栅、输出电路及辅助电路组成。根据光敏元件（又称为像素）排列形式的不同，CCD 图像传感器可分为线阵和面阵两种。

1. 线阵 CCD 图像传感器

线阵 CCD 图像传感器有单沟道和双沟道两种基本结构。

（1）单沟道线阵 CCD

单沟道线阵 CCD 由一列光敏阵列、一列 CCD 移位寄存器、转移栅和输出放大器等构成，如图 8 - 1 所示。光敏阵列一般由光栅控制的 MOS 光积分电容或 PN 结光电二极管构成，光敏阵列与 CCD 移位寄存器之间通过转移栅相连。在光积分期间，光敏阵列进行电荷注入并将电荷存储于光敏单元的势阱中，积累电荷量与光照强度和光积分时间成正比。光积分结束，转移栅电极电压变为高电平，光敏阵列积累的信号电荷并行转移到 CCD 移位寄存器中。转移完毕后，转移栅电极电压变为低电平，光栅电极电压变为高电平，光敏区开始下一周期的电荷积累，同时，CCD 移位寄存器将信号电荷一位一位地移出器件，经输出放大器形成视频信号。

这种结构的线阵 CCD 的转移次数多、频率低、调制传递函数 MTF 较差，只适用于像敏单元较少的摄像器件。

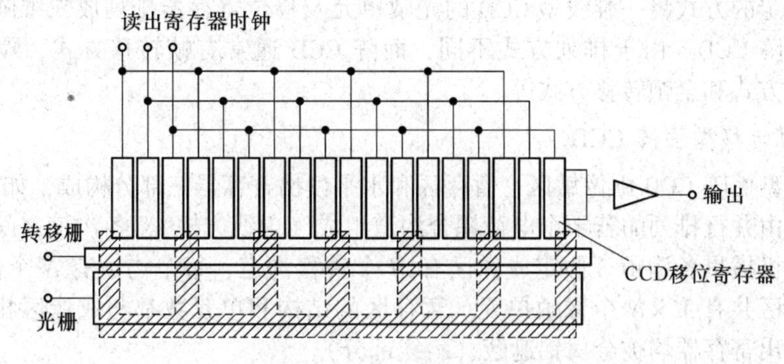

图 8－1　单沟道线阵 CCD

（2）双沟道线阵 CCD

双沟道线阵 CCD 的 CCD 移位寄存器 A、B 分列在光敏阵列两侧，如图 8－2 所示。当 A、B 转移栅为高电平（对于 N 沟道器件）时，存储在光敏阵列的信号电荷包同时按箭头指定的方向分别转移到对应的移位寄存器中，然后在驱动脉冲的作用下分别向右转移，最后经传输放大器以视频信号的方式输出。

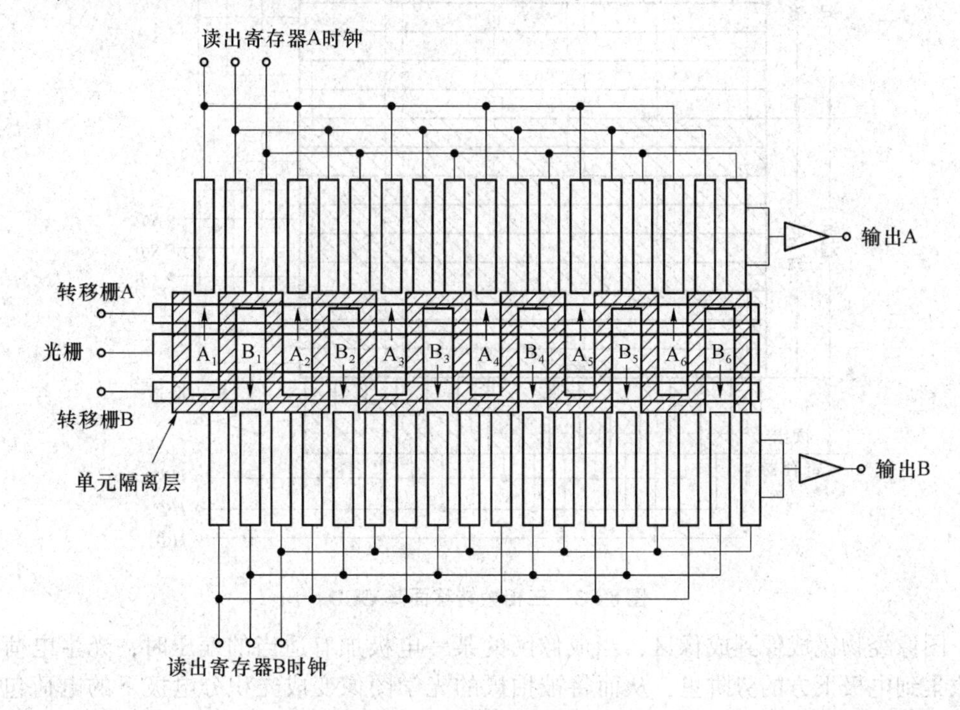

图 8－2　双沟道线阵 CCD

双沟道结构的 CCD 与长度相同的单沟道结构 CCD 相比，可以获得高出两倍的分辨率；同时由于奇、偶信号电荷分别通过两列移位寄存器和两个输出放大器输出，转移次数减少一半，使 CCD 电荷转移损失大大减少；双沟道结构在获得相同效果情况下，还可以缩短器件尺寸。但是，双沟道结构可能导致奇、偶信号输出不均匀。

2. 面阵 CCD 图像传感器

按照一定的方式将一维线型 CCD 的光敏单元及移位寄存器排列成二维阵列，即可构成二维面阵 CCD。由于排列方式不同，面阵 CCD 通常有帧转移方式、隔列转移方式、线转移方式和全帧转移方式等。

(1) 帧转移型面阵 CCD

帧转移型面阵 CCD 由像敏区、暂存区和水平读出寄存器三部分构成，如图 8－3 所示。成像区由并行排列的若干个电荷耦合沟道组成（虚线方框），各沟道之间用沟阻隔开，水平电极横贯各沟道。假定成像区有 M 个转移沟道，每个沟道有 N 个像敏单元，则整个成像区共有 $M \times N$ 个像敏单元。暂存区的结构和单元数都与成像区相同。暂存区与水平读出寄存器均被金属铝遮蔽（斜线部分）。

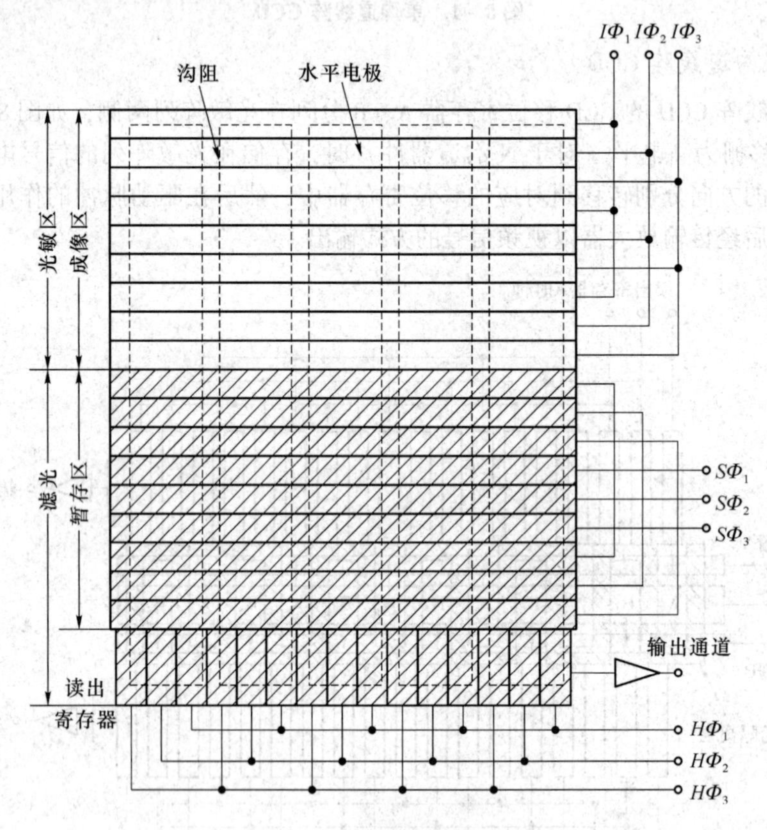

图 8－3　三相帧转移面阵 CCD

图像经物镜成像到成像区，当成像区的某一电极加有适当的偏压时，光生电荷将被收集到电极下方的势阱里，从而将被拍摄的光学图像变成光积分电极下的电荷包图像。当光积分周期结束时，电荷包在转移脉冲作用下进行转移，将成像区的电荷信号全部迅速地转移到对应的暂存区。此后像敏区开始第二次光积分，与此同时，暂存区存储的光生电荷信息从存储器底部开始向下一排一排地转移到输出移位寄存器中，每向下转移一排，在高速时钟驱动下从移位寄存器中顺次输出每行中各位光信息。一旦第一场信息被全部读出，第二场信息马上就传送给寄存器，使之连续地读出。

这种结构的面阵 CCD 的特点是结构简单、光敏单元的尺寸可以很小、模传递函数 MTF 较高，但光敏面积占总面积的比例小。

(2) 隔列转移型面阵 CCD

隔列转移型面阵 CCD 由像敏单元（见图 8－4 中虚线方块）、垂直读出寄存器、转移栅和水平读出寄存器组成，如图 8－4 所示。像敏单元呈二维排列，每列像敏单元被遮光的垂直读出寄存器及沟道阻隔开，像敏单元与垂直读出寄存器之间又有转移控制栅。在光积分期间，转移栅为低电位，转移栅下的光生电荷存储在光敏区光敏单元的势阱里。光积分时间结束时，转移栅的电极电位由低变高，信号电荷被快速地水平转移到相邻的垂直读出寄存器。最后，信号电荷被一次一行地移动到水平读出寄存器中，经输出放大器输出，得到与光学图像对应的视频信号。

这种结构的面阵 CCD 的特点是操作简单、图像清晰，但是单元设计复杂。

(3) 线转移型面阵 CCD

与前两种转移方式相比，线转移型面阵 CCD 取消了存储区，增加了一个线寻址电路；少了水平读出寄存器，只有一个垂直放置的输出寄存器，如图 8－5 所示。它的像敏单元一行一行地紧密排列，类似于帧转移型面阵 CCD 的光敏区，但是它的每一行都有确定的地址。当线寻址电路选中某一行像敏单元时，驱动脉冲将信号电荷一位一位地按箭头方向转移，并移入输出寄存器，输出寄存器在驱动脉冲的作用下使信号电荷经输出端输出。根据不同的使用要求，线寻址电路发出不同的数码，就可以方便地选择扫描方式，实现逐行扫描或隔行扫描。

这种转移方式具有有效光敏面积大、转移速度快、转移效率高等特点，但电路比较复杂，易导致图像模糊。

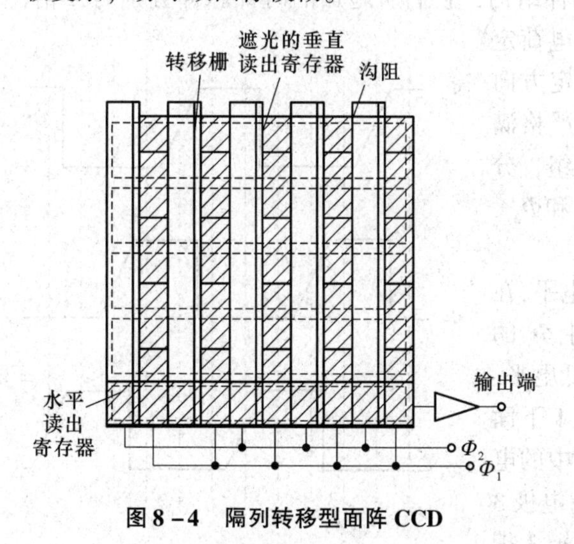

图 8－4　隔列转移型面阵 CCD

输出端
驱动脉冲
输出寄存器
线寻址电路

图 8－5　线转移型面阵 CCD

8.1.2　CCD 图像传感器的原理

CCD 由一系列晶体管按规律排列而成，基本功能是进行电荷的存储和转移，因此，CCD 的基本工作原理应是电荷的存储、转移、注入和检测。

1. 电荷的存储

构成 CCD 的基本单元是 MOS 电容器。可见，CCD 的基本原理与 MOS 电容器的物理机理密切相关。与其他电容器一样，MOS 电容器能够存储电荷。

如图 8 - 6 所示，在 P 型（或 N 型）Si 衬底的表面上用氧化的方法生成一层厚度为100 ~ 150 nm 的 SiO_2，再在 SiO_2 表面蒸镀一层金属层，在衬底和金属电极间加上一个偏置电压，构成了一个 MOS 电容器。

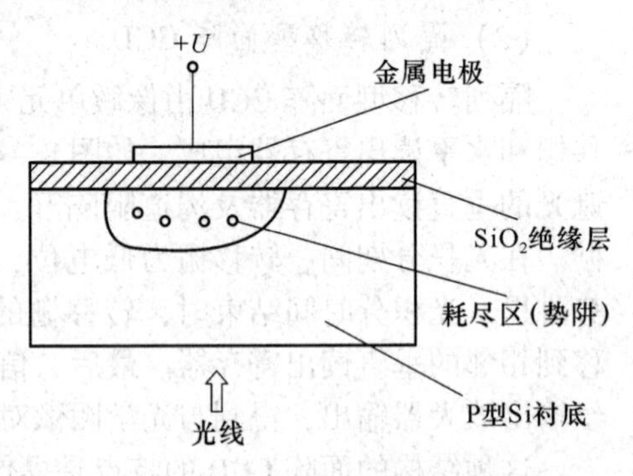

图 8 - 6　MOS 电容器的结构

假设 MOS 电容器中的半导体是 P 型硅，当在金属电极上施加一个正电压 U 时，P 型硅中的多数载流子（空穴）受到排斥，半导体内的少数载流子（电子）被吸引到 P - Si 界面处，于是在界面附近形成一个带负电荷的耗尽区(也称表面势阱)。与普通的 PN 结一样，这个耗尽区也是电离受阻构成的空间电荷区。一旦有光照射在硅片上，在光子作用下，半导体硅就会产生电子 - 空穴对，由此产生的光生电子被附近的势阱吸引，存储了电荷的势阱称为电荷包，而同时产生的空穴被排斥出耗尽区。在一定的条件下，所加正电压 U 越大，耗尽层就越深，Si 表面吸收少数载流子表面势（半导体表面相对衬底的电动势差）也越大，这时势阱所能容纳的少数载流子电荷的量就越大。这正好反映了 MOS 电容器在正电压 U 作用下存储电荷的能力。

2. 电荷的转移

通常 CCD 有二相、三相、四相等几种结构，它们所施加的时钟脉冲分别为二相、三相、四相。下面以三相 CCD 为例说明电荷定向转移的过程。为了保证信号电荷按确定方向和路线转移，在各电极上所加的电压应严格满足相位要求。把 MOS 光敏元电极分成三组，分别施加三个相位不同的控制电压 Φ_1、Φ_2 和 Φ_3，波形如图 8 - 7 所示。

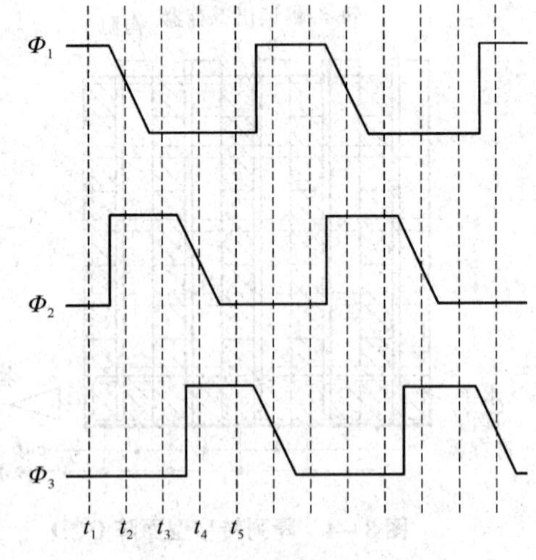

图 8 - 7　三相时钟脉冲波形

t_1 时刻，Φ_1 为高电平，Φ_2 和 Φ_3 为低电平，在电极 1 下面出现势阱，存储了电荷。t_2 时刻，Φ_1 的高电平下降，Φ_2 变为高电平，而 Φ_3 仍是低电平，这样在电极 2 下面的势阱最深，且和电极 1 下面的势阱交叠，因此存储在电极 1 下面势阱中的电荷逐渐扩散漂移到电极 2 下面的势阱中。电极 3 的高电平无变化，势阱里的电荷不能往电极 3 扩散和漂移。t_3 时刻，Φ_1 变为低电平，Φ_2 为高电平，电极 1 下面的势阱完全被撤除而成为阱壁，电荷转移到电极 2 下面的势阱内。由于电极 3 下仍是阱壁，因此不能继续前进，这样便完成了电荷由电极 1 转移到电极 2 的一次转移，如图 8－8 所示。随着控制脉冲的变化，信号电荷便从 CCD 的一端转移到终端，实现了电荷的耦合与转移。

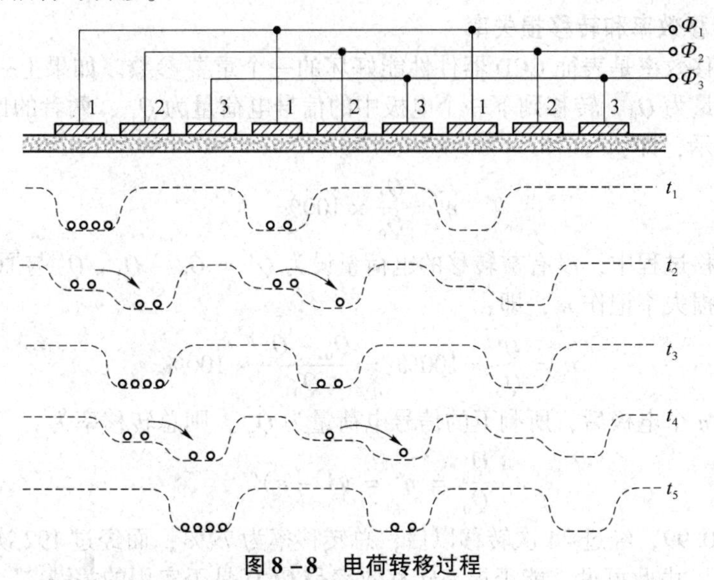

图 8－8　电荷转移过程

3. 电荷的注入

在 CCD 中，电荷注入的方法有很多，归纳起来，可以分为光注入和电注入两类。CCD 作为摄像光敏器件时，其信号电荷由光注入产生，如图 8－9所示。当光照射到 CCD 硅片上时，在栅极附近的半导体内产生电子－空穴对，多数载流子被栅极电压排斥，少数载流子被收集在势阱中形成信号电荷，并存储起来。存储电荷的多少反映了光的强弱，从而反映图像的明暗程度，实现光电转换。

4. 电荷的检测（输出方式）

在 CCD 中，有效地收集和检测电荷是一个重要的问题。选择合适的输出电路能减小输出电荷的容性干扰。目前，CCD 输出点和信号电流输出方式的电路，如图 8－10 所示。它实际上是在 CCD 阵列的末端衬底上制作一个输出二极管，当输出二极管加上反向偏压时，转移到终端的电荷在时钟脉冲作用下向输出二极管移动，被二极管的 PN 结收集，在负载 R 上形成脉冲电流 I_o。输出电流的大小与信号电荷的多少成正比，并通过负载电阻 R 转换为信号电压 U_o 输出。

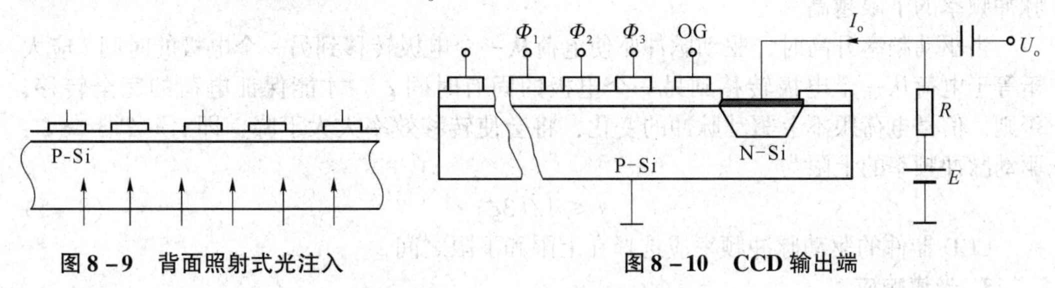

图 8－9　背面照射式光注入　　　图 8－10　CCD 输出端

8.1.3　CCD 图像传感器的特性参数

CCD 器件的物理性能可以用特性参数描述，它的特性参数可以分为内部参数和外部参数两类。内部参数描述的是与CCD存储和转移信号电荷有关的性能，是器件理论设计的重要依据；外部参数描述的是与CCD应用有关的性能指标。

1. 电荷转移效率和转移损失率

电荷的转移效率是表征CCD器件性能好坏的一个重要参数。如果上一个电极中原有的信号电荷量为Q_0，转移到下一个电极中的信号电荷量为Q_1，两者的比值称为转移效率，用η表示，即：

$$\eta = \frac{Q_1}{Q_0} \times 100\% \tag{8-1}$$

在电荷转移过程中，没有被转移的电荷量设为$Q' = Q_0 - Q_1$，Q'与原信号电荷Q_0之比即为转换损失率记作ε，即：

$$\varepsilon = \frac{Q'}{Q_0} \times 100\% = \frac{Q_0 - Q_1}{Q_0} \times 100\% \tag{8-2}$$

如果转移n个电极后，所剩下的信号电荷量为Q_n，则总转移率为

$$\frac{Q_n}{Q_0} = \eta^n = (1 - \varepsilon)^n \tag{8-3}$$

如果$\eta = 0.99$，经过24次转移以后，总转移率为79%；而经过192次转移后，总转移率为15%。由此可见，能否提高转移效率是CCD是否实用的关键。

影响转移效率的因素包括自感应电场、热扩散、边缘电场、电荷表面态及体内缺陷的相互作用等，其中最主要的因素是表面态对信号电荷的俘获。

2. 驱动频率

CCD器件必须在驱动脉冲的作用下完成信号电荷的转移，输出信号电荷。驱动频率一般泛指加在转移栅的脉冲的频率。

在信号的转移过程中，为了避免热激发所产生的少数载流子对信号电荷的影响，信号电荷从一个电极转移到另一个电极的转移时间t必须小于少数载流子的平均寿命τ，即$t < \tau$。在正常工作条件下，对于三相CCD而言，$t = T/3 = 1/(3f)$，得到驱动脉冲工作频率下限为：

$$f \geqslant 1/(3\tau) \tag{8-4}$$

可见CCD驱动脉冲频率的下限与少数载流子的平均寿命有关，而载流子的平均寿命与器件的工作温度有关，工作温度越高，热激发少数载流子的平均寿命越短，驱动脉冲频率的下限越高。

当驱动频率升高时，驱动脉冲驱使电荷从一个电极转移到另一个电极的时间t应大于等于电荷从一个电极转移到另一个电极的固有时间ζ，才能保证电荷的完全转移，否则，信号电荷跟不上驱动脉冲的变化，将会使转移效率大大下降，即$t = T/3 \geqslant \zeta$，驱动脉冲频率的上限为：

$$f \leqslant 1/(3\zeta) \tag{8-5}$$

CCD器件的驱动脉冲频率应选择在上限和下限之间。

3. 光谱响应

CCD的光谱响应是指器件在相同光能量照射下，输出的电压U_o与光谱长λ之间的关系，光谱响应率由器件光敏区材料决定。光谱响应随光波长的变化而变化的关系称为光谱响应曲线。

4. 电荷存储容量

CCD 的电荷存储容量表示在电极下的势阱中能容纳的电荷量，它取决于 CCD 的电极面积及其间结构、时钟驱动方式及驱动脉冲电压的幅度等因素。电荷存储容量 Q 可近似表示为

$$Q = C_{ox} U_G A \tag{8-6}$$

式中：C_{ox} ——SiO_2层的电容单位面积的电容量；

U_G ——栅极电压；

A——电极有效面积。

5. 灵敏度

灵敏度定义为入射在 CCD 像敏单元上的单位能流密度 σ 与输出电压 U_o 的比值，即

$$S_V = \frac{\sigma}{U_o} \tag{8-7}$$

6. 分辨率

CCD 是由离散的像敏单元组成的，在一定的测试条件下，它能传感的景物光学信息的最小空间分布称为分辨率，用T_x表示。CCD 的分辨率与像敏单元数量有关，像敏单元数越多，分辨率越高。分辨率是图像传感器的重要特性。

7. 暗电流

在正常工作时，MOS 电容处于未饱和的非平衡态。随着时间的推移，由于热激发而产生的少数载流子使系统趋于平衡。因此，即使没有光照或其他方式对器件进行电荷注入，也会存在不希望有的暗电流。为了减小暗电流，应采用缺陷尽可能少的晶体并尽量避免玷污，降温也是可以采取的一种方法。据计算，每降低 10 ℃，暗电流可降低 1/2。目前，采用的更有效的方法是从已获得的图像信号中减去参考暗电流信号，从而降低暗电流对拍摄的影响。

8.1.4　CCD 图像传感器的应用

1. 尺寸测量

CCD 图像传感器具有高分辨率、高灵敏度和较宽的动态范围，这些特点决定了它可以广泛应用于自动控制和自动测量中，尤其适用于图像识别技术。CCD 图像传感器在检测物体的位置、工件尺寸的精确测量及工件缺陷的检测方面有独到之处。线阵 CCD 图像传感器测量物体尺寸的组成，如图 8-11 所示。

由于$\frac{1}{a}+\frac{1}{b}=\frac{1}{5}$，$M=b/a=np/L$，利用几何光学知识可以很容易地推导出被测对象长度 L 与系统参数之间的关系为

$$L = \frac{1}{M} \cdot np = \left(\frac{a}{f} - 1\right) \cdot np \tag{8-8}$$

式中：M ——倍率；

n ——线阵 CCD 图像传感器的像素数；

a ——物距；

b ——像距；

f——所有透镜焦距；

p——像素间距。

由于图像传感器所感知的光像的光强，是被测对象与背景光强之差，因此就具体测量技术而言，测量精度与两者比较基准值的选定有关，并取决于图像传感器像素与透镜视场的比值。为提高测量精度，应当选用像素多的图像传感器并且应当尽量缩短视场。

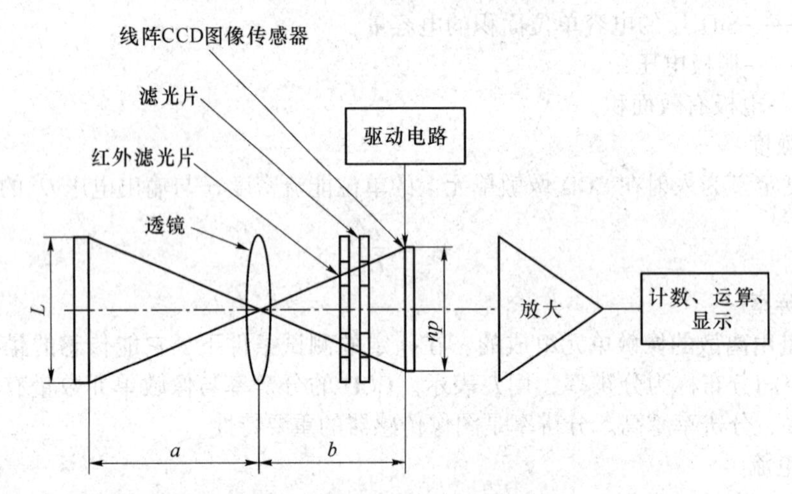

图 8-11　线阵 CCD 图像传感器测量物体尺寸的组成

2. 内窥镜

在工业质量控制、测试及维护中，正确地识别裂缝、应力、焊接整体性及腐蚀等缺陷是非常重要的，但是传统的光线内窥镜的光纤成像常使检验人员难于判断是真正的瑕疵还是图像不清造成的结果。而 CCD 工业内窥镜电视摄像系统利用了光电图像传感器，可以使难以直接观察的地方通过电视荧光屏形成一个清晰的、色彩真实的放大图像。根据这个明亮且分辨率高的图像，检查人员能够快速而准确地进行检查工作。CCD 工业内窥镜的组成如图 8-12所示。

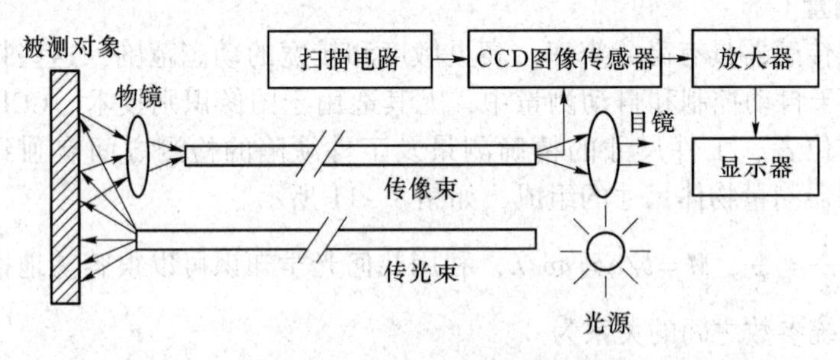

图 8-12　CCD 工业内窥镜的组成

CCD 工业内窥镜电视摄像系统利用发光二极管 LED（黑白探头）或导光光纤束（彩色探头）对被观测区进行照明，探头前部的成像物镜成像在 CCD 的像敏面上，通过面阵 CCD 图像传感器将光学图像转换成全电视信号，由同轴电缆线输出。此信号经过放大、滤波及时钟分频等电路处理，再送给监视器、录像机或计算机，通过换不同的 CCD 图像传感器可以得到高质量的色彩或黑白图像。由于曝光量是自动控制的，可以使探测获得最佳照明状态。另外，CCD工业内窥镜电视摄像系统具有伽马校正电路，可以将图像黑暗部分的细节显示出来，令图像层次更加丰富。

该系统如果用在医学治疗中，则称为医用电子内窥镜摄像系统。它与CCD工业内窥镜摄像系统的原理相同，基本结构也相同，都是由光源、成像物镜与CCD图像传感器等构成。但是医用电子内窥镜根据需要，设计时应具有可消毒性、通水、通气及可取“活组织”等功能。

3. 机器人视觉系统

人类接收的信息60%以上来自视觉，视觉为人类提供了关于周围环境最详细可靠的信息。由于计算机图像处理能力和计算机相应技术的发展，加之视觉系统具有信号探测范围宽、目标信息完整、获得环境信息的速度快等优势，近年来，视觉传感器在移动机器人导航、障碍物识别中的应用越来越受人们重视。

机器人视觉系统的基本原理是：机器视觉系统中的CCD图像传感器通过光学镜头会聚由场景中反射光线对其产生的电荷累积感应，并由摄像机和图像采集卡对信号进行数字化后，传输到计算机。视觉算法对这些数据进行处理后，将结果显示在人机界面上，同时通过网络发送给机器人上位机控制系统。图8-13所示为一种基于工业CCD图像传感器的机器人视觉系统的应用。

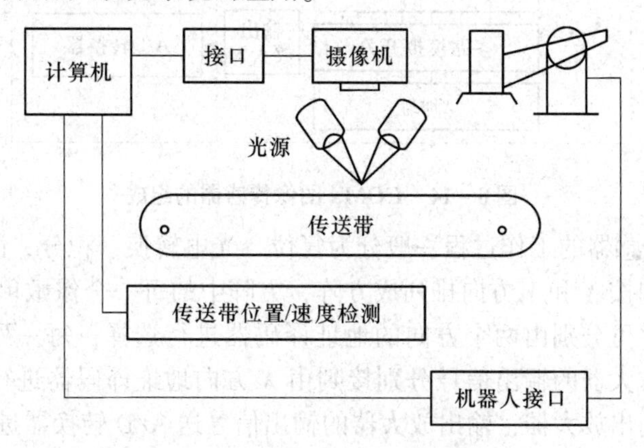

图8-13 机器人视觉系统的应用

此系统中包含一台计算机、一条传送带、一个布置在上方的CCD摄像机和一个机器人。利用这个系统可以完成零件自动传送，操作部件以随机形式将零件放到运动着的传送带上，然后通过不停地进行搜索的视觉传感器确定零件的类型、位置及取向，并将此信息传送给机器人控制系统。机器人对传送带上的物体进行跟踪，将其从传送带上抓起，送往预定去处。

8.2 COMS图像传感器

COMS图像传感器是一种典型的图像传感器，与CCD有着共同的历史渊源。早期由于受集成电路设计和工艺水平的限制，COMS图像传感器无法克服灵敏度低和抗干扰能力差的缺点。到了20世纪80年代，爱丁堡大学成功地试制出世界上第一块单片图像传感芯片，为COMS图像传感器实用化开通了道路。

CMOS 图像传感器具有高集成、低功耗、低成本等特点，适合大规模批量生产，适用于要求小尺寸、低价格、摄像质量无过高要求的应用。目前，CMOS 图像传感器具有很强的市场竞争力和广阔的发展前景。

8.2.1 CMOS 图像传感器的结构

COMS 图像传感器通常由像敏单元阵列、行地址译码器、列地址译码器、A/D 转换器、逻辑时序控制电路、接口电路等几部分组成，并且被集成到同一块硅片上，如图 8－14 所示。其中，像敏单元阵列有线阵和面阵之分。

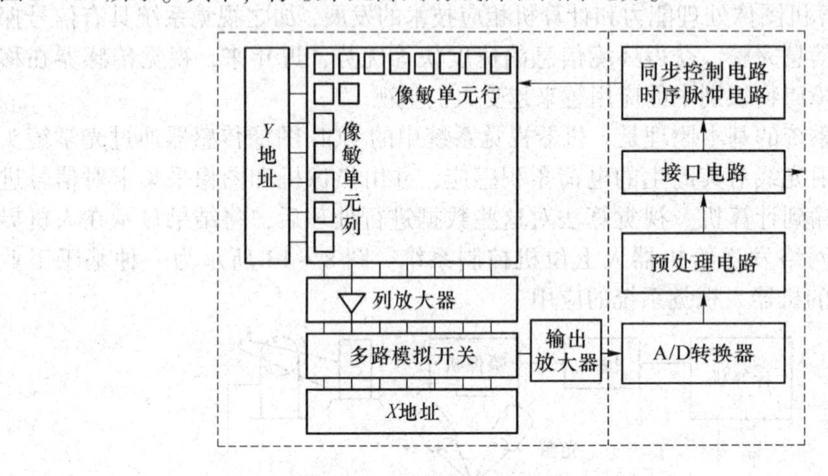

图 8－14 COMS 图像传感器的组成

CMOS 图像传感器的工作过程一般分为复位、光电转换、积分、读出几部分。

像敏单元阵列按 X 和 Y 方向排列成方阵，方阵中的每一个像敏单元都有它的 X、Y 方向上的地址，并可分别由两个方向的地址译码器进行选择；每一列像敏单元对应一个列放大器，列放大器的输出信号分别接到由 X 方向地址译码器进行选择的多路模拟开关，并输出至输出放大器；输出放大器的输出信号送 A/D 转换器进行模/数转换，经预处理电路处理后通过接口电路输出。图中的时序脉冲发生器用于为整个 COMS 图像传感器提供各种工作脉冲。

在 COMS 图像传感器的同一芯片中，还可以设置其他数字处理电路，如自动曝光处理、非均匀性补偿、白平衡处理、黑电平控制、伽马校正等。为了进行快速计算，还可以将具有运算和编程功能的 DSP 器件制作在一起，形成具有多种功能的器件。

8.2.2 COMS 图像传感器的工作原理

1. 像敏单元

像敏单元结构实际上是指每个成像单元的电路结构，它是 COMS 图像传感器的核心组件，其结构如图 8－15 所示。其工作原理是：场效应管 VT_1 构成光电二极管的负载，它的栅极接在复位信号线上，当复位脉冲出现时，VT_1 导通，光电二极管被瞬时复位；而当复位脉冲消失时，VT_1 截止，光电二极管开始积分光信号。场效应管 VT_2 是一个源极跟随放大器，它将光电二极管的高阻输出信号进行电流放大。场效应管 VT_3

用作选址模拟开关，当选通脉冲引入时，VT_3 导通，使得被放大的光电信号被输送到列总线上，然后经过公共放大器放大后输出。如图 8－16 所示为上述过程的时序图。与 CCD 图像传感器相比，COMS 图像传感器只有电荷产生和存储功能，而无电荷转移功能。

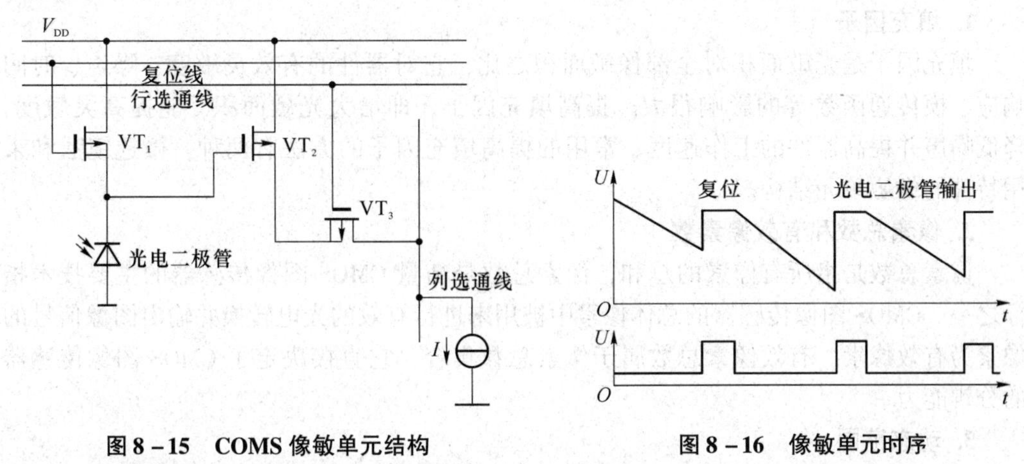

图 8－15　COMS 像敏单元结构　　　　图 8－16　像敏单元时序

2. 像敏阵列

像敏阵列由水平移位寄存器、垂直移位寄存器和 COMS 像敏单元组成。

图像信号的输出过程可以由图像传感器阵列原理图更清楚地说明。如图 8－17 所示，在 Y 方向地址译码器的控制下，依次序接通每行像敏单元上的模拟开关 S，信号通过开关送至列线，再通过 X 方向上的地址译码器的控制，传送到放大器。开关的选通是由两个方向的地址译码器上所加的数码控制的，实现逐行扫描或隔行扫描的输出方式，也可以只输出某一行或某一列的信号，使其采用与线阵 CCD 类似的工作方式。还可以选中所希望观测的某些点的信号，如第 i 行第 j 列的信号。

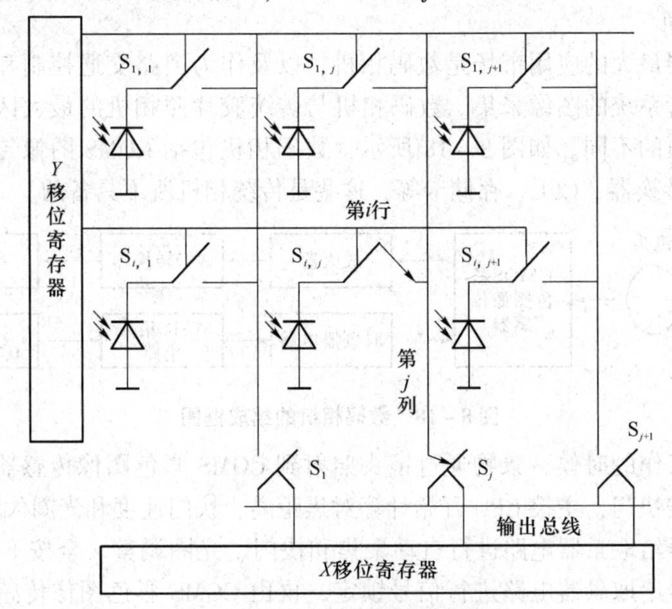

图 8－17　COMS 像敏阵列结构

8.2.3 COMS 图像传感器的特性参数

表征 COMS 图像传感器的特性参数与表征 CCD 图像传感器的指标参数基本上是一致的。

1. 填充因子

填充因子是光敏面积对全部像敏面积之比，它对器件的有效灵敏度、噪声、时间响应、模传递函数等的影响很大。提高填充因子，即增大光敏面积，能提高灵敏度，降低噪声并提高器件的工作速度。常用的提高填充因子的方法有两种：微透镜法和采用特殊的像敏单元结构。

2. 像素总数和有效像素数

像素总数是指所有像素的总和，像素总数是衡量 CMOS 图像传感器的主要技术指标之一。CMOS 图像传感器的总体像素中被用来进行有效的光电转换并输出图像信号的像素为有效像素。有效像素总数属于像素总数集合，它直接决定了 CMOS 图像传感器的分辨能力。

3. 动态范围

动态范围由 CMOS 图像传感器的信号处理能力和噪声决定，反映了 CMOS 图像传感器的工作范围。参照 CCD 图像传感器的动态范围，其数值是输出端的信号峰值电压与均方根噪声电压之比，通常用 dB 表示。

4. 噪声

噪声一直是限制 CMOS 图像传感器占领市场的重要因素之一。噪声来源主要是光敏器件的噪声、MOS 场效应晶体管中的噪声和 CMOS 图像传感器中的工作噪声。

8.2.4 COMS 图像传感器的应用

1. 数码相机

图像传感器最大的应用市场是数码相机，以及作为道路交通控制和安全防范等领域的监控、监管系统的图像采集。数码相机与传统胶片照相机的最大区别在于图像的感光和存储介质的不同。如图 8－18 所示，数码相机包括 COMS 图像传感器彩色图像传感器、A/D 转换器、CPU、存储卡等，这些是传统相机所不具备的。

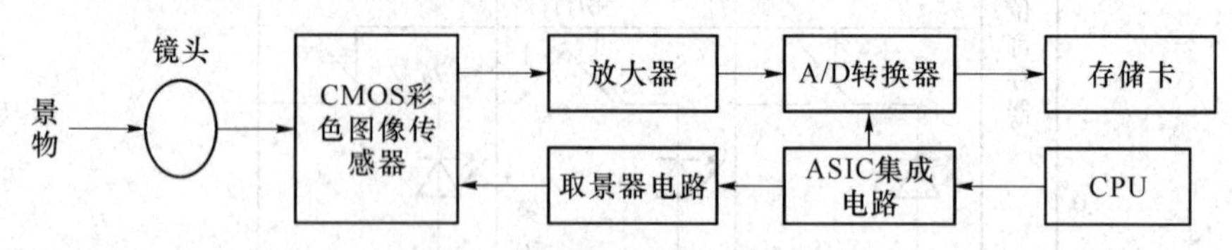

图 8－18 数码相机的组成框图

数码相机工作的时候，景物通过镜头照射到 COMS 彩色图像传感器上，当用户感到满意时，半按快门，主控 CPU 开始计算对焦距离、快门速度和光圈大小，由 ASIC 集成电路发出信号给取景器电路进行自动聚焦和快门、光圈调整。全按下快门，ASIC 集成电路发出信号给取景器电路进行信号锁定，再由 COMS 彩色图像传感器转换为串行模拟脉冲信号输出。该串行模拟脉冲信号经放大器放大，再由 A/D 转换器转换为数字信号，存储在 PCMCIA 卡（个人电脑存储卡国际接口标准）上。该存储卡上的图像数据可以传送到微型计算机保存和显示。

2. 手机摄像头

目前使用的手机大多有前置、后置两个摄像头，前置摄像头与液晶屏幕处于同一方向，既可以用于视频通话，也可以进行拍照，后置摄像头用于拍照和摄像。手机摄像头一般采用 COMS 彩色图像传感器。

手机摄像头的组成框图如图 8－19 所示，被拍摄物通过镜头照射到 COMS 彩色图像传感器，COMS 彩色图像传感器将图像转换为串行模拟脉冲信号，经过 A/D 转换器送至液晶屏显示。按下拍照键，即液晶显示屏上选定的景物的数字图像信号经过 DSP 数字信号处理器压缩后送入存储器存储，完成拍照。

若是摄像，则会将液晶显示屏上选定的景物的数字图像信号以每秒 25 帧（张）的速度转换为串行模拟脉冲信号输出。该信号经 A/D 转换器转换为数字信号，由于信号量很大，需要送 DSP 数字信号处理器进行压缩，压缩后的数字图像信号送入存储器存储。

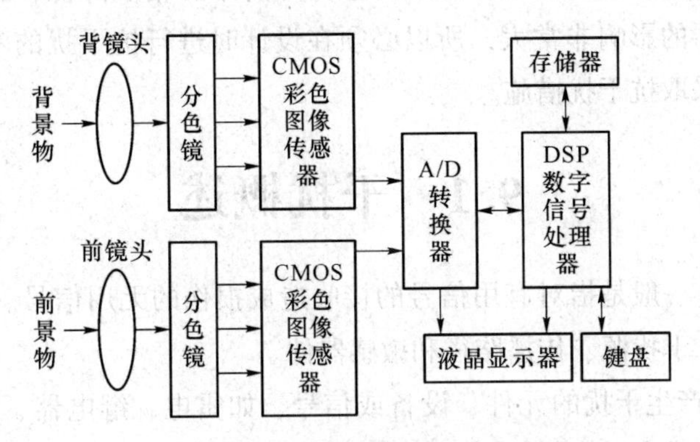

图 8－19　手机摄像头的组成框图

第 9 章

抗干扰措施

传感器作为一种能将非电量输入转换为电量输出的器件或装置，按能量关系分类可分为能量转换型和能量控制型。能量转换型传感器一般由敏感元件、转换元件和测量电路组成，还包括辅助电源或磁源等能量源，各组成单元中的电子电路都有干扰存在。传感器作为测控系统信号采集的最前端，其输出阻抗高，输出信号衰减速度快，干扰很容易淹没传感器输出信号，造成传感器分辨率和精度降低，影响测控系统的性能。干扰对传感器的影响非常大，所以必须在设计时进行抗干扰的考虑，在制造和安装使用时都需要采取抗干扰措施。

9.1 干扰概述

干扰即噪声，一般是指对有用信号的接收造成损伤的无用信号。干扰（噪声）的基本要素有 3 个：干扰源、传播路径和敏感器件。

1）干扰源指产生干扰的元件、设备或信号，如雷电、继电器、可控硅、电动机、高频时钟等都可能成为干扰源。

2）传播路径指干扰从干扰源传播到敏感器件的通路或媒介。典型的干扰传播路径是通过导线的传导和空间的辐射。

3）敏感器件指容易被干扰的对象，如 A/D、D/A 变换器，单片机，数字 IC，信号放大器等。

传感器干扰产生的原因之一是传感器设备本身操作执行时产生的干扰，如电路合闸和断开、继电器的接通和断开等，在多个传感器共同使用一个 OP 电路时，模拟开关开合产生的噪声会叠加到输出信号中。传感器干扰产生的另一个原因是传感器设备以外的所有电力、电气设备的电磁辐射，包括电晕放电噪声、火花放电噪声、工频干扰噪声、设备振荡噪声和浪涌噪声，电晕放电噪声主要来自高压输电线路，火花放电噪声来自雷电、大功率电气设备的开关触点、汽车发动机的点火装置等，工频干扰噪声来自大功率输电线，设备振荡噪声来自大功率电力电子变流设备，浪涌噪声来自大电流设备频繁地起动停车而产生的大电流冲击使得电网电压波动。

9.2　干扰的抑制措施

干扰的抑制措施可以从减少干扰源、切断传播路径和提高敏感器件的抗干扰性能3个方面来考虑。

1. 减少干扰源

减少干扰源就是采取措施尽量减少干扰源的产生，是抑制干扰的最有效的做法，具体措施如下。

1）继电器线圈加续流二极管是一个常见的做法，续流二极管会在继电器断开时为电流提供一个通道，从而减小断开线圈时产生的感应电压干扰，但会使线圈断开时间滞后，使稳压二极管后继电器在单位时间内可动作更多的次数。

2）在继电器接点两端并联 *RC* 串联电路，电阻一般选几千欧姆到几万欧姆，电容可选0.01 μF，可以抑制继电器触点在吸合和接通时产生的火花放电噪声。

3）为直流电动机加滤波电路，可抑制电动机换相时产生的火花放电噪声。

4）集成IC要并联一个0.01～0.1 μF的高频电容，通过滤波减小集成IC对电源的影响。

5）布线时避免90°折线，减少高频噪声发射。

6）可控硅两端并联 *RC* 抑制电路，保护过电压的同时减小设备振荡噪声。

7）电源实行分组供电，减少各功能模块之间的相互干扰。

2. 切断传播路径

传感器受到的干扰主要存在于供电电源和信号传输通道，按干扰的传播路径分为传导干扰和辐射干扰两类。传导干扰是指通过导线传播到敏感器件的干扰，高频干扰噪声和有用信号的频带不同，可以通过在导线上增加滤波器或隔离光耦的方法切断高频干扰噪声的传播。辐射干扰是指通过空间辐射传播到敏感器件的干扰，一般的解决方法是增加干扰源与敏感器件的距离，用地线将它们隔离和在敏感器件上加上屏蔽罩。

切断干扰传播路径的具体措施如下。

1）在电源输入端设置滤波器。

2）在电源输入端设置隔离变压器。

3）采用电场屏蔽、磁场屏蔽、电磁屏蔽的方法减少外部杂散电磁场的干扰噪声。电场屏蔽是用高电导率的材料将元件及组合部件、传输导线和电路包围起来，用来防止传感器系统各电路间因分布电容而产生的干扰，屏蔽体必须接地。磁场屏蔽是用高磁导率的材料将元件及组合部件、传输导线和电路包围起来，用来防止传感器系统各电路间因磁场寄生耦合而产生的干扰。电磁屏蔽是利用电磁场在屏蔽金属内产生涡流来吸收能量而实现屏蔽作用的，主要用来防止高频电磁场的干扰。

4）采用屏蔽双绞线克服传感器输出在长线传输中受到的电场或磁场等干扰。

5）采用变压器隔离和光电隔离对传感器输出信号进行隔离，可以提高传输信号的信噪比，从而起到很好的抗干扰效果。

6）采用低噪声信号处理电路，如采用差动放大器电路和低通滤波电路分别对差模噪声和共模噪声进行抑制。

7）合理的接地措施可以抑制干扰。

8）以 DSP 为基础的数字滤波技术为软件滤波提供有力保障，其强大的数字运算处理能力可以支持平均值滤波、中值滤波、限幅滤波等软件滤波算法。

3. 提高敏感器件的抗干扰性能

传统的传感器抗干扰能力一般都比较弱，提高敏感器件的抗干扰性能是指从敏感器件考虑，尽量减少对干扰噪声的拾取，以提高敏感器件抗干扰能力。另外，发展抗干扰能力强的新型传感器也是一个可行的措施。

1）发展光纤光栅传感器、智能一体化变送器等新型抗干扰能力强的传感器，提高信号远距离传输过程中的抗干扰能力。

2）布线时，电源线和地线要尽量粗，减少电路回路环的面积，起到减小压降、降低耦合噪声和感应噪声的作用。

3）单片机闲置的 I/O 口要接地或接电源，其他 IC 的闲置端在不改变系统逻辑的情况下接地或接电源。

4）在单片机中使用电源监控及看门狗电路，如 IMP809、IMP706、IMP813、X25043、X25045 等，可以大幅度提高整个电路的抗干扰能力。

5）在速度能满足要求的前提下，尽量降低单片机的晶振频率，选用低速数字电路。

6）IC 器件尽量直接焊在电路板上，减少 IC 座的使用。

参考文献

[1] 王庆有. 图像传感器应用技术 [M]. 2版. 北京: 电子工业出版社, 2013.

[2] 金发庆. 传感器技术及其工程应用 [M]. 2版. 北京: 机械工业出版社, 2017.

[3] 海涛. 传感器与检测技术 [M]. 重庆: 重庆大学出版社, 2016.

[4] 曲波. 工业常用传感器选型指南 [M]. 北京: 清华大学出版社, 2002.

[5] 王晓鹏. 传感器与检测技术 [M]. 北京: 北京理工大学出版社, 2016.

[6] 耿瑞辰, 郝敏钗. 传感器与检测技术 [M]. 北京: 北京理工大学出版社, 2012.

[7] 何新洲, 何琼. 传感器与检测技术 [M]. 武汉: 武汉大学出版社, 2009.

[8] 宋文绪, 杨帆. 传感器与检测技术 [M]. 北京: 高等教育出版社, 2009.

[9] 钱显毅. 传感器原理与应用 [M]. 南京: 东南大学出版社, 2008.

[10] 张玉莲. 传感器与自动检测技术 [M]. 北京: 机械工业出版社, 2011.

[11] 金发庆. 传感器技术及其工程应用 [M]. 北京: 机械工业出版社, 2010.

[12] 金美琴. 机电一体化应用 [M]. 北京: 中国环境科学出版社, 2016.

[13] 官伦, 王戈静. 传感器检测技术与应用 [M]. 重庆: 重庆大学出版社, 2013.

[14] 徐军, 冯辉. 传感器技术基础与应用实训 [M]. 北京: 电子工业出版社, 2010.

[15] 王友钊, 黄静, 戴燕云. 现代传感器技术、网络及应用 [M]. 北京: 清华大学出版社, 2015.

[16] 周传德. 机械工程测试技术 [M]. 重庆: 重庆大学出版社, 2014.

[17] 周自强. 机械工程测控技术 [M]. 北京: 国防工业出版社, 2016.

[18] 王卫兵, 张宏, 郭文兰. 传感器技术及其应用实例 [M]. 北京: 机械工业出版社, 2016.

[19] 马林联. 传感器技术及应用教程 [M]. 2版. 北京: 中国电力出版社, 2016.

[20] 陈圣林, 王东霞. 图解传感器技术及应用电路 [M]. 2版. 北京: 中国电力出版社, 2016.

[21] 杨帮文. 最新传感器实用手册 [M]. 北京: 人民邮电出版社, 2004.

[22] 李科杰. 新编传感器技术手册 [M]. 北京: 国防工业出版社, 2002.